MySQL 数据库设计

主　编　陈暑波　唐　丹
副主编　黄杰峰　代安定
　　　　聂昭军　赵专政

电子科技大学出版社
University of Electronic Science and Technology of China Press
· 成都 ·

图书在版编目(CIP)数据

MySQL 数据库设计 / 陈暑波,唐丹主编. — 成都：
电子科技大学出版社, 2021.12
ISBN 978 - 7 - 5647 - 9367 - 8

Ⅰ. ①M… Ⅱ. ①陈… ②唐… Ⅲ. ①SQL 语音 - 程序
设计 - 高等学校 - 教材 Ⅳ. ①TP311. 132. 3

中国版本图书馆 CIP 数据核字(2021)第 258345 号

MySQL SHUJUKU SHEJI
MySQL 数据库设计
陈暑波　　唐　丹　主编

策划编辑　　陈松明　　熊晶晶
责任编辑　　熊晶晶

出版发行　电子科技大学出版社
　　　　　成都市一环路东一段 159 号电子信息产业大厦九楼　邮编 610051
主　　页　www. uestcp. com. cn
服务电话　028 - 83203399
邮购电话　028 - 83201495

印　　刷　天津市蓟县宏图印务有限公司
成品尺寸　185mm × 260mm
印　　张　19
字　　数　385 千字
版　　次　2021 年 12 月第 1 版
印　　次　2021 年 12 月第 1 次印刷
书　　号　ISBN 978 - 7 - 5647 - 9367 - 8
定　　价　58. 00 元

Foreword 前言

    21 世纪,人类迈入了大数据"信息爆炸时代"。在这个时代里,信息依靠多种形式的媒体,通过复杂的信息网络充斥我们的生活。大数据技术是计算机科学技术发展的重要成果和结晶,是科学发展史上一个新的里程碑,大数据成为继 20 世纪末、21 世纪初互联网蓬勃发展以来的又一轮 IT 工业革命。

    那么如何有效过滤这些纷繁复杂的海量数据,如何从网上的海量数据中快速"淘"出有用的信息,自然就成为 IT 开发领域需要关注的话题。本书将学习一种常用的开源数据库——MySQL,MySQL 是最流行的关系型数据库管理系统之一。在 Web 应用方面,MySQL 是最好的软件。MySQL 所使用的 SQL 语言是用于访问数据库最常用的标准化语言。由于其体积小、速度快、总体拥有成本低,尤其是开放源码这一特点,一般中小型网站的开发都选择 MySQL 作为网站数据库。

    本书分为两大部分,包括理论部分和上机部分。理论部分详细介绍 MySQL 的基本操作,该部分包含 11 个章节,分别为数据库设计基础、MySQL 数据库基础、MySQL 表结构管理、MySQL 表记录操作、MySQL 高级查询、MySQL 存储过程与函数、MySQL 函数、MySQL 事务处理、MySQL 视图与索引、MySQL 触发器、MySQL 数据备份与优化等理论知识。上机部分又对应理论部分中的每个章节安排了相应的上机操作案例,每个上机项目有上机指导和学员练习两大部分,真正做到了理论与实践的紧密结合。

    本书内容充实详尽,图文并茂,适合 MySQL 数据库初学者,也可作为高等院校计算机及信息类专业学生的教材或教学参考书。

    本书由湖南城市学院理学院和湖南硅谷云教育科技有限公司教学团队组织编写。尽管编者在写作过程中力求准确、完善,但书中不妥或错误之处仍在所难免,殷切希望广大读者批评指正!

编 者
2021 年 9 月

Contents 目录

上机部分

理论部分

第一章
数据库设计基础

本章要点

（1）数据、数据库、数据库管理系统的相关概念，以及数据库的分类。

（2）需要数据库设计的基本原因。

（3）数据库设计的阶段与相关模型，并使用 PowerDesigner 工具设计数据模型。

（4）数据规范设计中范式的应用。

（5）数据库设计步骤。

1.1　数据库概述

数据库是信息管理系统数据仓库,是计算机学科的重要分支。数据库是存储在计算机内的数据的集合,为信息管理系统提供数据的加工、存储并共享这些数据。数据库是信息管理系统的重要组成部分。下面将详细介绍数据库相关的概念。

1.1.1　数据的概念

数据(Data)是指对客观事件进行记录并可以鉴别的符号,是对客观事物的性质、状态以及相互关系等进行记载的物理符号或这些物理符号的组合。它是可识别的、抽象的符号。

数据不仅指狭义上的数字,还可以是具有一定意义的文字、字母、数字符号的组合、图形、图像、视频、音频等,也是客观事物的属性、数量、位置及其相互关系的抽象表示。

在计算机科学中,数据是指所有能输入计算机并被计算机程序处理的符号的介质的总称,用于输入电子计算机进行处理,具有一定意义的数字、字母、符号和模拟量等的通称。

1.1.2　数据库的概念

简单地说,数据库(Database)就是一个存放数据的仓库,这个仓库是按照一定的数据结构(数据结构是指数据的组织形式或数据之间的联系)来组织、存储的,我们可以通过数据库提供的多种方法来管理数据库里的数据。更简单地形象理解,数据库和我们生活中存放杂物的仓库性质一样,区别只是存放的东西不同。

数据库是一定方式存储在一起、能够供多个用户共享、具有尽可能小的冗余度、与应用程序彼此独立的数据集合。用户可以对其中的数据进行新增、更新、删除和查询操作。

1.1.3　数据库管理系统的概念

数据库管理系统(Database Management System,DBMS)是一种操纵和管理数据库的大型软件,用于建立、使用和维护数据库。数据库管理系统对数据库进行统一的管理和控制,以保证数据库的安全性和完整性。用户通过 DBMS 访问数据库中的数据,数据库管理员也通过 DBMS 进行数据库的维护工作。数据库管理系统可使多个应用程序和用户使用不同的方法在同时刻或不同时刻去建立、修改和询问数据库。大部分 DBMS 提供数据定义语言(Data Definition Language,DDL)和数据操作语言(Data Manipulation Language,DML),供用户定义数据库的模式结构与权限约束,实现对数据的追加、删除等操作。

数据库管理系统是数据库系统的核心,是管理数据库的软件。数据库管理系统就是实现把用户意义下抽象的逻辑数据处理,转换成为计算机中具体的物理数据处理的软件。有

了数据库管理系统,用户就可以在抽象意义下处理数据,而不必顾及这些数据在计算机中的布局和物理位置。

1.1.4 数据库的分类

在信息化技术中,数据库可分为关系型数据库和非关系型数据。

1. 关系型数据库

关系型数据库,是建立在关系模型基础上的数据库,借助于集合代数等数学概念和方法来处理数据库中的数据。现实世界中的各种实体以及实体之间的各种联系均用关系模型来表示。关系模型是由埃德加·科德于1970年首先提出的,并配合"科德十二定律"。现如今虽然对此模型有一些批评意见,但它还是数据存储的传统标准。标准数据查询语言 SQL 就是一种基于关系数据库的语言,这种语言执行对关系数据库中数据的检索和操作。关系模型由关系数据结构、关系操作集合、关系完整性约束三部分组成。

关系模型就是指二维表格模型,因而一个关系型数据库就是由二维表及其之间的联系组成的一个数据组织。当前主流的关系型数据库有 Oracle、DB2、MySQL、Microsoft SQL Server、Microsoft Access 等。

2. 非关系型数据库

非关系型数据库,又称为 NoSQL(Not Only SQL),意思为不仅仅是 SQL(Structured Query Language,结构化查询语言)。据维基百科介绍,NoSQL 最早出现于1998年,是由 Carlo Storzzi 最早开发的个轻量、开源、不兼容 SQL 功能的关系型数据库。2009年,在一次分布式开源数据库的讨论会上,再次提出了 NoSQL 的概念,此时 NoSQL 主要是指非关系型、分布式、不提供 ACID(数据库事务处理的四个基本要素)的数据库设计模式。同年,在亚特兰大举行的"NoSQL(east)"讨论会上,对 NoSQL 最普遍的定义是"非关联型的",强调 Key – Value 存储和文档数据库的优点,而不是单纯地反对 RDBMS。至此,NoSQL 开始正式出现在世人面前。

NoSQL 具有扩展简单、高并发、高稳定性、成本低廉等优势,也存在一些问题。例如,NoSQL 暂不提供 SQL 的支持,会造成开发人员的额外学习成本;NoSQL 大多为开源软件,其成熟度与商用的关系型数据库系统相比有差距;NoSQL 的架构特性决定了其很难保证数据的完整性,适合在一些特殊的应用场景使用。现在常用的非关系型数据库有 MemcacheDB、BerkeleyDB、Redis、MongoDB、CouchDB、BigTable 等。

1.1.5 DBMS 与应用程序的关系

要了解 DBMS 与应用程序之间的关系,先需要了解数据库管理系统在应用程序中起到的作用。数据库管理系统在应用程序的作用主要体现在以下几方面。

(1)数据库管理系统要求数据库中存储的数据结构化。

(2)数据库管理系统的数据库中数据的组织结构决定了它所存储数据的共享性高、冗余度低、易于扩展。

(3)数据库管理系统的数据独立性高。

(4)数据库管理系统支持数据共享。

(5)数据库管理系统具有对数据进行安全性保护的功能。

(6)数据库管理系统使用公共通用的方法来完成对数据的处理。

综上所述,我们可以清晰地了解到,数据库管理系统是为应用程序提供数据的存储、加工并提供安全性保证的工具。如果没有数据库管理系统,应用程序就没有数据的支撑,就失去它的存在价值。

1.2 为什么需要数据库设计

现在的软件工程项目开发中,需要存储的数据种类很多,数据量也非常大。如果项目中数据表超过了十张、几十张,甚至有时候是 100 张以上,那么将面对以下问题。

(1)如何保证有用的数据不被遗漏?

(2)如何存储数据更加节约数据的存储空间?

(3)在项目中使用多少数据表来存储数据算合理?

(4)每张数据表中应该存储哪些数据最为合理?

(5)数据库中各数据表之间有什么样的存储关系?

(5)项目的数据该如何保证它的准确性?

(6)应该怎样防止项目系统中数据的不一致性?

(7)数据库该怎么样设计,可以让程序员更加容易实现?

(8)如果系统以后需要添加系统功能,又怎样方便拓展,而保证现有数据所受影响最小或不受影响?

以上种种问题的出现,也就是我们需要数据库设计的基本理由。也就是说,在项目开发中,需要解决上面的种种实际问题,那么在项目开发之前就必须对项目需要存储的数据进行分析和对项目的数据库进行设计。

那什么是数据库设计呢?

数据库设计(Database Design)是指根据用户的需求,在某一具体的数据库管理系统上,设计数据库的结构和建立数据库的过程。数据库系统需要操作系统的支持。数据库设计是建立数据库及其应用系统的技术,是信息系统开发和建设中的核心技术。由于数据库应用系统的复杂性,为了支持相关程序运行,数据库设计就变得异常复杂,因此最佳设计不可能一蹴而就,而只能是一种"反复探寻,逐步求精"的过程,也就是规划和结构化数据库中的数据对象以及这些数据对象之间关系的过程。

下面通过一个简单的示例来描述数据库设计所带来的好处。将学员信息的数据库经过设计后分为三张数据表,学生信息表(tab_Student_Info)、课程信息表(tab_Course_Info)和学

员成绩表(tab_Exam_Info)。三张数据表的信息分别见表1-1-1、表1-1-2、表1-1-3。

表1-1-1　学生信息表(**tab_Student_Info**)

学号	姓名	年龄	性别
20180101A001	张大勇	20	男
20180101A002	易思淼	18	女
20180101A003	杨玮明	18	男
20180101A004	高小兵	19	男

表1-1-2　课程信息表(**tab_Course_Info**)

课程编号	课程名称	课时数量
C0001	SQL Server2012 数据库	50
C0002	Java 程序设计基础	60
C0003	C#程序设计基础	80

表1-1-3　学员成绩表(**tab_Exam_Info**)

学号	课程编号	分数
20180101A001	C0001	85
20180101A001	C0002	78
20180101A001	C0003	80
20180101A002	C0001	83
20180101A002	C0002	80
20180101A002	C0003	79

从上表可知,学员成绩表的学号和课程编号分别是来自于学生信息表(tab_Student_Info)和课程信息表(tab_Course_Info)。也就是说,学员成绩表中每个学员的信息和他们所学课程的信息,都是来自学生信息表(tab_Student_Info)和课程信息表(tab_Course_Info),正因为这样,在整个数据表的设计中就避免数据的冗余和数据的不一致。如果需要将某个学生的名字修改为"张大牙",那么只需要修改学生信息表(tab_Student_Info)中的一条记录即可,其他的都可以保持原有不变,从而提高了修改的效率。

在数据库设计时,为了让软件开发相关的人员能够快速地了解数据库的数据结构,我们可以使用数据库的设计工具,设计出相关直观的数据库模型图来描述数据库中各个数据表的数据结构和各个数据表之间的联系。图1-1-1是学员信息数据库的设计结构图。

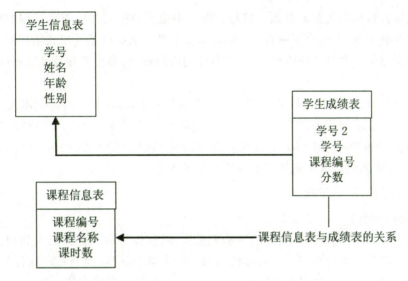

图 1 - 1 - 1 学员信息数据库结构

上面的示例实现了学员信息数据库表的设计,看到这个示例,可能觉得数据库的设计也就是那么一回事,很简单。其实远没有那么简单,一旦系统的功能多,存储的数据也很多,并且其业务也是相当复杂的,那么数据库的设计就没那么简单了,一旦数据库的设计出现问题,那么系统的开发将面临致命的危险。因此在数据库设计时,需要详地的了解系统的业务和各个业务需要存储的数据。再借用前面人的经验和一些现有数据库设计的规范,把这些经验和规范在项目中不断地实践,这样才能更好地完成数据库设计工作。

1.3 数 据 模 型

在数据库的分析和设计时,可以将其划分为:需求分析阶段、概念设计阶段、逻辑结构设计阶段、物理结构设计阶段、数据库实施阶段和数据库运行与维护阶段。根据不同阶段的划分,进行数据库分析和设计过程中,对软件系统开发而言,需求分析、概念设计、逻辑结构和物理结构的设计是重中之重。因此,进行数据库分析和设计时,会根据不同的阶段得到不同的数据模型,需求分析和概念设计时将产出概念数据模型,逻辑结构设计阶段将产出逻辑数据模型,物理设计阶段将产出物理数据模型。软件开发人员会根据数据模型创建支持应用程序数据存储的数据库及数据库表和数据表之间存在的关系。

1.3.1 概念数据模型

概念模式(Conceptional Schema),也称为概念模型。数据库的逻辑表示,包括每个数据

的逻辑定义以及数据间的逻辑联系。它是数据库中全部数据的整体逻辑结构的描述,是所有用户的公共数据视图,综合了所有用户的需求。它处于数据库系统模式结构的中间层,与数据的物理存储细节和硬件环境无关,也与具体的应用程序、开发工具及高级程序设计语言无关。

进行概要设计时,一般设计者使用 E – R(Entity – Relationship,简称实体关系图)图的方式进行绘制独立于数据库的数据模型。在此模型中,有几个需要大家清楚的概念:实体(Entity)、属性(Attribute)、键(Key)、实体类型(Entity Type)、实体集(Entity Set)和联系(RelationShip)。下面我们将详细阐述概要设计的上述概念。

1. 概念模型中相关概念

(1)实体(Entity)。

一般认为,客观上可以相互区分的事物就是实体,实体可以是具体的人和物,也可以是抽象的概念与联系。关键在于一个实体能与另一个实体相区别,具有相同属性的实体具有相同的特征和性质。用实体名及其属性名集合来抽象和刻画同类实体。在 E – R 图中用矩形表示,矩形框内写明实体名,如学生张三、学生李四都是实体。

(2)属性(Attribute)。

实体所具有的某一特性,一个实体可由若干个属性来刻画。属性不能脱离实体,属性是相对实体而言的。在 E – R 图中用**椭圆形**表示,并用无向边将其与相应的实体连接起来,如学生的姓名、学号、性别都是属性。如果是多值属性的话,在椭圆形外面再套实线椭圆;如果是派生属性,则用虚线椭圆表示。

(3)键(Key)、主键和外键。

一个实体往往具有多个属性,这些属性之间是有关系的,它们构成该实体的属性集合。如果其中一个属性或多个属性构成的子集合能够唯一标识整个属性集合,则称为属性集合的键或码。需要注意的是,实体的属性集合可能有多个键,每一个键都称为候选键。但一个属性集合只能指定一个候选集作为唯一标识,这个时候见就称为属性集合的主键或主码。如果一个实体的某个属性集合本身不是该实体的键,而是另一个实体的键,则称其为外键。外键描述了两个实体之间的关系。

(4)实体类型(Entity Type)。

具有相同属性的实体必然具有共同的特征和性质。用实体名及其属性名集合来抽象同类实体,称为实体类型。例如,学生(学号、姓名、性别、年龄等)就是一个实体型。

(5)实体集(Entity Set)。

同类型实体的集合称为实体集。例如,全体学生就是一个实体集。

(6)联系(RelationShip)。

联系也称关系,信息世界中反映实体内部或实体之间的关联。实体内部的联系通常是指组成实体的各属性之间的联系,实体之间的联系通常是指不同实体集之间的联系。在 E – R 图中用菱形表示,菱形框内写明联系名,并用无向边分别与有关实体连接起来,同时在无向边旁标上联系的类型(1 : 1,1 : N 或 M : N)。例如,老师给学生授课存在授课关系,学生选课存在选课关系。如果是弱实体的联系,则在菱形外面再套菱形。

2. 实体的关系

实体与实体之间的关系是错综复杂的,但就两个实体之间的关系来说,主要体现在以下三种情况。

(1)一对一关系(1∶1)。

对于两个实体集 A 和 B,若 A 中的每一个值在 B 中至多有一个实体值与之对应,反之亦然,则称实体集 A 和 B 具有一对一的联系。一个学校只有一个正校长,而一个校长只在一个学校中任职,则学校与校长之间具有一对一联系。

(2)一对多关系(1∶N)。

对于两个实体集 A 和 B,若 A 中的每一个值在 B 中有多个实体值与之对应,反之 B 中每一个实体值在 A 中至多有一个实体值与之对应,则称实体集 A 和 B 具有一对多的联系。例如:某校教师与课程之间存在一对多的联系“教”,即每位教师可以教多门课程,但是每门课程只能由一位教师来教;一个专业中有若干名学生,而每个学生只在一个专业中学习,则专业与学生之间具有一对多联系

(3)多对多关系(M∶N)。

对于两个实体集 A 和 B,若 A 中每一个实体值在 B 中有多个实体值与之对应,反之亦然,则称实体集 A 与实体集 B 具有多对多联系。例如,一个部门有一个经理,而每个经理只在一个部门任职,则部门与经理的联系是一对一的;一个员工可以同时是多个部门的经理,而一个部门只能有一个经理,则这种规定下“员工”与“部门”之间的“管理”联系就是 1∶N的联系了;一个员工可以同时在多个部门工作,而一个部门有多个员工在其中工作,则“员工”与“部门”的“工作”联系为 M∶N联系。

3. 实体关系模型

E - R 图也称实体 - 联系图(Entity Relationship Diagram),提供了表示实体类型、属性和联系的方法,用来描述现实世界的概念模型。

E - R 图是描述现实世界关系概念模型的有效方法,是表示概念关系模型的一种方式。用“矩形框”表示实体型,矩形框内写明实体名称;用“椭圆图框”表示实体的属性,并用“实心线段”将其与相应关系的“实体型”连接起来;用“菱形框”表示实体型之间的联系成因,在菱形框内写明联系名,并用“实心线段”分别与有关实体型连接起来,同时在“实心线段”旁标上联系的类型(1∶1,1∶N或 M∶N)。

E - R 模型最早由 Peter Chen(陈品山)于 1976 年提出,它在数据库设计领域得到了广泛的认同,是概念数据模型的高层描述所使用的数据模型或模式图,它为表述这种实体联系模式图形式的数据模型提供了图形符号。这种典型的数据模型用在信息系统设计的第一阶段。

在 E - R 概念模型中,信息由实体、实体属性和实体之间的关系来表示。

(1)实体表示建立概念模型的对象,用方框表示,在框中记入实体名。例如,学生实体的表示方法,如图 1 - 1 - 2 所示。

学生

图1-1-2　学生实体的表示方法

（2）实体属性是实体的说明，用椭圆形框表示实体的属性，并用无向线条把实体与其属性连接起来。例如，学生实体有学号、姓名、年龄、性别和联系方式等属性，其E-R图如图1-1-3所示。

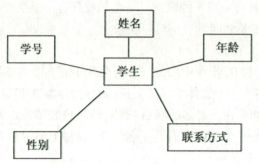

图1-1-3　学生实体及其属性

（3）实体与实体之间的关系是两个或两个以上实体之间的有名称的关联。实体之间的关系使用菱形框来表示。菱形框中要有关系名。使用无向线条将菱形框与有关系的实体连接起来，在线条的旁边标明联系类型。例如，可以使用E-R图表示学校学生选修课程和考试的概念模型，如图1-1-4所示。

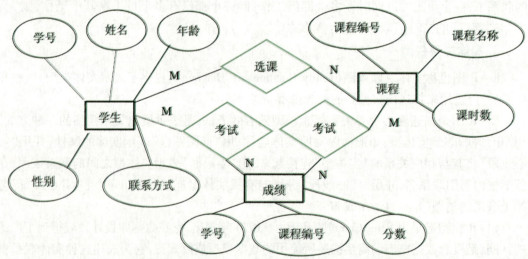

图1-1-4　实体、实体属性及实体之间的关系模型图

一个学生可以选修多门课程，一门课程也可以被多个学生选修，因此学生与课程之间的关系是多对多的关系。一个学生可以参加多次考试，一次考试可以有多个学生参加，因此学生与考试之间的关系也是多对多的关系，那么课程与考试成绩之间的关系同样也是多对多的关系。

如果概念模型中涉及的实体带有较多的属性而使得实体关系图不清晰，可以将实体关系图分为两部分:一部分为实体及其属性图;一部分为实体及其关系图。如图 1-1-5 所示,可以将学生与课程、学生与考试成绩、课程与考试成绩这些实体之间的关系单独描述出来。

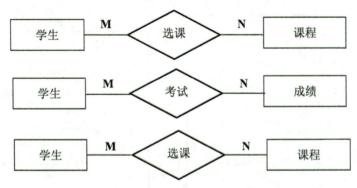

图 1-1-5 实体与实体关系图

1.3.2 逻辑数据模型

逻辑数据模型是将概念模型转化为具体的数据模型的过程,即按照概念结构设计阶段建立的基本 E-R 图,按选定的管理系统软件支持的数据模型(层次、网状、关系、面向对象),转换成相应的逻辑模型。这种转换要符合关系数据模型的原则。目前最流行就是关系模型(也就是对应的关系数据库)。

E-R 图向关系模型的转换是要解决如何将实体和实体间的联系转换为关系,并确定这些关系的属性和码。这种转换一般按下面的原则进行。

(1)一个概念模型的实体转换为一个逻辑模型的数据实体,如图 1-1-6 所示。

一个实体转换为一个关系,实体的属性就是关系的属性,实体的码(键)就是关系的码(键)。其实这种转换也称为一个实体转换为一张表。

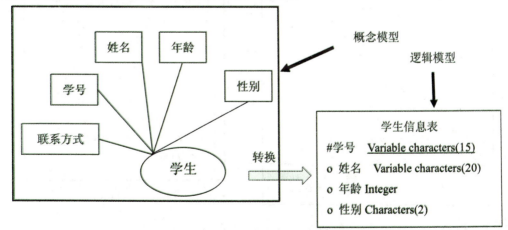

图 1-1-6 概念模型转换为逻辑模型

(2)一个联系也转换为一个关系,联系的属性及联系所连接的实体的码(键)都转换为

关系的属性,但是关系的码(键)会根据联系的类型变化。如果是一对一关系(1∶1)的转换,如图1-1-7所示;如果是一对多关系(1∶N)的转换,如图1-1-8所示;如果是多对多关系(M∶N)的转换,如图1-1-9所示。

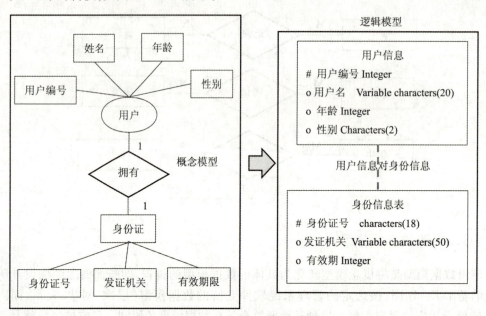

图1-1-7　一对多关系(1∶N)的转换

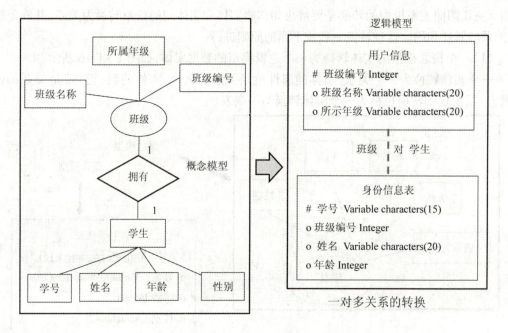

图1-1-8　一对多关系(M∶N)的转换

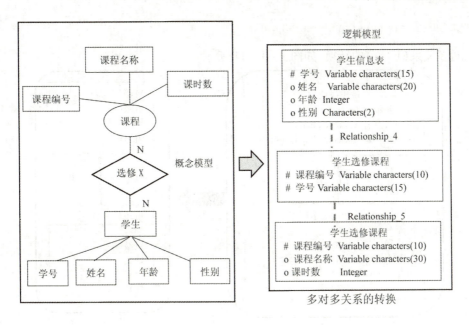

图 1 - 1 - 9　多对多关系(M:N)的转换

1.3.3　物理数据模型

物理数据模型(Physical Data Model, PDM),提供了系统初始设计所需要的基础元素,以及相关元素之间的关系。物理数据模型用于存储结构和访问机制的更高层描述,描述数据是如何在计算机中存储的,如何表达记录结构、记录顺序和访问路径等信息。

数据库的物理模型是根据逻辑设计阶段的产出逻辑模型来完成的。事实上,数据库物理模型可以通过设计工具(Power Designer)来进行生成。

下面是将几种关系的逻辑模型转换为物理模型。

1. 一对一关系(1:1)的转换

一对一关系(1:1)的转换,如图 1 - 1 - 10 所示。

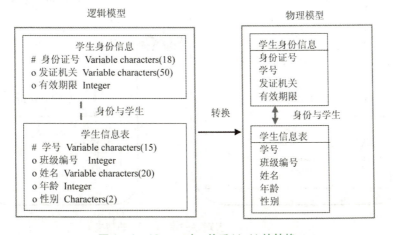

图 1 - 1 - 10　一对一关系(1:1)的转换

2. 一对多关系(1∶N)的转换

一对多关系(1∶N)的转换,如图 1-1-11 所示。

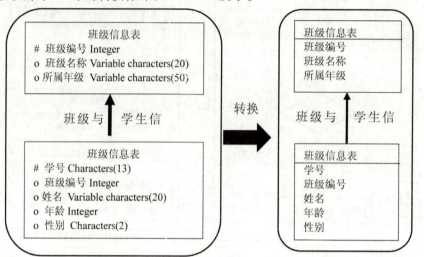

图 1-1-11　一对多关系(1∶N)的转换

3. 多对多关系(M∶N)的转换

多对多关系(M∶N)的转换,如图 1-1-12 所示。

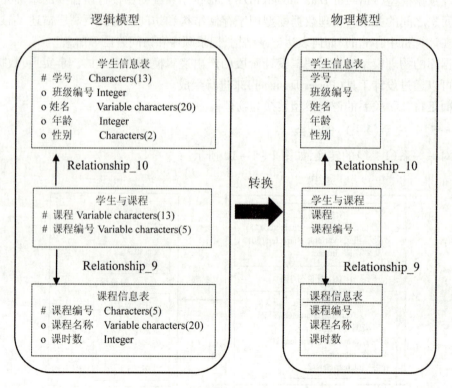

图 1-1-12　多对多关系(1∶N)的转换

上面是将三种关系从逻辑模型转换为物理模型的分解图形,下面是完整的逻辑模型图和物理模型图,分别如图 1 –1 –13 和图 1 –1 –14 所示。

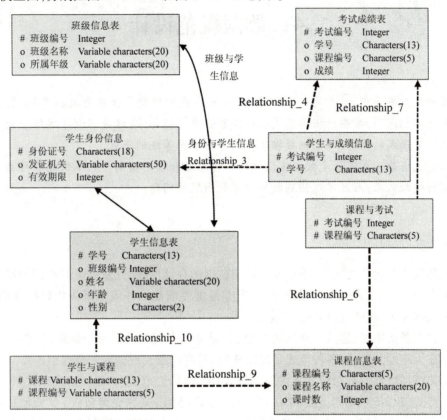

图 1 –1 –13　学生信息的逻辑模型图

物理模型图

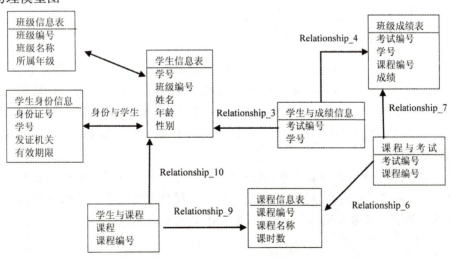

图 1 –1 –14　学生信息的物理模型图

1.4 数据规范设计

在关系型数据库中,对于同一个问题,选用不同关系模型集合作为数据库模式,其性能的优劣是大不相同的,某些数据库模式设计经常带来存储异常,这是不利于实际应用的。为了区分数据库模式的优劣,人们把数据库模式分为不同等级的范式。

关系型数据库范式理论是数据库设计的一种基础和理论指南。它不仅能够作为数据库设计好坏的判断依据,而且可以预测数据库可能出现的问题。

1.4.1 范式的概念

什么是范式?简言之就是,数据库设计与数据的存储性能、开发人员对数据的操作都有很大的关系。所以,建立科学的、规范的数据库是需要满足一些规范来优化数据存储方式。在关系型数据库中,这些规范就可以称为范式。

设计关系数据库时,遵从不同的规范要求,设计出合理的关系型数据库,这些不同的规范要求被称为不同的范式,各种范式呈递次规范,越高的范式数据库冗余越小。

目前关系型数据库有六种范式:第一范式(1NF)、第二范式(2NF)、第三范式(3NF)、巴斯-科德范式(BCNF)、第四范式(4NF)和第五范式(5NF,又称完美范式)。满足最低要求的范式是第一范式(1NF)。在第一范式的基础上进一步满足更多规范要求的称为第二范式(2NF),其余范式依次类推。一般说来,数据库只需满足第三范式(3NF)就行了。

1.4.2 范式分类

1. 第一范式(1NF)

所谓第一范式(1NF)是指在关系模型中,对域添加的一个规范要求。所有的域都应该是原子性的,即数据库表的每一列都是不可分割的原子数据项,而不能是集合、数组、记录等非原子数据项。即实体中的某个属性有多个值时,必须拆分为不同的属性。在符合第一范式(1NF)表中的每个域值只能是实体的一个属性或一个属性的一部分。简而言之,第一范式就是无重复的域。

说明:在任何一个关系型数据库中,第一范式(1NF)是对关系模式的设计基本要求,一般设计中都必须满足第一范式(1NF)。不过有些关系模型中突破了1NF的限制,这种称为非1NF的关系模型。换句话说,是否必须满足1NF的最低要求,主要依赖于所使用的关系模型。

不属于1NF的关系称为非规范化关系,见表1-1-4。规范化关系,见表1-1-5。

表1-1-4　非规范化关系（SCD）

个人信息			选课信息	
学号	系别	地址	课程名	成绩
180101A001	计科学院	铁院	C#基础	80
180101A002	计科学院	铁院	C#基础	79
180101A003	计科学院	铁院	C#基础	74
180102A001	数学学院	本部	数据库	80
180102A002	数学学院	本部	数据库	79
180102A003	数学学院	本部	数据库	74

表1-1-5　规范化关系（SCD）

学号	系别	地址	课程名	成绩
180101A001	计科系	铁院	C#基础	80
180101A002	计科系	铁院	C#基础	79
180101A001	计科系	铁院	数据库	74
180102A001	工程系	本部	C 语言	80
180102A002	工程系	本部	C 语言	79
180102A001	工程系	本部	Java 语言	74

第一范式还可以理解为：每一个数据项都不能拆分成两个或两个以上的数据项（保证其原子性）。例如，在非规范化关系（SCD）（表1-1-4）的数据中，个人信息是由学号、系别、地址组成的，选课信息是由课程名、成绩组成的。因此，此表不满足第一范式。

2. 第二范式（2NF）

在1NF的基础上，非码属性必须完全依赖于候选码（在1NF基础上消除非主属性对主码的部分函数依赖）。

第二范式（2NF）是在第一范式（1NF）的基础上建立起来的，即满足第二范式（2NF）必须先满足第一范式（1NF）。第二范式（2NF）要求数据库表中的每个实例或记录必须可以被唯一地区分。选取一个能区分每个实体的属性或属性组，作为实体的唯一标识。

第二范式（2NF）要求实体的属性完全依赖于主关键字。所谓完全依赖是指不能存在仅依赖主关键字一部分的属性。如果存在，那么这个属性和主关键字的这一部分应该分离出来形成一个新的实体，新实体与原实体之间是一对多的关系。为实现区分，通常需要为表加上一个列，以存储各个实例的唯一标识。简而言之，第二范式就是在第一范式的基础上属性完全依赖于主键。

例如：满足于第一范式的规范化关系（SCD）的表1-4-5中（学号、系别、地址、课程名、成绩）不是第二范式，因为该表的主键是学号和课程名，对于非主键字段地址和系别来说，只依赖于学号，而与课程名无关，即该表存在如下存储问题。

（1）数据冗余：地址和系别都有数据重复。如，"本部"和"工程系"，"铁院"和"计科系"都重复了3次。

（2）更新异常：冗余数据不仅浪费存储空间，还会增加更新数据的难度。如把"计科系"的地址更新为"本部"，则会更新包含该值的3条信息。如果由于某种原因，没有更新所有行，则数据库中"计科系"的地址就会有两个地址，一个是"铁院"，一个是"本部"，数据就出现了不一致的情况。

（3）插入异常：在满足第一范式的规范化关系（SCD）时，学号和课程名不能单独作为主键，需要采用组合键作为主键，假设SCD表的主键为学号、课程名。任何要插入到该表中的行必须提供主键的值，因为主键值不能为空。如果"计科系"新开了一门课程"PHP程序设计"，即要向该表中插入一条数据，但现在还没有学生选修，我们将无法插入这条数据。

（4）删除异常：在某些情况下，删除一行，可能丢失有用的信息，如删除SCD表2中学号为180102A001的行，就会丢失课程的"Java语言"这门课程信息。

为解决上面问题，可以采用将非第二范式的表分解为若干个第二范式的表。分解的方法如下。

（1）把关系模式中完全依赖于主键字段的非键字段与决定它们的键字段放在一个表中。

（2）把只部分依赖于主键的非键字段和决定它们的键字段放在一个表中。

（3）检查分解后的新表，如果仍不是2NF，则继续按照前面的方法进行分解，直到达到要求。

对应SCD表来说，考试成绩完全依赖主键（学号、课程名），可以将它们放在一张表中，而字段"地址"和"系别"只依赖学号，可将它们放在另一张表中，那么我们可以得到分解后的表1-1-6和表1-1-7。

表1-1-6　SC表（学生成绩表）

学号	课程名	成绩
180101A001	C#基础	80
180101A002	C#基础	79
180101A001	数据库	74
180102A001	C语言	80
180102A002	C语言	79
180102A001	Java语言	74

表1-1-7　SD表（学生地址表）

学号	系别	地址
180101A001	计科系	铁院
180101A002	计科系	铁院
180102A001	工程系	本部
180102A002	工程系	本部

表1-1-6和表1-1-7都不存在部分依赖，都是第二范式。虽然消除了数据的插入异常，但仍然存在其他存储问题，从SD表中包含的信息学生和系别两方面的信息来看，该模

式仍然存在问题,待我们进一步分析,这需要更高级别的范式。

3. 第三范式(3NF)

在 2NF 基础上,任何非主属性不依赖于其他非主属性(在 2NF 基础上消除传递依赖)。

第三范式(3NF)是第二范式(2NF)的一个子集,即满足第三范式(3NF)必须满足第二范式(2NF)。简而言之,第三范式(3NF)要求一个关系中不包含在其他关系已包含的非主关键字信息。例如,存在一个部门信息表,其中每个部门有部门编号(dept_id)、部门名称、部门简介等信息。那么在员工信息表中列出部门编号后就不能再将部门名称、部门简介等与部门有关的信息再加入员工信息表中。如果不存在部门信息表,则根据第三范式(3NF)也应该构建它,否则就会有大量的数据冗余。简而言之,第三范式就是属性不依赖于其他非主属性,也就是在满足 2NF 的基础上,任何非主属性不得传递依赖于主属性。

例如,SD 表(学号、系别、地址)是 SCD 表分解的结果,它仍然存在问题,该表中存在"学号" - >"系别","系别" - >"地址",即"地址"传递依赖于"学号",而不是"地址"不是直接依赖于"学号",因此 SD 表不是第三范式,存在删除异常问题。解决问题的办法是消除其中的传递依赖,将 SC 表进一步分解为若干张独立的第三范式的表,分解方法如下。

(1)把直接对主键依赖的非键字段与决定它们的主键放在一张表中。

(2)把造成传递依赖的决定因素与被它们决定的字段放在一张表中。

(3)检查分解后的新模式,如果不是 3NF,则继续按照前面方法进行分解,到满足要求为止。

对应 SC 表来说,"系别"直接依赖于主键"学号",可将"学号"和"系别"放在一张表中,"系别"决定"地址","系别"是造成传递依赖的决定因素,即将"系别"和"地址"放在另一张表中。为此,可以得到表 1 - 1 - 8 和表 1 - 1 - 9 的结果。

表 1 - 1 - 8 S 表(学生信息表)

学号	系别
180101A001	计科系
180101A002	计科系
180102A001	工程系
180102A002	工程系

表 1 - 1 - 9 D 表(地址信息表)

系别	地址
计科系	铁院
工程系	本部

由此可知,S 表和 D 表各自描述单一的现实事物,都不存在传递依赖关系,都是第三范式。一种规范模式,就解决了"异常"问题。

1.4.3 规范化与性能之间的关系

前面的示例中,如果需要查询选修了 C#语言这门课的学生的学号、系别、地址和成绩这

些数据时,在满足 1NF、2NF 和 3NF 的情形下查询实现如下:

(1)只满足第一范式(1NF),只需从表 1-4-2 这一张表查询,查询 SQL 语句如下:

SELECT 学号,系别,地址,成绩 FROM SCD WHERE 课程名 = 'C#基础'

(2)满足第二范式(2NF),需要从表 1-1-6 和表 1-1-7 这两张表查询,查询 SQL 语句如下:

SELECT SC.学号,SD.系别,SD.地址,SC.课程名,SC.成绩 FROM SC JION SD NO SC。学号 = SD.学号 WHERE 课程名 = 'C#基础'

(3)满足第三范式(3NF),需要从表 1-1-6、表 1-1-8 和表 1-1-9 这三张表查询,查询 SQL 语句如下:

SELECT SC.学号,D.系别,D.地址,SC.课程名,SC.成绩 FROM SC JOIN S ON SC.学号 = S.学号 JOIN ON D S.系别 = D.系别 WHERE 课程名 = 'C#基础'

综上所述,数据表规范化的程度越高,数据冗余就越少,并且造成人为错误的可能性就越少;同时,规范化的程度越高,在查询时,需要作出的关联就越多,数据库在操作过程中需要访问的数据表以及表之间的关联也就越多。因此,在数据库设计的规范化过程中,要根据数据库需求的实际情况来选择一个折中的规范化程度。也就是说,规范化程度越高就越好,也不是规范化程度越低越不好,而是选择适合的规范化,才是最理想的选择。

在实际的数据库设计中,既要考虑三大范式(避免数据的冗余和各种数据操作的异常),也要考虑数据查询的性能。有时,为了减少表之间连接,提供数据库的访问性能,是允许少量数据的冗余列。

1.5　数据库设计的步骤

数据库设计是指对于一个给定的应用环境,创建最优秀的数据库模式,建立数据库及其应用系统,使之有效地存储数据,满足各种用户的应用需求。

按照规范设计的方法,考虑**数据库**及其应用系统开发全过程,将数据库设计分为以下 6 个阶段。

(1)需求分析阶段:进行数据库设计首先必须准确了解和分析用户需求(包括数据与处理)。需求分析是整个设计过程的基础,也是最困难、最耗时的一步。需求分析是否做得充分和准确,决定了在其上构建数据库大厦的速度与质量。需求分析做得不好,会导致整个数据库设计返工重做。

(2)概念结构设计阶段:是整个数据库设计的关键,它通过对用户需求进行综合、归纳与抽象,形成了一个独立于具体 DBMS 的概念模型,可以使用 E-R 图描述概念结构。

(3)逻辑结构设计阶段:是将概念结构转换为某个 DBMS 所支持的数据模型,并将进行优化。

（4）物理结构设计阶段：为逻辑数据结构模型选取一个最适合应用环境的物理结构（包括存储结构和存取方法）。

（5）数据库实施阶段：是运用 DBMS 提供的数据库语言（如 SQL）及其宿主语言，根据逻辑设计和物理设计的结果建立数据库，编制和调试应用程序，组织数据入库，并进行试运行。

数据库的运行和维护：数据库应用系统经过试运行后，即可投入正式运行，在数据库系统运行过程中必须不断地对其进行评价，调整，修改。

总结

（1）理解数据库中的相关概念，如什么是数据（Data），什么是数据库（DB），什么是数据库管理系统（DBMS），以及它们之间的关系。

（2）理解在软件开发中，为什么需要数据库设计。

（3）掌握数据库设计中各种数据模型，如概念数据模型（Conceptual Data Model）、逻辑数据模型（Logical Data Model）和物理数据模型（Physical Data Model）。

（4）熟悉使用 PowerDesigner 数据库建模工具设计概念数据模型（Conceptual Data Model）、逻辑数据模型（Logical Data Model）和物理数据模型（Physical Data Model）。

（5）理解数据的规范设计中三种范式的划分，在数据表设计合理应用范式理论。

（6）理解数据规范化与数据表数据操作和访问性能之间的关系。

（7）掌握数据库设计步骤，并使用这些步骤完成数据库的设计工作。

第二章
MySQL 数据库基础

本章要点

（1）了解 MySQL 数据库的特点。

（2）掌握 MySQL 8.0.13 数据库的安装和配置。

（3）掌握 MySQL 8.0.13 数据库用户账户的创建、重命名、修改密码和账户的锁定与解锁操作。

（4）了解 MySQL 8.0.13 数据库系统中四个系统数据库的作用及四个系统数据库中相关表的作用。

（5）掌握用户数据库的创建、切换和删除操作。

2.1 MySQL 数据库概述

2.1.1 什么是 MySQL 数据库

MySQL 是一种开放源代码的关系型数据库管理系统(RDBMS),MySQL 数据库系统使用最常用的数据库管理语言——结构化查询语言(SQL)进行数据库管理。

MySQL AB 是由 MySQL 创始人和主要开发人创办的公司。MySQL AB 最初是由 David Axmark、Allan Larsson 和 Michael"Monty"Widenius 在瑞典创办的。目前属于 Oracle 公司。

由于 MySQL 是开放源代码的,因此任何人都可以在 General Public License 的许可下下载并根据个性化的需要对其进行修改。MySQL 因为其速度、可靠性和适应性而备受关注。大多数人都认为在不需要事务化处理的情况下,MySQL 是管理内容最好的选择。

MySQL 这个名字,起源不是很明确。一个比较有影响的说法是,基本指南和大量的库、工具带有前缀"my"已经有 10 年以上,并且不管怎样,MySQL AB 创始人之一的 Monty Widenius 的女儿也叫 My。这两个到底是哪一个给出了 MySQL 这个名字至今依然是个迷,包括开发者在内也不知道。

MySQL 的海豚标志的名字叫"sakila",它是由 MySQL AB 的创始人从用户在"海豚命名"的竞赛中建议的大量的名字表中选出的。获胜的名字由来自非洲斯威士兰的开源软件开发者 Ambrose Twebaze 提供。根据 Ambrose 所说,Sakila 来自一种叫 SiSwati 的斯威士兰方言,也是在 Ambrose 的家乡乌干达附近的坦桑尼亚的 Arusha 的一个小镇的名字。

MySQL 虽然功能未必很强大,但因为它的开源、广泛传播,导致很多人都了解这个数据库。它的历史也富有传奇性。

2.1.2 MySQL 数据库的特点

MySQL 是一种关联数据库管理系统,关联数据库将数据保存在不同的表中,而不是将所有数据放在一个大仓库内,这样就增加了速度并提高了灵活性。

MySQL 具有以下特点。

(1)MySQL 是开源的,不需要支付额外的费用。

(2)MySQL 支持大型的数据库,可以处理拥有上千万条记录的大型数据库。

(3)MySQL 使用标准的 SQL 数据语言形式。

(4)MySQL 可以运行于多个系统上,并且支持多种语言。这些编程语言包括 C、C++、Python、Java、Perl、PHP、Eiffel、Ruby 和 Tcl 等。

(5)MySQL 支持大型数据库,支持 5000 万条记录的数据仓库,32 位系统表文件最大可支持 4GB,64 位系统支持最大的表文件为 8TB。

（5）MySQL 是可以定制的，采用了 GPL 协议，可以通过修改源码来开发自己的 MySQL 系统。

2.2 MySQL 数据库的下载与安装

2.2.1 MySQL 数据库的下载

MySQL 数据库可以安装在 Windows 操作系统上，也可以安装在 Linux 或 UNIX 操作中。本书以 Windows 操作系统为例。

Windows 操作系统上安装 MySQL 相对较为简单，在安装之前需要到相关的站点去下载资源，MySQL 安装文件下载的官网地址为：

https://dev. MySQL. com/downloads/MySQL/

打开下载地址，会出现如图 1-2-1 所示的界面，大家可以根据自己的操作系统选择下载。这里以 Windows64 位操作系统为例。

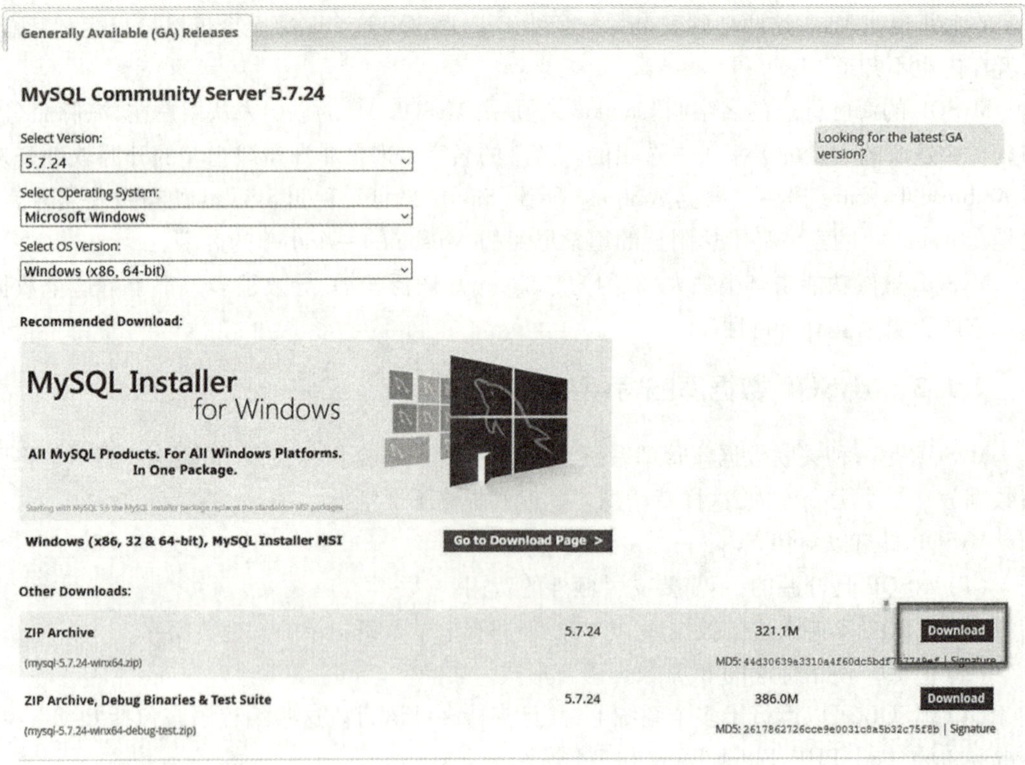

图 1-2-1 MySQL 数据库的下载界面（一）

点击"Download"后将弹出以下界面，如图 1-2-2 所示。

图 1 - 2 - 2   MySQL 数据库的下载界面(二)

图 1 - 2 - 2   MySQL 数据库的下载界面(二)

在图 1 - 2 - 2 中选择单击"No thanks,just start my download"即可下载 MySQL 数据库的安装文件。

2.2.2   MySQL 数据库的安装

MySQL 数据库的安装以 Windows10 和 MySQL - 8.0.13 - winx64 为例进行讲解。当 MySQL 数据库的安装文件下载完成后,开始安装 MySQL 数据库。

MySQL - 8.0.13 - winx64 与以往的 MySQL 版本不同,这个版本只需要将下载的文件解压,按照下面步骤配置即可使用。

(1)解压 MySQL - 8.0.13 - winx64,将解压的文件夹拷贝到指定的目录,这里将文件夹放置在 D 盘根目录下。如图 1 - 2 - 3 所示。

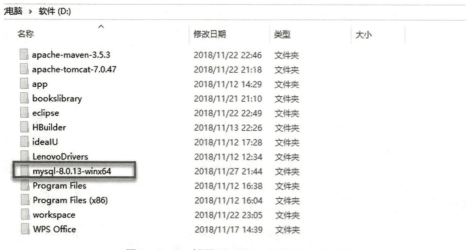

图 1 - 2 - 3   解压 MySQL - 8.0.13 - winx64

（2）在系统变量中添加变量名 MySQL_HOME,变量值为 C：\software \MySQL – 8. 0. 13 – winx64,如图 1 – 2 – 4 所示;在环境变量 path 中增加% MySQL_HOME% \bin,如图 1 – 2 – 5 所示。

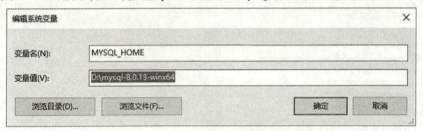

图 1 – 2 – 4　编辑系统变量

图 1 – 2 – 5　编辑环境变量

（3）环境变量配置后,在 MySQL – 8. 0. 13 – winx64 安装目录中添加 my. ini 文件,使用记事本或其他文本编辑器打开此文件,添加如图 1 – 2 – 6 的代码。

```
1  [mysql]
2  # 设置mysql客户端默认字符集
3  default-character-set=utf8
4
5  [mysqld]
6  # 设置3306端口
7  port = 3306
8  # 设置mysql的安装目录
9  basedir=D:\mysql-8.0.13-winx64
10 # 设置 mysql数据库的数据的存放目录，MySQL 8+ 不需要以下配置，系统自己生成即可，否则有可能报错
11 #datadir=D:\mysql-8.0.13-winx64\data
12 # 允许最大连接数
13 max_connections=20
14 # 服务端使用的字符集默认为8比特编码的latin1字符集
15 character-set-server=utf8
16 # 创建新表时将使用的默认存储引擎
17 default-storage-engine=INNODB
```

图 1 – 2 – 6　添加的代码

说明:该文件中代码含义请看文件中注释。

(4)打开"开始"菜单→"Windows 系统"→"命令提示符",以管理员身份运行 cmd 程序。如图 1 -2 -7 和图 1 -2 -8 所示。

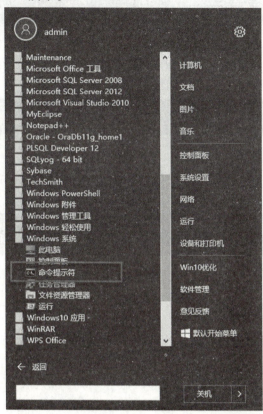

图 1 -2 -7　打开"开始"菜单→"Windows 系统"→"命令提示符"

图 1 -2 -8　管理员:命令提示符

（5）在 cmd 窗口先进入 MySQL－8.0.13－winx64 安装目录的 bin 文件,如图 1－2－9 所示。

```
C:\WINDOWS\system32>D:

D:\>cd mysql-8.0.13-winx64

D:\mysql-8.0.13-winx64>cd bin
```

图 1－2－9　进入 bin 文件

（6）继续在 cmd 窗口中输入"MySQL－initialize－console"命令回车后,系统将显示相关提示。如图 1－2－10 所示。

```
D:\mysql-8.0.13-winx64\bin>mysqld -initialize --console
2018-11-27T13:53:29.7225202 0 [System] [MY-013169] [Server] D:\mysql-8.0.13-winx64\bin\mysqld.exe (mysqld 8.0.13) initializing of server in progress as process 7396
2018-11-27T13:53:29.7240197 0 [Warning] [MY-013242] [Server] --character-set-server='utf8' is currently an alias for the character set UTF8MB3, but will be an alias for UTF8MB4 in a future
release. Please consider using UTF8MB4 in order to be unambiguous.
2018-11-27T13:53:36.6637802 5 [Note] [MY-010454] [Server] A temporary password is generated for root@localhost: 1vkYFSip(44S
2018-11-27T13:53:36.6626472 0 [System] [MY-013170] [Server] D:\mysql-8.0.13-winx64\bin\mysqld.exe (mysqld 8.0.13) initializing of server has completed
```

图 1－2－10　相关提示显示

（7）使用 MySQLd－install 实例化 MySQL 数据库,如果正确实例化成功后将有如图 1－2－11所示的提示。

```
D:\mysql-8.0.13-winx64\bin>mysqld -install
Service successfully installed.
```

图 1－2－11　正确实例化成功后的提示

2.2.3　MySQL 数据库服务

MySQL 数据库实例化成功后,在计算机管理中生成一个名称为 MySQL 的服务,如果需要找到此服务,可以右击"此电脑"→"管理"→进入"计算机管理",在计算机管理(本地)栏中选择"服务和应用程序"打开菜单,选择"服务"即可进入服务管理窗口,找到名称为 MySQL 的服务;如果该服务没有启动,选择 MySQL 服务,右键选择单击"启动",即可启动 MySQL 服务。如图 1－2－12 所示。

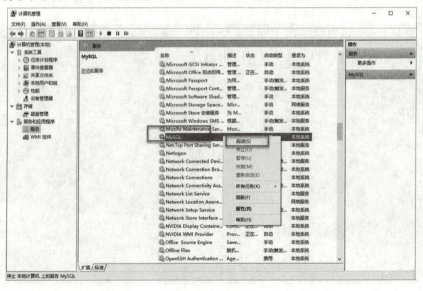

图 1－2－12

或打开"开始"菜单→选择"控制面板"→进入"所有控制面板项"选择"管理工具"→找到"服务",双击"服务"→打开"服务窗口",选择 MySQL 服务使用上面的方式启动即可。如图 1 – 2 – 13 所示。

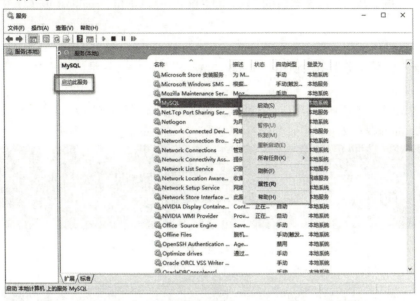

图 1 – 2 – 13

也可以继续在安装 MySQL 创建示例的命令行窗口中使用 net start MySQL 启动服务。使用命令启动服务成功后系统将给出启动成功的提示。如图 1 – 2 – 14 所示。

图 1 – 2 – 14

MySQL 数据库连接成功后,即可开始使用 MySQL 数据库。

注意:MySQL 数据库的服务没有开启时,是无法使用 MySQL 数据库系统的。

如果需要停止 MySQL 数据库的服务,请使用 net stop MySQL 即可。

2.3 MySQL 数据库用户账户管理

2.3.1 登录 MySQL 数据库服务器

当 MySQL 服务启动后,可以通过 MySQL 数据库自带的客户端工具登录到 MySQL 数据库中,下面是登录 MySQL 数据库服务器的命令:

> MySQL -h 主机名 -u 用户名 -p;

命令中参数说明：

◆ -h：指定客户端所要登录的 MySQL 主机名，登录本机(localhost 或 127.0.0.1)该参数可以省略；

◆ -u：登录的用户名；

◆ -p：告诉服务器将会使用一个密码来登录，如果所要登录的用户名密码为空，可以忽略此选项。

第一次使用 MySQL 数据库时，是 MySQL 数据库系统提交的密码，这个密码需要在使用"MySQLd - initialize - console"命令执行成功后产生的，如图 1 - 2 - 15 所示。

图 1 - 2 - 15

登录 MySQL 数据库服务器示例，如图 1 - 2 - 16 所示。

图 1 - 2 - 16 登录 MySQL 数据库服务器示例

使用上面回车后，将提示输入登录密码，如图 1 - 2 - 17 所示。

图 1 - 2 - 17 提示输入登录密码

将密码输入后回车，如果登录成功将有如图 1 - 2 - 18 所示的提示信息。

图 1 - 2 - 18

如果密码不对，将显示如图 1 - 2 - 19 所示的错误信息。

图 1 - 2 - 19

对于数据库系统提供密码是比较难记住的,可以将初始密码复制到一个文件保存,就不怕忘记。建议大家讲初始密码修改为自己容易记住的密码。修改密码使用下面SQL语句:

```
ALTER USERroot@ localhost IDENTIFIED BY '密码';
```

如果修改密码成功,将有如图1-2-20所示的提示信息。

```
Query OK, 0 rows affected (0.13 sec)
```

图1-2-20 修改密码成功的提示信息

修改成功后,关闭MySQL命令行窗口,重新登录时,即可使用用户修改的密码进行登录MySQL数据库。

2.3.2 MySQL数据库用户权限管理

MySQL数据库的安全性管理与其他关系型数据库类似,通过设置用户账户并检查数据库访问的访问控制权限来保障MySQL数据库的安全问题。MySQL数据库根据访问控制列表(ACL)对所有连接、查询和其他用户尝试执行的操作进行安全管理。MySQL数据库客户端和服务器之间还支持SSL-加密连接。MySQL数据库的访问权限系统用GRANT和RE-VOKE语句来控制。

用户名和客户端或主机定义MySQL数据库的账户,用户可以根据这些名称来连接服务器。账户也有密码。MySQL数据库提供了CREATE USER语句创建数据库用户账户和密码,使用GRANT语句和REVOKE语句给用户授权和撤销用户权限。

1. MySQL常用权限

在给MySQL数据库创建用户账户时,需要为用户指定访问数据库的权限,用户权限名见表1-2-10。

表1-2-1 用户权限名

权限名	权限名	权限名
SELECT_PRIV	INSERT_PRIV	UPDATE_PRIV
DELETE_PRIV	CREATE_PRIV	DROP_PRIV
RELOAD_PRIV	SHUTDOWN_PRIV	PROCESS_PRIV
FILE_PRIV	REFERENCES_PRIV	INDEX_PRIV
ALTER_PRIV	SHOW_VIEW_PRIV	TRIGGER_PRIV
EXECUTE_PRIV	ALTER_PRIV	

2. 创建新的用户

MySQL数据库使用CREATE USER语句创建新的数据库用户账户。在创建新的用户时,需要切换到数据库系统提供的MySQL中,才可以创建用户。创建用户的语法格式如下:

```
MySQL > CREATE USER '用户名'@'主机名' IDENTIFIED BY '登录密码';
```

示例:为 MySQL 数据库创建一个用户名为"guest"、密码为"123456"的新用户账户。其 SQL 语句如下:

```
MySQL > CREATE USER 'guest'@'localhost' IDENTIFIED BY '123456';
```

使用上面 SQL 语句创建用户账户后,即可使用账户和密码登录数据库服务,但是不能对数据库做任何操作。因为该账户还没有任何权限,想要对数据库有操作权限,就需要使用下面的 GRANT 语句给用户授权。

3. 使用 GRANT 语句授权

当用户账户创建后,需要使用 GRANT 语句为用户账户进行授权。给账户授权的 SQL 语法格式如下:

```
MySQL > GRANT 权限名1,…,权限名 n ON *.* TO '用户名'@'主机名';
```

示例:为"guest"用户赋予 CREATE,ALTER,DROP,SELECT,UPDATE,INSERT,DELETE 的权限。其 SQL 语句如下:

```
MySQL > GRANT CREATE, DROP, ALTER, SELECT, UPDATE, INSERT, DELETE ON *.* TO 'guest'@'localhost';
```

执行上面 SQL 语句后,可以查询授权表 User 表,该用户账户的信息如下:

```
MySQL > SELECT HOST, USER, SELECT_PRIV, INSERT_PRIV, UPDATE_PRIV, DELETE_PRIV,
    CREATE_PRIV, ALTER_PRIV, DROP_PRIV FROM USER;
```

查询授权表的结果,如图 1 - 2 - 21 所示。

HOST	USER	SELECT_PRIV	INSERT_PRIV	UPDATE_PRIV	DELETE_PRIV	CREATE_PRIV	ALTER_PRIV	DROP_PRIV
localhost	guest	Y	Y	Y	Y	Y	Y	Y
localhost	mysql.infoschema	Y	N	N	N	N	N	N
localhost	mysql.session	N	N	N	N	N	N	N
localhost	mysql.sys	N	N	N	N	N	N	N
localhost	root	Y	Y	Y	Y	Y	Y	Y

图 1 - 2 - 21 授权表的结果

也可以使用 SHOW GRANTS 查看为新用户授权的 SQL 语句结构,其语法格式如下:

```
MySQL > SHOW GRANTS FOR '账户名'@'主机名';
```

示例:使用 SHOW GRANTS FOR 查看新用户"guest"授权的 SQL 语句结构,其 SQL 语句如下:

```
MySQL > SHOW GRANTS FOR 'guest'@'localhost';
```

执行上面 SQL 语句的结果如图 1 - 2 - 22 所示。

```
Grants for guest@localhost
GRANT SELECT, INSERT, UPDATE, DELETE, CREATE, DROP, ALTER ON *.* TO `guest`@`localhost`
```

图 1 - 2 - 22 SQL 语句的执行结果

4. 使用 REVOKE 撤销权限

MySQL 提供了 REVOKE 语句撤销用户的授权操作,其 SQL 语法格式如下:

```
MySQL > REVOKE 权限名 1,…,权限名 n ON *.*  FROM '账户名'@'主机名';
```

示例:使用 REVOKE 语句撤销 guest 用户的 CREATE,ALTER,DROP,SELECT,UPDATE,INSERT 和 DELETE 权限,其 SQL 语句如下:

```
MySQL > REVOKE  CREATE, DROP, ALTER, SELECT, UPDATE, INSERT, DELETE ON *.*   FROM 'guest'@'localhost';
```

注意:使用 REVOKE 语句取消授权后,该用户只有重新连接 MySQL 数据库,其权限才会生效。

5. 用户账户重命名

MySQL 数据库提供了 RENAME USER 语句修改数据库账户名。其语法格式如下:

```
MySQL > RENAME USER '旧账户名'@主机名 TO '新账户名'@'localhost';
```

示例:将 guest 用户的登录名修改为 guest123,其 SQL 语句如下:

```
MySQL > RENAME USER 'guest'@'localhost' TO 'guest123'@'localhost';
```

修改账户名后,实现新的账户名登录数据库服务器的结果如图 1 - 2 - 23 所示。

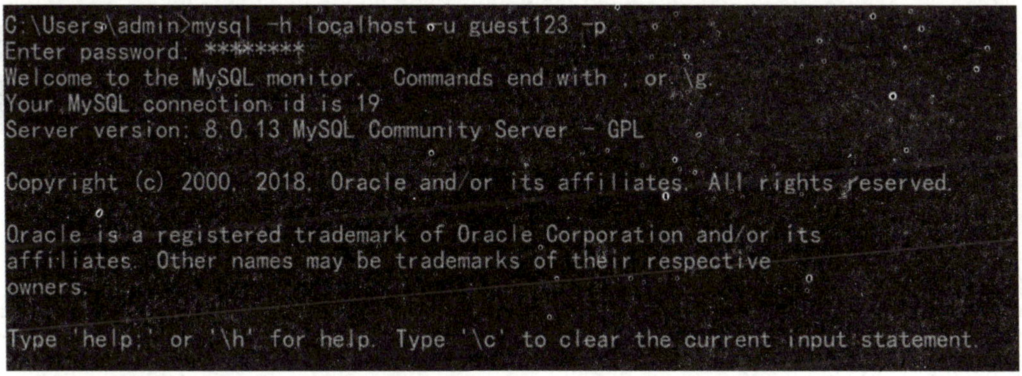

```
C:\Users\admin>mysql -h localhost -u guest123 -p
Enter password: ********
Welcome to the MySQL monitor.  Commands end with ; or \g.
Your MySQL connection id is 19
Server version: 8.0.13 MySQL Community Server - GPL

Copyright (c) 2000, 2018, Oracle and/or its affiliates. All rights reserved.

Oracle is a registered trademark of Oracle Corporation and/or its
affiliates. Other names may be trademarks of their respective
owners.

Type 'help;' or '\h' for help. Type '\c' to clear the current input statement.
```

图 1 - 2 - 23   修改账户名后登录的结果

6. 修改账户密码

MySQL 数据库提供 ALTER USER 语句修改账户密码。其如法格式如下:

```
MySQL > ALTER USER '账户名'@'主机名' IDENTIFIED BY '密码';
```

示例:将新增用户账户 guest 的密码修改为 'guest123'。其 SQL 语句如下:

```
MySQL > ALTER USER 'guest'@'localhost' IDENTIFIED BY 'guest123';
```

执行上面 SQL 语句后,使用 guest 账户的新密码登录结果,如图 1 - 2 - 24 所示。

```
C:\Users\admin>mysql -h localhost -u guest -p
Enter password: ********
Welcome to the MySQL monitor.  Commands end with ; or \g.
Your MySQL connection id is 16
Server version: 8.0.13 MySQL Community Server - GPL

Copyright (c) 2000, 2018, Oracle and/or its affiliates. All rights reserved.

Oracle is a registered trademark of Oracle Corporation and/or its
affiliates. Other names may be trademarks of their respective
owners.

Type 'help;' or '\h' for help. Type '\c' to clear the current input statement.
```

图 1-2-24　使用新密码的登录结果

7. 账户锁定与解锁

MySQL 数据库提供用户账户的锁定和解锁的 SQL 语句。

锁定账户的语法格式如下：

MySQL > ALTER USER '账户名'@'主机名' ACCOUNT LOCK;

示例:现在需要禁止账户名为 guest 的用户使用数据库。实现禁用的 SQL 语句如下：

MySQL > ALTER USER 'guest'@'localhost' ACCOUNT LOCK;

执行锁定用户的 SQL 语句后,再使用 guest 账户登录数据库服务器,结果如图 1-2-25 所示。

```
C:\Users\admin>mysql -h localhost -u guest -p
Enter password: ********
ERROR 3118 (HY000): Access denied for user 'guest'@'localhost'. Account is locked.
```

图 1-2-25

解除账户锁定的语法格式如下：

MySQL > ALTER USER '账户名'@'主机名' ACCOUNT UNLOCK;

示例:现在账户名为 guest 的用户又回到了开发团队,需要使用数据库,现使用下面 SQL 语句为其解除锁定：

MySQL > ALTER USER 'guest'@'localhost' ACCOUNT UNLOCK;

执行解除锁定的 SQL 语句后,guest 用户再登录数据库的结果如图 1-2-26 所示。

```
C:\Users\admin>mysql -h localhost -u guest -p
Enter password: ********
Welcome to the MySQL monitor.  Commands end with ; or \g.
Your MySQL connection id is 18
Server version: 8.0.13 MySQL Community Server - GPL

Copyright (c) 2000, 2018, Oracle and/or its affiliates. All rights reserved.

Oracle is a registered trademark of Oracle Corporation and/or its
affiliates. Other names may be trademarks of their respective
owners.

Type 'help;' or '\h' for help. Type '\c' to clear the current input statement
```

图 1-2-26

8. 删除用户账户

如果 MySQL 数据库的用户账户不再需要,其提供了 DROP USER 语句来删除用户账户。其语法格式如下:

```
MySQL > DROP USER '账户名'@'主机名';
```

示例:现在使用 guest123 这个账户的职员,已经被解职了,MySQL 数据库不再需要这个账户名,使用 DROP USER 语句删除账户的 SQL 语句如下:

```
MySQL > DROP USER 'guest123'@'localhost';
```

数据库用户账户被删除后,再也不能使用此账户名。

2.4　MySQL 数据库

MySQL 数据库安装后,为数据库创建实例,启动 MySQL 服务即可开始使用 MySQL 数据库系统。MySQL 数据库系统有系统数据库和用户数据库。其中,系统数据库中存在的是MySQL 数据库系统相关的信息,如 MySQL 数据库配置信息、数据库用户信息、相关的系统函数等;用户数据库是数据库的使用用户根据需要创建的数据库。下面主要介绍系统数据库、创建和使用用户数据库。

2.4.1　MySQL 系统数据库

MySQL 8.0.13 数据库系统实例后,在数据库服务器中存在四个系统数据库。它们分别是 information_schema 数据库、MySQL 数据库、performance_schema 数据库和 sys 数据库。

1. information_schema 数据库

information_schema 数据库保存了 MySQL 服务器所有数据库的信息,如数据库的名、数据库的表、数据库的访问权限、数据库表的数据类型、数据库索引的信息等。

2. MySQL 数据库

MySQL 数据库是 MySQL 数据库系统的核心数据库,类似于 sql server 中的 master 表,主要负责存储数据库的用户、权限设置、关键字等 MySQL 数据库需要使用的控制和管理信息。

3. performance_schema 数据库

performance_schema 数据库主要用于收集数据库服务器性能参数,可用于监控服务器在一个较低级别的运行过程中的资源消耗、资源等待等情况。

4. sys 数据库

sys 数据库中所有的数据源来自:performance_schema。目标是把 performance_schema 的

把复杂度降低,让 DBA 能更好地阅读这个库里的内容,让 DBA 更快地了解 DB 的运行情况。

2.4.2 用户数据库

在 MySQL 8.0.13 数据库系统中,只有管理员给用户设置了创建数据库的权限,那么用户可以开始根据需要创建数据库和使用数据库。MySQL 数据库系统对标识符是不区分大小写的,也就是说数据库名称、表名称、字段名称对字母的大小写是不敏感的。用户在使用标识符时,不能使用 MySQL 数据库的关键字来作为标识符名称。在数据库系统中,虽然对大小写不敏感,但是最好使用惯例来书写 MySQL 数据库的 SQL 代码,一定要使用与数据库创建时的同样的大小写。

1. 新建数据库

MySQL 数据库是使用 CREATE DATABASE 语句来实现用户数据库的创建的。其语法格式如下:

```
MySQL > CREATE DATABASE 数据库名称;
```

注意:数据库名称必须是符合 MySQL 数据库标识符要求的名称。

示例:在软件开发时,需要创建一个名称为 DemoDB 的数据库来存储信息系统的数据库,创建 DemoDB 的 SQL 语句如下:

```
MySQL > CREATE DATABASEDemoDB;
```

2. 切换数据库

新的数据库创建好后,并不表示选到并使用它。如果需要选定并使用时,必须有明确的操作。也就是说,用户可以使用数据库提供的相关命令选定需要使用的数据库。其语法格式如下:

```
MySQL > USE 数据库名称;
```

示例:创建好 DemoDB 数据库后,需要使 USE 命令切换到 DemoDB 下,才可以使用此数据库来创建数据表保存数据的,切换数据库的 SQL 语句如下:

```
MySQL > USEDemoDB;
```

3. 删除数据库

一旦用户数据库长时间不使用,或者是在此数据库服务器再也不需要此数据库时,可以使用 DROP DATABASE 命令将废弃的数据库进行删除。其语法格式如下:

```
MySQL > DROP DATABASE 数据库名称;
```

总结

(1)了解 MySQL 8.0.13 数据库相关特点。

(2)熟悉 MySQL 8.0.13 数据库 my.ini 文件中各个配置项的含义。

(3)掌握 MySQL 8.0.13 安装和配置相关的命令:MySQLd－initialize－console 命令、

MySQLd install 命令

（4）掌握 MySQL 8.0.13 数据库服务启动和停止命令：net start MySQL 和 net stop MySQL。

（5）掌握 MySQL 8.0.13 数据库用户账户创建 CREATE USER、授权 GRANT、撤销授权 REVOKE、账户重命名 RENAME、账户锁定 ACCOUNT LOCK、账户解锁 ACCOUNT UNLOCK、更改密码 ALTER USER 和删除账户 DROP USER 等命令的使用。

（6）了解 MySQL 8.0.13 数据库系统提供的系统数据库的作用。

（7）掌握用户数据库的创建 CREATE DATABASE，切换 USE 和删除 DROP DATABASE 等操作。

第三章
MySQL 表结构管理

本章要点

(1) 理解 SQL 语句的概念及其相关的概念 DDL、DML。

(2) 理解 MySQL 8.0.13 数据库中常用数据类型及其如何使用这些数据类型。

(3) 掌握 SQL 语句创建数据库的语法格式。

(4) MySQL 8.0.13 数据库数据表约束类型及约束的作用。

(5) 掌握使用 SQL 语句修改表结构、添加约束的语法格式。

3.1 结构化查询语言

3.1.1 SQL 简介

结构化查询语言(Structured Query Language, SQL),是一种特殊目的的编程语言,是一种数据库查询和程序设计语言,用于存取数据以及查询、更新和管理关系数据库系统;同时也是数据库脚本文件的扩展名。

结构化查询语言是高级的非过程化编程语言,允许用户在高层数据结构上工作。它不要求用户指定对数据的存放方法,也不需要用户了解具体的数据存放方式,所以具有完全不同底层结构的不同数据库系统,可以使用相同的结构化查询语言作为数据输入与管理的接口。结构化查询语言语句可以嵌套,这使它具有极大的灵活性和强大的功能。

1986 年 10 月,美国国家标准协会对 SQL 进行规范后,以此作为关系式数据库管理系统的标准语言(ANSI X3.135 – 1986),1987 年在国际标准组织的支持下成为国际标准。不过,各种通行的数据库系统在其实践过程中都对 SQL 规范做了某些编改和扩充。所以,实际上不同数据库系统之间的 SQL 不能完全相互通用。

各种不同的数据库对 SQL 语言的支持与标准存在细微的不同,这是因为有的产品的开发先于标准的公布。另外,各产品开发商为了达到特殊的性能或新的特性,需要对标准进行扩展。已有 100 多种遍布在从微机到大型机上的数据库产品 SQL,其中包括 MySQL、ORA-CLE、SYBASE、SQLSERVER、DB2、MICROSOFTACCESS 等。

3.1.2 SQL 语句结构

SQL 语言包含下面几部分。

1. 数据查询语言

数据查询语言(Data Query Language, DQL)的语句也称为"数据检索语句",用以从表中获得数据,确定数据怎样在应用程序给出。保留字 SELECT 是 DQL(也是所有 SQL)用得最多的动词,其他 DQL 常用的保留字有 WHERE, ORDER BY, GROUP BY 和 HAVING。这些DQL 保留字常与其他类型的 SQL 语句一起使用。

2. 数据操纵语言

数据操作语言(Data Manipulation Language, DML)的语句包括动词 INSERT, UPDATE 和DELETE。它们分别用于添加、修改和删除表中的行。数据操作语言也称为动作查询语言。

3. 事务控制语言

事务控制语言(Transaction Controls Language, TCL)的语句能确保被 DML 语句影响的表

的所有行及时得以更新。TCL 语句包括 BEGIN TRANSACTION,COMMIT 和 ROLLBACK。

4. 数据控制语言

数据控制语言(Data Controls Language,DCL)的语句通过 GRANT 或 REVOKE 获得许可,确定单个用户和用户组对数据库对象的访问。某些 RDBMS 可用 GRANT 或 REVOKE 控制对表单个列的访问。

5. 数据定义语言

数据定义语言(Data Defined Language,DDL)的语句包括动词 CREATE 和 DROP,在数据库中创建新表或删除表(CREAT TABLE 或 DROP TABLE),为表加入索引等。DDL 包括许多与数据库目录中获得数据有关的保留字。它也是动作查询的一部分。

3.1.3 MySQL 数据类型

MySQL 8.0.13 支持多种数据类型,大致可以分为三类:数值类型、日期/时间类型和字符(字符串)类型。

1. 数值类型

MySQL 支持所有标准 SQL 数值数据类型。这些类型包括严格数值数据类型(INTEGER,SMALLINT, DECIMAL 和 NUMERIC),以及近似数值数据类型(FLOAT, REAL 和 DOUBLE PRECISION)。关键字 INT 是 INTEGER 的同义词,关键字 DEC 是 DECIMAL 的同义词。

BIT 数据类型是一个位值的类型。M 表示每个值的位数,从 1 到 64。如果省略 M,默认值是 1。

作为 SQL 标准的扩展,MySQL 也支持整数类型 TINYINT,MEDIUMINT 和 BIGINT。表 1-3-1 显示了每个数值类型的存储空间大小和取值范围。

表 1-3-1 数值类型的存储空间大小和取值范围

数据类型	空间大小	范围(有符号)	范围(无符号)	用途
TINYINT	1 字节	−128 ~ 127	0 ~ 255	小整型值
SMALLINT	2 字节	−32 768 ~ 32 767	0 ~ 65 535	大整型值
MEDIUNIT	3 字节	−8 388 608 ~ 8 388 607	0 ~ 16 777 215	大整型值
INT/INTEGRE	4 字节			大整型值
BIGINT	8 字节			超大整型值
FLOAT	4 字节			单精度小数
DOUBLE	8 字节			双精度小数
DECIMAL(M,D)		依赖 M 和 D 的值	依赖 M 和 D 的值	小数值

有符号 INT/INTEGER 类型的取值范围为 −2 147 483 648 ~ 2 147 483 647,无符号 INT/INTEGER 类型的取值范围为 0 ~ 4 294 967 295。

有符号 BIGINT 类型的取值范围为 −9 233 372 036 854 775 808 ~ 9 233 372 036 854 775

808,无符号 BIGINT 类型的取值范围为 0 ~ 18 446 744 073 709 551 615。

有符号 FLOAT 类型的取值范围为(− 3.402 823 466 E + 38, − 1.175 494 351 E − 38), 0,(1.175 494 351 E − 38,3.402 823 466 351 E + 38)。

无符号 FLOAT 类型的取值范围为 0,(1.175 494 351 E − 38,3.402 823 466 E + 38)。

有符号 DOUBLE 类型的取值范围为(− 1.797 693 134 862 315 7 E + 308, − 2.225 073 858 507 201 4E − 308),0,(2.225 073 858 507 201 4E − 308,1.797 693 134 862 315 7E + 308)。

无符号 DOUBLE 类型的取值范围为 0,(2.225 073 858 507 201 4 E − 308,1.797 693 134 862 315 7 E + 308)。

2. 日期/时间类型

MySQL 8.0.13 数据库表示时间值的日期和时间类型为 DATETIME, DATE, TIMES-TAMP,TIME 和 YEAR。每个时间类型有一个有效值范围和一个"零"值,当指定不合法的 MySQL 不能表示的值时使用"零"值。见表 1 − 3 − 2。

表 1 − 3 − 2 日期/时间类型

数据类型	字节	取值范围	格式	用途
DATE	3 字节	1000 − 01 − 01 /9999 − 12 − 31	YYYY − MM − DD	日期值
TIME	3 字节	− 838:59:59 /838:59:59	HH:MM:SS	时间值
YEAR	1 字节	1901/2155	YYYY	年份值
DATETIME	8 字节	1000 − 01 − 01 00:00:00 /9999 − 12 − 31 23:59:59	YYYY − MM − DD HH:MM:SS	日期时间值
TIMESTAMP	4 字节		YYYYMMDDHHMMSS	时间戳

TIMESTAMP 类型的取值范围为 1970 − 01 − 01 00:00:00/2038,结束时间是第 2147483647 秒,北京时间为 2038 − 1 − 19 11:14:07,格林尼治时间为 2038 年1月19日凌晨 03:14:07

3. 字符(字符串)类型

MySQL 8.0.13 数据库的字符串类型指 CHAR, VARCHAR, BINARY, VARBINARY, BLOB,TEXT,ENUM 和 SET,见表 1 − 3 − 3。

表 1 − 3 − 3 字符(字符串)类型

数据类型	大小	用途
CHAR	0 ~ 255 字节	定长字符串
VARCHAR	0 ~ 65 535 字节	可变长度字符串
TINYTEXT	0 ~ 255 字节	短文本字符串
TEXT	0 ~ 65 535 字节	文本
MEDIUMTEXT	0 ~ 16 777 215 字节	中等长度文本

LONGTEXT	0 ~ 4 294 967 295 字节	超长文本
TINYBLOB	0 ~ 255 字节	不超过 255 个字符的二进制类型
BLOB	0 ~ 65 535 字节	二进制形式的文本类型
MEDIUMBLOB	0 ~ 16 777 215 字节	中等二进制类型
LONGBLOB	0 ~ 4 294 967 295 字节	超大二进制类型

CHAR 和 VARCHAR 类型类似,但它们保存和检索的方式不同。它们的最大长度和是否尾部空格被保留等方面也不同。在存储或检索过程中不进行大小写转换。

BINARY 和 VARBINARY 类似于 CHAR 和 VARCHAR,不同的是它们包含二进制字符串而不要非二进制字符串。也就是说,它们包含字节字符串而不是字符字符串。这说明它们没有字符集,并且排序和比较基于列值字节的数值。

BLOB 是一个二进制大对象,可以容纳可变数量的数据。有 4 种 BLOB 类型:TINY-BLOB,BLOB,MEDIUMBLOB 和 LONGBLOB。它们区别在于可容纳存储范围不同。

有 4 种 TEXT 类型:TINYTEXT,TEXT,MEDIUMTEXT 和 LONGTEXT。对应的这 4 种 BLOB 类型,可存储的最大长度不同,可根据实际情况选择。

3.1.4 数据完整性

数据库中的数据是从外界用户输入的,而输入的数据有可能是无效的,也可能是错误的。保证输入的数据是合法,成了数据库系统首要关注的问题,因此提出了数据完整性。

Data Integrity(数据完整性)是为确保数据正确性和一致性的机制。它是为防止数据库中存在不符合语义规定的数据和错误信息的输入输出造成无效操作或错误信息而提出的。例如,表示同一学生的学号在学生信息表和学生成绩表中具有相同的值,这就体现了数据的一致性。

1. 实体完整性(Entity Integrity)

实体完整性又称为行完整性,是指保证表中所有的行唯一。实体完整性要求表中的所有行都有一个唯一标识符。这个唯一标识符可能是一列,也可能是几列的组合,称为主键。也就是说,表中的主键在所有行上必须取唯一值。

强制实体完整性的方法有:索引、UNIQUE 约束、PRIMARY KEY 约束或 IDENTITY 属性。例如,student 表中 sno(学号)的取值必须唯一,它唯一标识了相应记录所代表的学生,学号重复是非法的。学生的姓名不能作为主键,因为完全可能存在两个学生同名同姓的情况。

2. 域完整性(Domain Integrity)

域即为列(字段),域完整性是指一个列的输入有效性,是否允许为空值。

强制域完整性的方法有:限制类型(通过设定列的数据类型)、可用值的范围(通过 FOR-EIGN KEY 约束、DEFAULT 定义、NOT NULL 定义和规则)。例如,学生表中学生的姓名不能为空,学生的家庭住址提供默认值等。

3. 参照完整性（Referential Integrity）

参照完整性也称为引用完整性，是指保证主关键字（被引用表）和外部关键字（引用表）之间的参照关系。它涉及两个或两个以上表数据的一致性维护。外键值将引用表中包含此外键的记录和被引用表中主键与外键相匹配的记录关联起来。在输入、更改或删除记录时，参照完整性保持表之间已定义的关系，确保键值在所有表中一致。这样的一致性要求确保不会引用不存在的值，如果键值更改了，那么在整个数据库中，对该键值的所有引用要进行一致的更改。参照完整性是基于外键与主键之间的关系。

例如，学生学习课程的课程号必须是有效的课程号，score 表（成绩表）的外键 cno（课程号）将参考 course 表（课程表）中主键 cno（课程号）以实现数据完整性。

3.1.5 MySQL 约束类型

约束是一种限制，它通过对表的行或列的数据做出限制，来确保表的数据的完整性、唯一性。MySQL 的几种常用约束有：主键约束（PRIMARY KEY）、唯一约束（UNIQUE）、非空约束（NOT NULL），默认值约束（DEFAULT）和外键约束（FOREIGN KEY）。

1. 主键约束（PRIMARY KEY）

用于约束表中的一行，作为这一行的唯一标识符，在一张表中通过主键就能准确定位到一行，因此主键十分重要。主键不能有重复且不能为空。每个表最多只允许一个主键；主键不仅可以是表中的一列，也可以由表中的两列或多列来共同标识。由两个或两个以上的类作为主键的称为复合主键。当创建主键的约束时，系统默认会在所在的列和列组合上建立对应的唯一索引。

2. 唯一约束（UNIQUE）

唯一约束（UNIQUE）比较简单，它规定一张表中指定的一列的值必须不能有重复值，即这一列每个值都是唯一的，用于保障数据的唯一性。唯一约束不允许出现重复的值，但是可以为多个 null。同一个表可以有多个唯一约束，多个列组合的约束。在创建唯一约束时，如果不给唯一约束名称，就默认和列名相同。

3. 非空约束（NOT NULL）/默认值（DEFAULT）

非空约束用于确保当前列的值不为空值，非空约束只能出现在表对象的列上。默认值约束（DEFAULT）规定，当有 DEFAULT 约束的列插入数据为空时，将使用默认值。

4. 外键约束（FOREIGN KEY）

外键（FOREIGN KEY）既能确保数据完整性，也能表现表之间的关系。一个表可以有多个外键，每个外键必须参考（REFERENCES）另一个表的主键。被外键约束的列，取值必须在它参考的列中有对应值。

外键约束是保证一个或两个表之间的参照完整性，外键是构建于一个表的两个字段或两个表的两个字段之间的参照关系。

3.2 表结构管理

在关系型数据库中,数据表是一系列二维数组的集合,由表名、表中的字段和表的记录三个部分组成,用来代表和储存数据对象之间的关系。数据表由纵向的列和横向的行组成。例如,一个有关作者信息的名为 authors 的表中,每列包含的是所有作者的某个特定类型的信息,如"姓氏";每行包含了某个特定作者的所有信息,如姓、名、住址等。

对于特定的数据库表,列的数目一般事先固定,各列之间可以由列名来识别;行的数目可以随时、动态变化,每行通常都可以根据某个(或某几个)列中的数据来识别,称为候选键。

3.2.1 创建数据表

在数据库中创建新的数据表使用 CREATE TABLE 语句来实现。其语法格式如下:

```
CREATE TABLE 表名
(
        字段名1 数据类型 字段属性,
        ……
        字段名n 数据类型 字段属性
);
```

在数据库中创建数据表时,表名称必须是唯一的,表的名称要与用途相符合。定义表名称时,应该做到简单直观。

给数据表设计字段名称时,需要注意以下几方面。

(1)字段名称必须是唯一的。字段名称长度一定是小于64个字符的字段名。

(2)字段名称只能包含字母、汉字、数字、空格和下划线等。

(3)字段名称不能包含句号(。)、感叹号(!)、方括号([])和中文的顿号(、)。

(4)不能以 MySQL 和 SQL 语言的保留字做字段名称。

示例1:现在我们正在开发学生信息管理系统,学生管理系统中有学生信息表;学生信息表有字段:编号、学号、姓名、年龄、性别、出生日期、联系电话、所在班级等。请在 DemoDB 数据库中新创建此数据表。其 SQL 语句如下:

```
--新建数据表
CREATE TABLE TB_STUDENTS
(
        SID INT,                    --编号
        SNO CHAR(11),               --学号
```

```
        SNAME VARCHAR(11), -- 姓名
        AGE INT, -- 年龄
        SEX CHAR(3), -- 性别
        BIRTHDAY DATE, -- 出生日期
        PHONE CHAR(11), -- 联系电话
        ADDRESS VARCHAR(20), -- 家庭地址
        CID INT -- 班级编号
);
```

执行上面的 SQL 语句后,将在指定的数据库中创建一个新的数据表,如图 1-3-1 所示。

信息 结果 1 剖析 状态

SID	SNO	SNAME	AGE	SEX	BIRTHDAY	PHONE	ADDRESS	CID
(N/A)	(N/A)	(N/A)	(N/A)	(N/A)	(N/A)	(N/A)	(N/A)	(N/A)

图 1-3-1 创建新的数据表

MySQL 数据库可以使用 DESC 语句,来查看现有表的表结构,其语法格式如下:

```
MySQL > DESC 表名;
```

如果不知道其他人员创建的数据表有哪些字段,这些字段使用了什么样的数据类型,以及各个字段有什么约束,那么就可以使用以上语句来了解数据表的结构。

示例 2:在学生信息系统开发时,其他的程序员并不知道学生信息表中有什么内容(字段、数据类型和字段约束),那么就使用 DESC 语句来了解它,其 SQL 语句如下:

```
MySQL > DESC TB_STUDENTS;
```

执行上面的 SQL 语句的结果,如图 1-3-2 所示。

信息 结果 1 剖析 状态

Field	Type	Null	Key	Default	Extra
SID	int(11)	YES		(Null)	
SNO	char(11)	YES		(Null)	
SNAME	varchar(	YES		(Null)	
AGE	int(11)	YES		(Null)	
SEX	char(3)	YES		(Null)	
BIRTHDAY	date	YES		(Null)	
PHONE	char(11)	YES		(Null)	
ADDRESS	varchar(	YES		(Null)	
CID	int(11)	YES		(Null)	

图 1-3-2 示例 2 执行 SQL 语句的结果

从运行的结果可以看到,TB_STUDENTS 表中所有字段、字段的数据类型、字段的值是否可以为空、是否是主键或唯一约束、是否给字段提供了默认值以及字段值是否自增长等

信息。

在上面创建数据表的语法中，只是给数据表定义相关的字段和字段的数据类型，并没有给表任何的约束。其实在创建数据表的同时，可以为数据表中各个字段根据需要添加相关的约束。下面我们在建表的同时为数据表中字段添加相关的约束。

示例 3：假设在实际需求中需要学生表中的数据遵循下面的约束：

（1）每个学生的学号必须具有唯一性；

（2）学生的出生日期没有填写时，则默认为"1998 – 01 – 01"；

（3）没有提供学生性别信息时，则默认为"男"；

（4）学生的家庭住址没有填写时，则默认为"地址不详"；

（5）需要为 SID 字段添加主键、非空约束并让此字段的值自增长；

（6）学生信息表中所有的字段值都不能为空。

下面根据提出的相关要求重新创建学生信息表。其 SQL 语句如下：

```
－－创建数据表同时创建约束
MySQL > CREATE TABLE TB_STUDENTS
  (
    －－编号的约束:字段值不能为空,设置自增长列,主键约束
    SID INT NOT NULL AUTO_INCREMENT PRIMARY KEY,
    －－学号字段值不能为空,并且是唯一的
    SNO CHAR(11) NOT NULL UNIQUE,
    －－年龄不能为空
    AGE INT NOT NULL,
    －－学生性别的值不填写时,则默认为'男'
    SEX CHAR(3) NOT NULL DEFAULT '男',
    －－出生日期字段的值不能为空,不填写时,则默认为'1998 – 01 – 01'
    BIRTHDAY DATE NOT NULL DEFAULT '1998 – 01 – 01',
    －－学生联系方式不能为空
    PHONE CHAR(11) NOT NULL,
    －－学生家庭住址值不能为空,否则提供默认值'地址不详'
    ADDRESS VARCHAR(20) NOT NULL DEFAULT '地址不详',
    －－班级编号不能为空
    CID INT NOT NULL
  );
```

执行上面 SQL 语句后，再使用 DESC 语句看一下学生信息表的结构，比较一下为表中字段添加了约束和没有添加约束的不一样。

执行 DESC TB_STUDENTS 语句后的结果如图 1 – 3 – 3 所示。

Field	Type	Null	Key	Default	Extra
SID	int(11)	NO	PRI	(Null)	auto_increment
SNO	char(11)	NO	UNI	(Null)	
AGE	int(11)	NO		(Null)	
SEX	char(3)	NO		男	
BIRTHDAY	date	NO		1998-01-0	
PHONE	char(11)	NO		(Null)	
ADDRESS	varchar(	NO		地址不详	
CID	int(11)	NO		(Null)	

图 1 – 3 – 3　执行 DESC TB_STUDENTS 语句后的结果

注意:在 MySQL 数据库中为某数据表的字段设置为自增长时,与 SQL Server 数据库是不同的。SQL Server 设置为自增长列时,使用的是 IDENTITY(1,1);而 MySQL 数据库是使用 AUTO_INCREMENT 来设置字段为自增长列。

3.2.2　修改表结构

在实际的软件开发中,数据库中数据表设计好后,不一定能够满足系统的需求。例如,系统首次开发完成后,用户提出系统功能的扩展,数据库中现有数据表的字段无法完成数据的存储,但现有表中数据又是不能改变的,因此只能在现有表中添加或修改字段,或给字段添加相关的约束,这种操作也称为修改表结构。修改表结构包括将现有表名进行重命名、添加新的字段、重命名现有字段名称、修改现有字段的数据类型、为字段添加约束和删除现有约束等操作。修改表结构使用 ALTER TABLE 语句和 RENAME TABLE 语句。

修改表结构以学生信息管理系统中班级信息表为例。班级信息表(TB_CLASSES)的 SQL 脚本如下:

```
－－创建班级信息表
MySQL > CREATE TABLE TB_CLASSES
  (
    CID CHAR(8),
    CNAME VARCHAR(20),
    OPENTIME DATE,
    ENDTIME DATE,
    STAGE INT
  );
```

1. 重命名表名

MySQL 提供了 RENAME TABLE 语句语法来修改现有数据表的名称。其语法格式如下:

```
RENAME TABLE 原表名 1 TO 新表名 1,…,原表名 n TO 新表名 n;
```

或

```
ALTER TABLE 原表名 RENAME 新表名;
```

示例 1:下面需要将班级信息表(TB_CLASSES)重命名为 TB_CLASS_INFO。实现重命名的 SQL 语句如下:

```
--将 TB_CLASSES 表重命名为 TB_CLASS_INFO
MySQL > RENAME TABLE TB_CLASSES TO TB_CLASS_INFO;
```

执行上面 SQL 语句后,使用 DESC 语句查看修改表名后数据表结构结果,如图 1-3-4 所示:

Field	Type	Null	Key	Default	Extra
CID	char(8)	YES		(Null)	
CNAME	varchar(	YES		(Null)	
OPENTIME	date	YES		(Null)	
ENDTIME	date	YES		(Null)	
STAGE	int(11)	YES		(Null)	

图 1-3-4 示例 1 修改表名后数据表结构结果

提示:修改表名语句是不会修改表中具体的字段的,只是将表名进行了重命名操作。

2. 为现有表添加字段

MySQL 数据库提供了 ALTER TABLE …ADD 语句,来为现有表添加字段的操作。其语法格式如下:

```
ALTER TABLE 表名 ADD [COLUMN] 字段名 数据类型 字段属性;
```

示例 2:在学生信息管理系统中,班级信息表需要存储班级的备注信息,而现有表没有此字段,那么现在需要为 TB_CLASSES 表添加一个字段 REMARK,数据类型为 VARCHAR(200),并为这个字段提供"没有添加备注信息"的默认值。实现的 SQL 语句如下:

```
--为 TB_CLASSES 表添加 REMARK 字段数据类型为 VARCHAR
MySQL > ALTER TABLE TB_CLASSES
    ADD COLUMN   REMARK VARCHAR(200) DEFAULT '没有添加备注信息';
```

执行上面 SQL 语句,使用 DESC 语句查看 TB_CLASSES 表的表结构,如图 1-3-5 所示。

Field	Type	Null	Key	Default	Extra
CID	char(8)	YES		(Null)	
CNAME	varchar(	YES		(Null)	
OPENTIME	date	YES		(Null)	
ENDTIME	date	YES		(Null)	
STAGE	int(11)	YES		(Null)	
REMARK	varchar(	YES		没有添加备	

图 1-3-5 示例 2 执行 SQL 语句后,TB_CLASSES 表的表结构

前面给数据表添加字段时,新字段是在数据表的现有字段最后进行添加的。MySQL 还可以把新的列添加到指定的字段之后或这个数据表中最前面的列。其语法如下:

```
ALTER TABLE 表名 ADD〔COLUMN〕新字段名 数据类型 字段属性〔FIRST | AFTER〕现有字段名;
```

语法说明:

(1)FIRST:表示在表的第一字段,FIRST 关键字后不需要指定字段名。

(2)AFTER:表示在指定字段之后,AFTER 关键字后必须指定字段名。

注意:〔 〕代表可选的选项。在后面的所有语法中,〔 〕的使用都表示可选项。

示例 3:根据需要,为班级信息表(TB_CLASSES)添加 ID 字段,数据类型为 INTEGER,定义位主键并自增长。在 STAGE 字段后添加了 GRADE 字段,数据类型为 CHAR 类型。其SQL 语句如下:

```
－－为 TB_CLASSES 表的 STAGE 字段之前添加 GRADE 字段
MySQL > ALTER TABLE TB_CLASSES
        ADD COLUMN GRADE CHAR(10) AFTER STAGE;
－－为 TB_CLASSES 表添加 ID 字段
MySQL > ALTER TABLE TB_CLASSES
        ADD COLUMN ID INTEGER AUTO_INCREMENT PRIMARY KEY FIRST;
```

执行上面 SQL 语句,TB_CLASSES 表的表结构,如图 1 - 3 - 6 所示。

Field	Type	Null	Key	Default	Extra
ID	int(11)	NO	PRI	(Null)	auto_increment
CID	char(8)	YES		(Null)	
CNAME	varchar(	YES		(Null)	
OPENTIME	date	YES		(Null)	
ENDTIME	date	YES		(Null)	
STAGE	int(11)	YES		(Null)	
GRADE	char(10)	YES		(Null)	
REMARK	varchar(	YES		没有添加备:	

图 1 - 3 - 6　示例 3 执行 SQL 语句后,TB_CLASSES 表的表结构

MySQL 提供了相应的 SQL 语句为已有表添加新的字段,也提供相应的 SQL 语句来删除表中现有的字段,其 SQL 语法格式如下:

```
ALTER TABLE 表名 DROP COLUMN 列名;
```

示例 4:在班级信息表中,其实 ID 这个字段是多余的,现在使用 SQL 语句将其删除。实现的 SQL 语句如下:

```
－－删除班级信息表中的 ID 字段
ALTER TABLE TB_CLASSES
        DROP COLUMN ID;
```

执行上面 SQL 语句后,TB_CLASSES 表的表结构,如图 1-3-7 所示。

Field	Type	Null	Key	Default	Extra
CID	char(8)	YES		(Null)	
CLASS_NAME	char(30)	YES		(Null)	
OPENTIME	date	YES		(Null)	
ENDTIME	date	YES		(Null)	
STAGE	int(11)	YES		(Null)	
GRADE	char(10)	YES		(Null)	
REMARK	varchar(200)	YES		没有添加备	

图 1-3-7 示例 4 执行 SQL 语句后,TB_CLASSES 表的表结构

3. 修改表的现有字段数据类型和名称

MySQL 数据库提供了 ALTER TABLE…MODIFY COLUMN 语句修改指定字段的数据类型。除此之外,还提供了 ALTER TABLE … RENAME 语句修改表中字段名。

(1)修改表的现有字段的数据类型。

修改现有字段的数据类型的 SQL 语法格式如下:

```
ALTER TABLE 表名 MODIFY COLUMN 字段名 新数据类型 FIRST | AFTER 字段名;
```

示例 5:现根据学生信息管理系统需求,要求将班级信息表(TB_CLASSES)中的 ID 字段和 CNAME 字段的数据类型进行修改。修改前的表结构,如图 1-3-8 所示。

Field	Type	Null	Key	Default	Extra
ID	int(11)	NO	PRI	(Null)	auto_increment
CID	char(8)	YES		(Null)	
CNAME	varchar(	YES		(Null)	
OPENTIME	date	YES		(Null)	
ENDTIME	date	YES		(Null)	
STAGE	int(11)	YES		(Null)	
GRADE	char(10)	YES		(Null)	
REMARK	varchar(	YES		没有添加备	

图 1-3-8 示例 5 修改前的表结构

修改 ID 字段和 CNAME 字段的 SQL 语句如下:

```
- -修改 CNAME 字段的数据类型
MySQL > ALTER TABLE TB_CLASSES
        MODIFY COLUMN CNAME CHAR(30) AFTER CID;
- -修改 ID 字段的数据类型
MySQL > ALTER TABLE TB_CLASSES
        MODIFY COLUMN ID SMALLINT AUTO_INCREMENT FIRST;
```

执行修改后的表结构,如图 1-3-9 所示。

Field	Type	Null	Key	Default	Extra
ID	smallint(6)	NO	PRI	(Null)	auto_increment
CID	char(8)	YES		(Null)	
CNAME	char(30)	YES		(Null)	
OPENTIME	date	YES		(Null)	
ENDTIME	date	YES		(Null)	
STAGE	int(11)	YES		(Null)	
GRADE	char(10)	YES		(Null)	
REMARK	varchar(200)	YES		没有添加备i	

图 1 – 3 – 9　示例 5 修改后的表结构

（2）修改现有字段的名称。

MySQL 给表中字段重命名的语法格式如下：

```
ALTER TABLE 表名
    RENAME COLUMN 原有列名 TO 新列名;
```

示例 6：在班级信息表中，CNAME 字段名称不能直接体现这个字段的内容意思，需要将其重命名为 CLASS_NAME。实现重命名的 SQL 语句如下：

```
－－给表中字段重命名
MySQL > ALTER TABLE TB_CLASSES
    RENAME COLUMN CNAME TO CLASS_NAME;
```

执行上面重命名的 SQL 语句后的表结构，如图 1 – 3 – 10 所示。

Field	Type	Null	Key	Default	Extra
ID	smallint(6)	NO	PRI	(Null)	auto_increment
CID	char(8)	YES		(Null)	
CLASS_NAME	char(30)	YES		(Null)	
OPENTIME	date	YES		(Null)	
ENDTIME	date	YES		(Null)	
STAGE	int(11)	YES		(Null)	
GRADE	char(10)	YES		(Null)	
REMARK	varchar(200)	YES		没有添加备i	

图 1 – 3 – 10　示例 6 执行 SQL 语句后的表结构

4.为现有表字段添加约束

MySQL 为数据表的字段提供了下面几种约束类型：PRIMARY KEY（主键约束），U-NIQUE（唯一约束），DEFAULT（默认值约束）和 FOREIGN KEY（外键约束）。MySQL 不仅可以在创建表的同时给字段添加约束，还可以使用 ALTER TABLE…ADD CONSTRAINT 语句为已有表添加约束。

（1）主键约束。

MySQL 为已有表添加主键约束的 SQL 语法格式如下：

```
ALTER TABLE 表名 ADD CONSTRAINT 约束名 约束类型（字段名）;
```

示例 **7**：在系统设计时，班级表（TB_CLASSES）没有设计主键字段，现在需要将表中的 ID 字段设置为主键，实现的 SQL 语句如下：

```
－－为 ID 字段添加主键约束
MySQL > ALTER TABLE TB_CLASSES
            ADD CONSTRAINT PK_CLASS_ID PRIMARY KEY（ID）；
```

执行上面的 SQL 语句后，TB_CLASSES 表的表结构如图 1－3－11 所示。

Field	Type	Null	Key	Default	Extra
ID	int(11)	NO	PRI	(Null)	
CID	char(8)	YES		(Null)	
CLASS_NAME	char(30)	YES		(Null)	
OPENTIME	date	YES		(Null)	
ENDTIME	date	YES		(Null)	
STAGE	int(11)	YES		(Null)	
GRADE	char(10)	YES		(Null)	
REMARK	varchar(200)	YES		没有添加备	

图 1－3－11　示例 7 执行 SQL 语句后，TB_CLASSES 表的表结构

MySQL 提供了删除数据表主键约束的语法，其格式如下：

```
ALTER TABLE 表名 DROP PRIMARY KEY；
```

示例 **8**：学生信息管理系统中，班级信息表的主键约束创建时，选择错误了字段，因此需要删除现有的主键约束。实现的 SQL 语句如下：

```
－－删除班级信息表的主键约束
ALTER TABLE TB_CLASSES
        DROP PRIMARY KEY；
```

执行上面的 SQL 语句后，TB_CLASSES 表的表结构，如图 1－3－12 所示。

Field	Type	Null	Key	Default	Extra
ID	int(11)	NO		(Null)	
CID	char(8)	YES	UNI	(Null)	
CLASS_NAME	char(30)	YES		(Null)	
OPENTIME	date	YES		2018-01-0	
ENDTIME	date	YES		(Null)	
STAGE	int(11)	YES		(Null)	
GRADE	char(10)	YES		(Null)	
REMARK	varchar(200)	YES		没有添加备	

图 1－3－12　示例 8 执行 SQL 语句后，TB_CLASSES 表的表结构

（4）唯一约束。

MySQL 为已有表添加唯一约束的 SQL 语法格式如下：

```
ALTER TABLE 表名
        ADD CONSTRAINT 约束名 约束类型（字段名称）；
```

学生信息管理系统要求学号不能有重复的值,请使用 ALTER 语句为此表的 CID 添加唯一约束,实现的 SQL 语句如下:

```
- -为学号字段 CID 添加唯一约束
MySQL > ALTER TABLE TB_CLASSES
        ADD CONSTRAINT UQ_CLASS_NO UNIQUE (CID);
```

执行上面的 SQL 语句后,TB_CLASSES 表的表结构,如图 1 - 3 - 13 所示。

信息	结果 1	剖析	状态			
Field	Type	Null	Key	Default	Extra
ID	int(11)	NO	PRI	(Null)	
CID	char(8)	YES	UNI	(Null)	
CLASS_NAME	char(30)	YES		(Null)	
OPENTIME	date	YES		(Null)	
ENDTIME	date	YES		(Null)	
STAGE	int(11)	YES		(Null)	
GRADE	char(10)	YES		(Null)	
REMARK	varchar(200)	YES		没有添加备	

图 1 - 3 - 12 执行唯一约束后,TB_CLASSES 表的表结构

提示:在同一个数据表中,可以为多个字段添加唯一约束。

MySQL 提供的 ALTER TABLE…DROP INDEX 语句可以删除表中字段的唯一约束。其 SQL 语句格式如下:

```
ALTER TABLE 表名 DROP INDEX 唯一约束名;
```

示例 9:现在系统要求将班级信息表中 CID 字段的唯一约束删除。实现的 SQL 语句如下:

```
- -删除班级信息表中 CID 字段的唯一约束
ALTER TABLE TB_CLASSES
        DROP INDEX UQ_CLASS_NO;
```

执行上面的 SQL 语句后,TB_CLASSES 表的表结构,如图 1 - 3 - 14 所示。

信息	结果 1	剖析	状态			
Field	Type	Null	Key	Default	Extra
ID	int(11)	NO		(Null)	
CID	char(8)	YES		(Null)	
CLASS_NAME	char(30)	YES		(Null)	
OPENTIME	date	YES		2018-01-0	
ENDTIME	date	YES		(Null)	
STAGE	int(11)	YES		(Null)	
GRADE	char(10)	YES		(Null)	
REMARK	varchar(200)	YES		没有添加备	

图 1 - 3 - 14 示例 9 执行 SQL 语句后,TB_CLASSES 表的表结构

(3)默认值约束。

MySQL 数据库中数据表的已有字段添加默认值约束,与 SQL Server 数据库不同,SQL

Server 数据库是使用 ALTER TABLE…ADD CONSTRAINT 语句来添加默认值约束,而 MySQL 是使用 ALTER TABLE …ALTER COLUMN 语句来实现字段的默认值设置。其 SQL 语法格式如下:

ALTER TABLE 表名 ALTER COLUMN 列名 SET DEFAULT '默认值';

学生信息管理系统中,班级信息表中有个开班时间字段,系统要求此字段,外部没有给填写值,数据库给提供一个默认值为'2018 – 01 – 01',实现的 SQL 语句如下:

- – 为开班时间添加一个默认值
MySQL > ALTER TABLE TB_CLASSES
ALTER COLUMN OPENTIME SET DEFAULT '2018 – 01 – 01';

执行上面的 SQL 语句后,TB_CLASSES 表的表结构,如图 1 – 3 – 15 所示。

信息	结果1	剖析	状态			
Field	Type	Null	Key	Default	Extra
ID	int(11)	NO	PRI	(Null)	
CID	char(8)	YES	UNI	(Null)	
CLASS_NAME	char(30)	YES		(Null)	
OPENTIME	date	YES		2018-01-0	
ENDTIME	date	YES		(Null)	
STAGE	int(11)	YES		(Null)	
GRADE	char(10)	YES		(Null)	
REMARK	varchar(200)	YES		没有添加备	

图 1 – 3 – 15　执行默认值约束后,TB_CLASSES 表的表结构

MySQL 提供 ALTER TABLE…ALTER…DROP DEFAULT 语句来实现默认值约束的删除操作,其语法格式如下:

ALTER TABLE 表名 ALTER 字段名 DROP DEFAULT;

学生信息管理信息中,班级信息表中开班时间默认值已经不能满足系统的时间要求,现在需要将其删除,实现的 SQL 语句如下:

- – 删除表中字段默认值约束
　MySQL > ALTER TABLE TB_CLASSES
ALTER OPENTIME DROP DEFAULT;

执行上面的 SQL 语句后,TB_CLASSES 表的表结构,如图 1 – 3 – 16 所示。

信息	结果1	剖析	状态			
Field	Type	Null	Key	Default	Extra
ID	int(11)	NO		(Null)	
CID	char(8)	YES		(Null)	
CLASS_NAME	char(30)	YES		(Null)	
OPENTIME	date	YES		(Null)	
ENDTIME	date	YES		(Null)	
STAGE	int(11)	YES		(Null)	
GRADE	char(10)	YES		(Null)	
REMARK	varchar(200)	YES		没有添加备	

图 1 – 3 – 16　执行删除默认值约束后,TB_CLASSES 表的表结构

（4）外键约束。

MySQL 创建为有关联的表创建外键约束的语法格式如下：

```
ALTER TABLE 外键表名
      ADD CONSTRAINT 约束名 约束类型  （外键列名）
            REFERENCES   主表名(主键字段);
```

学生信息管理系统中，每一个学生都会属于一般班级，那么班级信息表与学生信息表应该具有相应的关系。可以这样认为，一个学生都会属于某个班级，而一个班级由很多的学生组成，它们的关系是一对多的关系，那么可以把一的一方视为主表，多的一方视为外键表。也就是说学生信息表创必须有一个字段与班级信息表中的主键字段对应，创建外键约束，其SQL 语句如下：

```
－－为学生信息表添加外键约束
MySQL > ALTER TABLE TB_STUDENT_INFO
      ADD CONSTRAINT FK_STUDENT_CID FOREIGN KEY（CID）
            REFERENCES   TB_CLASSES(ID);
```

执行上面的 SQL 语句后，TB_STUDENT_INFO 表的表结构，如图 1 - 3 - 17 所示。

Field	Type	Null	Key	Default	Extra
SID	int(11)	NO	PRI	(Null)	auto_increment
SNO	char(11)	NO	UNI	(Null)	
AGE	int(11)	NO		(Null)	
SEX	char(3)	NO		男	
BIRTHDAY	date	NO		1998-01-0	
PHONE	char(11)	NO		(Null)	
ADDRESS	varchar(20)	NO		地址不详	
CID	int(11)	NO	MUL	(Null)	

图 1 - 3 - 17 执行外键约束后，TB_STUDENT_INFO 表的表结构

MySQL 提供了 ALTER TABLE⋯DROP FOREIGN KEY 语句删除数据表的外键约束，其SQL 语法格式如下：

```
ALTER TABLE 表名 DROP FOREIGN KEY 外键名称;
```

在实际开发时，数据库表具有关系的表实际是不使用 SQL 的外键创建主外键关系的，而是通过程序代码来控制这种关系。因此需要删除 TB_STUDENT_INFO 表的外键约束，实现的 SQL 语句如下：

```
－－删除学生信息表的外键约束
MySQL > ALTER TABLE TB_STUDENT_INFO
      DROP FOREIGN KEY FK_STUDENT_CID;
```

提示：MySQL 数据库提供的添加约束，删除约束的语法格式与其他数据库有所区别，请大家要注意这些区别。

3.2.3　删除表结构

如果数据库中的数据表不再使用时,MySQL 提供了 DROP TABLE 语句删除不再使用的数据表,其语法格式如下:

DROP TABLE 表名;

在完成删除数据表的操作时,需要注意被删除的表与其他数据表是否存在关联。如果这个数据表中的数据被其他引用时,再进行删除操作将报出错误。也就是被删除的数据表与其他的数据表有主外键关系时,要删除这个表,必须先将其外键表删除,才能正确地完成此数据表的删除操作。

3.3　MySQL 临时表

MySQL 临时表在需要保存一些临时数据时是非常有用的。临时表只在当前连接可见,当关闭连接时,MySQL 会自动删除表并释放所有空间。

临时表在 MySQL3.23 版本中添加,也就是说,临时表时是从 MySQL3.23 版本才开始有的。如果 MySQL 版本低于 3.23 版本就无法使用 MySQL 的临时表。

MySQL 临时表只在当前连接可见,如果使用相应的程序来控制 MySQL 的临时表,每当程序执行完成后,该临时表就会被销毁。

如果使用了其他 MySQL 客户端程序连接 MySQL 数据库服务器来创建临时表,那么只有在关闭客户端程序时才会销毁临时表,当然也可以手动销毁。

MySQL 创建临时表的语法与创建持久数据表的语法相似,只是在 CREATE 语句中添加了 TEMPORARY 关键字。创建临时表的 SQL 语法格式如下:

```
CREATE TEMPORARY TABLE 临时表名
(
        字段名 1 数据类型 字段属性;
        ……
        字段名 n 数据类型 字段属性
);
```

示例:学生信息管理系统中,需要经常查询和使用学生考试的成绩,因此可以创建一个临时表来保存学生每门课程考试的成绩信息。创建临时表的 SQL 语句如下:

```
－－创建临时表保存学生考试成绩
CREATE TEMPORARY TABLE TB_STUDENT_SCORE
(
        COUID INT NOT NULL,
        COUNAME VARCHAR(30) NOT NULL,
        SNO CHAR(11) NOT NULL,
        SNAME VARCHAR(20) NOT NULL,
        SCORE INT NOT NULL,
        EXAMTIME DATETIME NOT NULL
);
```

在使用 SHOW TABLES 命令来显示指定数据库中的所有数据表时,是无法看到临时表的。如果退出当前 MySQL 会话,再使用 SELECT 命令来读取原先创建的临时表数据,那就会发现数据库中没有该表的存在,因为在退出时该临时表已经被销毁了。

在默认情况下,当断开与数据库的连接后,临时表就会自动被销毁。当然你也可以在当前 MySQL 会话使用 DROP TABLE 命令来手动删除临时表。删除临时表的语法与持久化表语法是相同的。

总结

(1)了解 SQL 语言的概念和 SQL 语言中分支语言的概念。
(2)掌握 MySQL 常用数据类型的存储空间大小及数据类型的应用。
(3)理解数据完整性的实现方式。
(4)掌握 MySQL 的约束类型及应用约束。
(5)掌握创建数据表语法的同时创建约束。
(6)掌握修改数据表结构的语法及其应用。
(7)掌握临时表的应用。

第四章
MySQL 表记录操作

本章要点

(1) 使用 INSERT INTO 语句插入数据。

(2) 使用 UPDATE 语句更新数据。

(3) 使用 DELETE 语句删除数据。

(4) 使用 SELECT 语句查询数据并使用 WHERE 子句过滤数据,以及在 WHERE 子句中使用各种运算符。

(5) 使用 GROUP BY 分组子句及聚合函数。

4.1　数据维护

　　数据维护,也就是对数据库中数据的管理。实现数据管理实际上是对数据执行添加、更新、删除和查询等操作。维护数据的第一个操作就是给数据表添加数据,也称为插入数据。

4.1.1　新增数据

　　MySQL 给数据表添加数据是使用 INSERT INTO 语句来完成的。INSERT INTO 的语法格式如下:

```
INSERT INTO 表名(列名1,…列名n) VALUES(值1,…值n);
或
INSERT INTO 表名 VALUES(值1,值2,…值n);
```

　　插入数据,如果给定列名列表时,那么在 VALUES 中的值列表中的数目,要与列名列表中的数目一致。如果列名列表与值列表的数目不一致时,MySQL 会报出错误。如果在插入数据时,只给出了表名,那么在 VALUES 值列表的数目必须与数据表中的列数一致,否则将报出错误。另外在插入数据时,字符、字符串或日期时间类型的列值必须适应单引号将值引起来。如果在数据表中,被指定为 AUTO_INCREMENT 的列,是不用给定列值的,因为它由 MySQL 数据库系统自动生成列值。

　　示例1:在学生信息管理系统中,需要为班级信息表和学生信息表添加相应的数据。先插入班级信息表中新增班级信息,其插入数据的 SQL 语句如下:

```
－－给班级信息表添加数据
MySQL > INSERT INTO TB _ CLASSES ( CID, CNAME, OPENTIME, ENDTIME, STAID ) VALUES
('201801JA','201801JA班','2018－01－01','2018－06－01',2);
MySQL > INSERT INTO TB _ CLASSES ( CID, CNAME, OPENTIME, ENDTIME, STAID ) VALUES
('201802JA','201802JA班','2018－02－01','2018－07－01',2);
MySQL > INSERT INTO TB _ CLASSES ( CID, CNAME, OPENTIME, ENDTIME, STAID ) VALUES
('201801NA','201801NA班','2018－01－01','2018－06－01',2);
```

　　执行上面的 SQL 语句后的结果,如图1－4－1所示。

信息	结果1	剖析	状态	
CID	CNAME	OPENTIME	ENDTIME	STAID
201801JA	201801JA班	2018-01-01	2018-06-01	2
201801NA	201801NA班	2018-01-01	2018-06-01	2
201802JA	201802JA班	2018-02-01	2018-07-01	2

图1－4－1　示例1 执行 SQL 语句后的结果

学生信息表插入数据,其 SQL 语句如下:

```
--给学生信息表添加数据
MySQL > INSERT INTO TB_STUDENT_INFO(SNO,SNAME,AGE,SEX,BIRTHDAY,PHONE,ADDRESS,
CID)
        VALUES('201801JA001','陈旭东',18,'男','2000-01-21','18907312132','湖南省衡阳
市衡阳县','201801JA');
MySQL > INSERT INTO TB_STUDENT_INFO(SNO,SNAME,AGE,SEX,BIRTHDAY,PHONE,ADDRESS,
CID)
        VALUES('201801JA002','黄志敏',18,'女','2000-02-27','18907312178','湖南省长沙
市岳麓区','201801JA');
MySQL > INSERT INTO TB_STUDENT_INFO(SNO,SNAME,AGE,SEX,BIRTHDAY,PHONE,ADDRESS,
CID)
        VALUES('201801JA003','刘杰',18,'男','2000-03-24','18907312143','湖南省湘潭市
湘潭县','201801JA');
```

执行上面的 SQL 语句后的结果,如图 1 - 4 - 2 所示。

信息	结果1	剖析	状态						
SID	SNO		SNAME	AGE	SEX	BIRTHDAY	PHONE	ADDRESS	CID
▶ 1	201801JA001		陈旭东	18	男	2000-01-21	18907312132	湖南省衡阳市衡	201801JA
2	201801JA002		黄志敏	18	女	2000-02-27	18907312178	湖南省长沙市岳	201801JA
4	201801JA003		刘杰	18	男	2000-03-24	18907312143	湖南省湘潭市湘	201801JA

图 1 - 4 - 2　执行学生信息表插入数据后的结果

MySQL 可以使用十分简单的语句,一次使用一条 SQL 语句插入多条数据,其 SQL 语法格式如下:

```
INSERT INTO 表名(列名1,列名2,……,列名n) VALUES(值1,值2,……,值n),(值1,值2,……,值
n),(值1,值2,……,值n);
```

示例2:使用 MySQL 的批量插入数据的语句,一次插入 4 条学生信息,其 SQL 语句如下:

```
--批量插入学生信息
MySQL > INSERT INTO TB_STUDENT_INFO(SNO,SNAME,AGE,SEX,BIRTHDAY,PHONE,ADDRESS,
CID) VALUES
    ('201801JA004','谭拓宇',18,'男','2000-08-24','18907312133','湖南省长沙市天心
区','201801JA'),
    ('201801JA005','唐祝飞',18,'男','2000-09-24','18907312144','湖南省长沙市雨花
区','201801JA'),
    ('201801JA006','谭旭华',18,'男','2000-06-24','18907312155','湖南省长沙市芙蓉
区','201801JA'),
    ('201801JA007','文紫琳',18,'女','2000-05-24','18907312166','湖南省长沙市望城
区','201801JA');
```

执行上面的 SQL 语句的结果,如图 1 - 4 - 3 所示。

SID	SNO	SNAME	AGE	SEX	BIRTHDAY	PHONE	ADDRESS	CID
1	201801JA001	陈旭东	18	男	2000-01-21	18907312132	湖南省衡阳市衡	201801JA
2	201801JA002	黄志敏	18	女	2000-02-27	18907312178	湖南省长沙市岳	201801JA
4	201801JA003	刘杰	18	男	2000-03-24	18907312143	湖南省湘潭市湘	201801JA
5	201801JA004	谭拓宇	18	男	2000-08-24	18907312133	湖南省长沙市天	201801JA
6	201801JA005	唐祝飞	18	男	2000-09-24	18907312144	湖南省长沙市雨	201801JA
7	201801JA006	谭旭华	18	男	2000-06-24	18907312155	湖南省长沙市芙	201801JA
8	201801JA007	文紫琳	18	女	2000-05-24	18907312166	湖南省长沙市望	201801JA

图 1 - 4 - 3　示例 2 执行 SQL 语句后的结果

4.1.2　修改数据

MySQL 提供了 UPDATE 语句进行数据修改操作,UPDATE 是一种 DML 语句,用于修改数据表中的一行数据。UPDATE 的语法格式如下:

```
UPDATE [LOW PRIORITY] [IGNORE]表名;
    SET 列名 1 = 值 1,列名 2 = 值 2,…,列名 n = 值 n
    [WHERE 更新数据的条件]
    [ORDER BY …]
    [LIMIT 行数]
```

可选项说明:

(1)LOW PRIORITY:使用 LOW_PRIORITY 关键词,则 UPDATE 的执行被延迟了,直到没有其他的客户端从表中读取为止。

(2)IGNORE:使用 IGNORE 关键词,则即使在更新过程中出现错误,更新语句也不会中断。如果出现了重复关键字冲突,则这些行不会被更新。如果列被更新后,新值会导致数据转化错误,则这些行被更新为最接近的合法的值。

UPDATE 语法可以用新值更新原有表行中的各列。SET 子句指示要修改哪些列和要给予哪些值。WHERE 子句指定应更新哪些行。如果没有 WHERE 子句,则更新所有的行。如果指定了 ORDER BY 子句,则按照被指定的顺序对行进行更新。LIMIT 子句用于给定一个限值,限制可以被更新的行的数目。

可以使用 LIMI 行数来限定 UPDATE 的范围。LIMIT 子句是一个与行匹配的限定。只要发现可以满足 WHERE 子句的行数行,则该语句中止,不论这些行是否被改变。

如果一个 UPDATE 语句包括一个 ORDER BY 子句,则按照由子句指定的顺序更新行。

示例 1:在学生信息管理系统中,"201801JA"班升级后,已经是属于"Y2 阶段"的学生了。因此,针对"201801JA"的所示阶段需要更新为"Y2 阶段"。实现的 SQL 语句如下:

```
- - 更新班级信息(一次更新一条数据)
MySQL > UPDATE TB_CLASSES SET STAID = 3 WHERE CID = '201801JA';
```

执行上面的 SQL 语句后,班级信息表的信息如图 1 - 4 - 4 所示。

信息	结果1	剖析	状态		
CID	CNAME	OPENTIME	ENDTIME	STAID	
201801JA	201801JA班	2018-01-01	2018-06-01	3	
201801NA	201801NA班	2018-01-01	2018-06-01	2	
201802JA	201802JA班	2018-02-01	2018-07-01	2	

图1-4-4 示例1执行SQL语句后的信息

示例2:在没有更新之前,所有参加课程编号为6的学生成绩如图1-4-5所示。

信息	结果1	剖析	状态	
TSID	SID	COUID	SCORE	EXAMTIME
1	1	6	85	2018-11-30 10:53:45
2	2	6	85	2018-11-30 10:53:45
3	3	6	70	2018-11-30 10:53:45
4	4	6	75	2018-11-30 10:53:45
5	5	6	68	2018-11-30 10:53:45
6	6	6	78	2018-11-30 10:53:45
7	7	6	80	2018-11-30 10:53:45

图1-4-5 更新前课程编号为6的学生成绩

在学生信息管理系统中,课程编号为6的课程考试题目的难度偏高,因此需要为所有参加课程编号6考试的学生在原有成绩的基础上加5分,实现的SQL语句如下:

```
--更新课程编号为6的考试成绩,一次更新多条数据
MySQL > UPDATE TB_SCORE_INFO SET SCORE = SCORE + 5 WHERE COUID = 6;
```

执行更新的SQL语句后,学生的成绩如图1-4-6所示。

信息	结果1	剖析	状态	
TSID	SID	COUID	SCORE	EXAMTIME
1	1	6	90	2018-11-30 10:53:45
2	2	6	90	2018-11-30 10:53:45
3	3	6	75	2018-11-30 10:53:45
4	4	6	80	2018-11-30 10:53:45
5	5	6	73	2018-11-30 10:53:45
6	6	6	83	2018-11-30 10:53:45
7	7	6	85	2018-11-30 10:53:45

图1-4-6 执行更新的SQL语句后,学生的成绩结果

示例3:修改之前,B_SCORE_INFO表的数据如图1-4-7所示。

TSID	SID	COUID	SCORE	EXAMTIME
18	4	8	75	2018-11-30 10:53:45
32	4	10	75	2018-11-30 10:53:45
25	4	9	75	2018-11-30 10:53:45
11	4	7	75	2018-11-30 10:53:45
33	5	10	76	2018-11-30 10:53:45
19	5	8	76	2018-11-30 10:53:45
26	5	9	76	2018-11-30 10:53:45
12	5	7	76	2018-11-30 10:53:45
31	3	10	78	2018-11-30 10:53:45
27	6	9	78	2018-11-30 10:53:45
24	3	9	78	2018-11-30 10:53:45
10	3	7	78	2018-11-30 10:53:45
13	6	7	78	2018-11-30 10:53:45
17	3	8	78	2018-11-30 10:53:45
20	6	8	78	2018-11-30 10:53:45
34	6	10	78	2018-11-30 10:53:45
14	7	7	80	2018-11-30 10:53:45
35	7	10	80	2018-11-30 10:53:45

图 1-4-7　修改之前,B_SCORE_INFO 表的数据

在学生信息管理系统中,现在需要根据成绩由低到高的在原有成绩上加 2 分,并只能修改成绩信息中的前面 10 条数据,实现的 SQL 语句如下:

```
--更新学生考试成绩信息,一次更新多条数据
MySQL > UPDATE TB_SCORE_INFO SET SCORE = SCORE + 2
        WHERE SCORE < 80 ORDER BY SCORE LIMIT  10;
```

执行上面的 SQL 语句后,TB_SCORE_INFO 表的数据如图 1-4-8 所示。

TSID	SID	COUID	SCORE	EXAMTIME
18	4	8	77	2018-11-30 10:53:45
32	4	10	77	2018-11-30 10:53:45
25	4	9	77	2018-11-30 10:53:45
11	4	7	77	2018-11-30 10:53:45
33	5	10	78	2018-11-30 10:53:45
17	3	8	78	2018-11-30 10:53:45
31	3	10	78	2018-11-30 10:53:45
27	6	9	78	2018-11-30 10:53:45
26	5	9	78	2018-11-30 10:53:45
24	3	9	78	2018-11-30 10:53:45
20	6	8	78	2018-11-30 10:53:45
12	5	7	78	2018-11-30 10:53:45
19	5	8	78	2018-11-30 10:53:45
34	6	10	78	2018-11-30 10:53:45
10	3	7	80	2018-11-30 10:53:45
13	6	7	80	2018-11-30 10:53:45
14	7	7	80	2018-11-30 10:53:45
35	7	10	80	2018-11-30 10:53:45

图 1-4-8　执行 SQL 语句后,TB_SCORE_INFO 表的数据

示例 4:学生信息更新之前的结果,如图 1 - 4 - 9 所示。

SID	SNO	SNAME	AGE	SEX	BIRTHDAY	PHONE	ADDRESS	CID
1	201801JA001	陈旭东	18	男	2000-01-21	18907312132	湖南省衡阳市衡	201801JA
2	201801JA002	黄志敏	18	女	2000-02-27	18907312178	湖南省长沙市岳	201801JA
4	201801JA003	刘杰	18	男	2000-03-24	18907312143	湖南省湘潭市湘	201801JA
3	201801JA004	谭拓宇	18	男	2000-08-24	18907312133	湖南省长沙市天	201801JA
6	201801JA005	唐祝飞	18	男	2000-09-24	18907312144	湖南省长沙市雨	201801JA
7	201801JA006	谭旭华	18	男	2000-06-24	18907312155	湖南省长沙市芙	201801JA
8	201801JA007	文紫琳	18	女	2000-05-24	18907312166	湖南省长沙市望	201801JA

图 1 - 4 - 9　学生信息更新之前的结果

在学生信息管理系统中,学生编号为 4 的学生信息的 AGE,BIRTHDAY,PHONE 和 AD-DRESS 的数据发生错误,他正确的年龄为 20 岁,出生日期为 1998 - 11 - 12,联系电话是 18973301232,家庭地址是湖南省娄底市娄星区,需要将这些修改一下,实现的 SQL 语句如下:

```
- -更新学生信息,一次更新多列数据
MySQL > UPDATE TB_STUDENT_INFO SET
        AGE = 20, BIRTHDAY = '1998 - 11 - 12', PHONE = '18973301232',
        ADDRESS = '湖南省娄底市娄星区' WHERE SID = 4;
```

执行上面的 SQL 语句后的结果如图 1 - 4 - 10 所示。

SID	SNO	SNAME	AGE	SEX	BIRTHDAY	PHONE	ADDRESS	CID
1	201801JA001	陈旭东	18	男	2000-01-21	18907312132	湖南省衡阳市衡阳县	201801JA
2	201801JA002	黄志敏	18	女	2000-02-27	18907312178	湖南省长沙市岳麓区	201801JA
4	201801JA003	刘杰	20	男	1998-11-12	18973301232	湖南省娄底市娄星区	201801JA
5	201801JA004	谭拓宇	18	男	2000-08-24	18907312133	湖南省长沙市天心区	201801JA
6	201801JA005	唐祝飞	18	男	2000-09-24	18907312144	湖南省长沙市雨花区	201801JA
7	201801JA006	谭旭华	18	男	2000-06-24	18907312155	湖南省长沙市芙蓉区	201801JA
8	201801JA007	文紫琳	18	女	2000-05-24	18907312166	湖南省长沙市望城区	201801JA

图 1 - 4 - 10　示例 4 执行 SQL 语句后的结果

注意:在更新数据时,如果没有指定条件将会将整个表中的指定数据全部修改。另外更新数据时,可以更新单列数据,也可以更新多列数据,甚至可以更新多行多列数据。

4.1.3　删除数据

MySQL 提供了 DELETE 语句和 TRUNCATE 语句来完成数据的删除操作。对于这两种删除数据的语句,需要了解它们删除数据的不同和特性,下面详细地讲述这两种语句。

1. DELETE 语句

MySQL 提供删除数据的 Delete 语句的语法格式如下:

```
DELETE [LOW_PRIORITY] [QUICK] [IGNORE] FROM 表名
    [WHERE 条件表达式]
    [ORDER BY …]
    [LIMIT 行数]
```

语法说明：

（1）LOW_PRIORITY：使用 LOW_PRIORITY，则 DELETE 的执行被延迟，直到没有其他客户端读取本表时再执行。

（2）QUICK：使用 QUICK 关键词，则在删除过程中，存储引擎不会合并索引端节点，这样可以加快部分种类删除操作的速度。

（3）IGNORE：在删除行的过程中，使用 IGNORE 关键词会使 MySQL 忽略所有的错误（在分析阶段遇到的错误会以常规方式处理）。由于使用本选项而被忽略的错误会作为警告返回。

表中有些满足有条件表达式给定的条件，DELETE 用于删除这些行，并返回被删除的记录的数目。如果编写的 DELETE 语句中没有 WHERE 子句，则所有的行都被删除。当不想知道被删除的行的数目时，有一个更快的方法，即使用 TRUNCATE TABLE。

如果 DELETE 语句包括一个 ORDER BY 子句，则各行按照子句中指定的顺序进行删除。此子句只在与 LIMIT 联用是才起作用。

示例 1：在学生信息管理系统中，原来打算开班的 201801NA 的 NET 班，没有开起来，但在班级表已经有此班级信息，现需要删除这条信息，实现的 SQL 语句如下：

```
－－一次删除一条信息的操作
MySQL > DELETE FROM TB_CLASSES WHERE CID = '201801NA' ;
```

执行删除操作前，班级信息表中的数据如图 1－4－11 所示。

信息	结果 1	剖析	状态		
CID	CNAME	OPENTIME	ENDTIME	STAID
201801JA	201801JA班	2018-01-01	2018-06-01	3
201801NA	201801NA班	2018-01-01	2018-06-01	2
201802JA	201802JA班	2018-02-01	2018-07-01	2

图 1－4－11　示例 1 执行删除操作前的数据

执行删除操作后，班级信息表中的数据如图 1－4－12 所示。

信息	结果 1	剖析	状态		
CID	CNAME	OPENTIME	ENDTIME	STAID
201801JA	201801JA班	2018-01-01	2018-06-01	3
201802JA	201802JA班	2018-02-01	2018-07-01	2

图 1－4－12　示例 1 执行删除操作后的数据

示例 2：在学生信息管理系统中，201801JA 班的所有女生都转去别的班级了，现在需要就 201801JA 班的所有女生信息进行删除，实现的 SQL 语句如下：

```
－－一次删除多条数据时，
－－ WHERE 字节的条件表达式必须是多条数据都满足的条件
－－删除 201801JA 班的所有女生信息
MySQL > DELETE FROM TB_STUDENTS WHERE SEX = '女' ;
```

执行删除前，学生信息表中的数据如图 1－4－13 所示。

SID	SNO	SNAME	AGE	SEX	BIRTHDAY	PHONE	ADDRESS	CID
1	201801JA001	陈旭东	18	男	2000-01-21	18907312132	湖南省衡阳市衡阳县	201801JA
2	201801JA002	黄志敏	18	女	2000-02-27	18907312178	湖南省长沙市岳麓区	201801JA
4	201801JA003	刘杰	20	男	1998-11-12	18973301232	湖南省娄底市娄星区	201801JA
5	201801JA004	谭拓宇	18	男	2000-08-24	18907312133	湖南省长沙市天心区	201801JA
6	201801JA005	唐祝飞	18	男	2000-09-24	18907312144	湖南省长沙市雨花区	201801JA
7	201801JA006	谭旭华	18	男	2000-06-24	18907312155	湖南省长沙市芙蓉区	201801JA
8	201801JA007	文紫琳	18	女	2000-05-24	18907312166	湖南省长沙市望城区	201801JA

图1-4-13　示例2 执行删除操作前的数据

执行删除后,学生信息表中的数据如图1-4-14所示。

SID	SNO	SNAME	AGE	SEX	BIRTHDAY	PHONE	ADDRESS	CID
1	201801JA001	陈旭东	18	男	2000-01-21	18907312132	湖南省衡阳市衡阳县	201801JA
4	201801JA003	刘杰	20	男	1998-11-12	18973301232	湖南省娄底市娄星区	201801JA
5	201801JA004	谭拓宇	18	男	2000-08-24	18907312133	湖南省长沙市天心区	201801JA
6	201801JA005	唐祝飞	18	男	2000-09-24	18907312144	湖南省长沙市雨花区	201801JA
7	201801JA006	谭旭华	18	男	2000-06-24	18907312155	湖南省长沙市芙蓉区	201801JA

图1-4-14　示例2 执行删除操作后的数据

示例3:TB_STUDENTS 表中的数据都不需要了,请使用 SQL 语句将其全部删除,实现的 SQL 语句如下:

```
--删除 TB_STUDENTS 表中所有数据
MySQL > DELETE FROM TB_STUDENTS;
```

执行上面的 SQL 语句后,TB_STUDENTS 表的数据情况如图1-4-15所示。

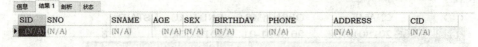

SID	SNO	SNAME	AGE	SEX	BIRTHDAY	PHONE	ADDRESS	CID
(N/A)	(N/A)	(N/A)	(N/A)	(N/A)	(N/A)	(N/A)	(N/A)	(N/A)

图1-4-15　示例3 执行 SQL 语句后的数据情况

2. TRUNCATE 语句

MySQL 提供了 TRUNCATE 语句来清除表中所有的数据,其语法格式如下:

```
TRUNCATE [TABLE]表名;
```

TRUNCATE TABLE 语句用于完全清空一个表。这条语句需要 DROP 权限。从逻辑上讲,TRUNCATE TABLE 语句,类似于 DELETE 语句,删除数据表中所有行。但是它们不同的是 TRUNCATE TABLE 语句会先使用 DROP 语句删除数据表结构,再使用 CREATE TABLE 语句按照原来的表结构重新创建数据表。

为了实现高性能,TRUNCATE TABLE 语句通过 DML 删除数据方法。因此,它不会导致删除触发器的触发,它不能在 InnoDB 表中执行父子关系的外键关系,它不能像 DML 操作那样返回。然而,在使用原子 DDL 支持的存储引擎的表上,TRUNCATE TABLE 操作要么完全提交,要么在服务器运行期间暂停。

TRUNCATE TABLE 类似于删除,它被归类为 DDL 语句,而不是 DML 语句。它与 DELETE 方法不同:TRUNCATE TABLE 操作删除并重新创建表,这比把行一个一个地删除要快得多,特别是对于大表。TRUNCATE TABLE 操作导致隐式提交,因此不能回滚。

因此,TRUNCATE TABLE 语句希望大家慎用。

4.2 数据查询

数据查询操作是数据库中最常用的一种操作,也是必须掌握的一种操作。MySQL 数据库使用 SQL SELECT 语句来查询数据,使用 SELECT 语句从表或视图获取数据。表由行和列组成,如电子表格。通常,我们只希望看到子集行、列的子集或两者的组合。SELECT 语句的结果称为结果集,它是行列表,每行由相同数量的列组成。

MySQL 使用 SELECT 语句查询数据的语法格式如下:

```
SELECT 列名 1,列名 2,…,列名 n
    FROM 表名
    [WHERE 条件表达式]
    [GROUP BY 列名,列名]
    [HAVING 条件表达式]
    [ORDER BY ASC | DESC]
    [LIMIT 行数]
```

语法说明:

(1)SELECT:SQL 查询关键字。

(2)列名:被查询数据表中的字段名称。

(3)WHERE 条件表达式:用于设置查询的条件以过滤查询的结果集,条件表达式是指查询的条件。

(4)GROUP BY:分组子句,MySQL 使用 GROUP BY 语句根据一个或多个列对结果集进行分组。

(5)HAVING 条件表达式:过滤器基于 GROUP BY 子句定义的小分组。

(6)ORDER BY:指定用于排序的列的列表。

(7)DESC|ASC:排序的方式,DESC 表示降序,ASC 表示升序。

(8)LIMIT:限制返回行的数量。

下面将详细介绍 MySQL 的数据查询操作。

4.2.1 简单查询

MySQL 最简单的查询语句的语法格式如下:

```
SELECT * FROM 表名
或
SELECT 列名 1,列名 2,…,列名 n FROM 表名
```

第一条 SELECT 语句中,"＊"(星号)表示查询指定数据表中的所有列。第二条 SE-LECT 语句查询的结果是数据表中指定的列。

示例 1:在学生信息管理系统,需要编写 SQL 语句实现查询所有学生的信息。实现的 SQL 语句如下:

```
－－查询学生表中所有学生的信息
MySQL > SELECT ＊ FROM TB_STUDENT_INFO;
```

执行 SQL 语句的结果如图 1－4－16 所示。

信息	结果 1	剖析	状态						
SID	SNO	SNAME	AGE	SEX	BIRTHDAY	PHONE	ADDRESS	CID
1	201801JA001	陈旭东	18	男	2000-01-21	18907312132	湖南省衡阳市衡阳县	201801JA
2	201801JA002	黄志敏	18	女	2000-02-27	18907312178	湖南省长沙市岳麓区	201801JA
4	201801JA003	刘杰	20	男	1998-11-12	18973301232	湖南省娄底市娄星区	201801JA
5	201801JA004	谭拓宇	18	男	2000-08-24	18907312133	湖南省长沙市天心区	201801JA
6	201801JA005	唐祝飞	18	男	2000-09-24	18907312144	湖南省长沙市雨花区	201801JA
7	201801JA006	谭旭华	18	男	2000-06-24	18907312155	湖南省长沙市芙蓉区	201801JA
8	201801JA007	文紫琳	18	女	2000-05-24	18907312166	湖南省长沙市望城区	201801JA

图 1－4－16　示例 1 执行 SQL 语句的结果

示例 2:在学生信息管理系统中,需要编写 SQL 语句查询所有的学号、姓名、年龄、性别和联系方式等信息,实现的 SQL 语句如下:

```
－－查询所有所有的学号、姓名、年龄、性别和联系方式
SELECT SNO,SNAME,AGE,SEX,PHONE FROM TB_STUDENT_INFO;
```

执行 SQL 语句的结果如图 1－4－17 所示。

信息	结果 1	剖析	状态	
SNO	SNAME	AGE	SEX	PHONE
201801JA001	陈旭东	18	男	18907312132
201801JA002	黄志敏	18	女	18907312178
201801JA003	刘杰	20	男	18973301232
201801JA004	谭拓宇	18	男	18907312133
201801JA005	唐祝飞	18	男	18907312144
201801JA006	谭旭华	18	男	18907312155
201801JA007	文紫琳	18	女	18907312166

图 1－4－17　示例 2 执行 SQL 语句的结果

4.2.2　使用 WHERE 子句

我们知道从 MySQL 表中使用 SQL SELECT 语句来读取数据。如果需要有条件地从表中选取数据时,可将 WHERE 子句添加到 SELECT 语言中。WHERE 语句用来设定查询条件。进行数据查询时,可以在 WHERE 子句中指定任何条件。WHERE 子句可以运用于 SQL 的 DELETE 或者 UPDATE 命令。WHERE 子句类似于程序语言中的 if 条件,根据 MySQL 表中的字段值来读取指定的数据。在 WHERE 子句中可以使用下列运算符:比较运算符(等于"＝"、不等于"＜＞"或"！＝"、大于"＞"、大于等于"＞＝"、小于"＜"、小于等于"＜＝")、

逻辑运算符（AND、OR）、在指定范围之内（BETWEEN AND）、是空（IS NULL）和非空（IS NOT NULL）、IN 和 NOT IN 以及 LIKE 运算符等。下面详细介绍各种运算符的使用。

1. 比较运算符

MySQL 的 SELECT 语句中使用 WHERE 子句指定查询条件时，经常会使用到比较运算符，可以使用的比较运算符有：= ，< = > ，> = ，> ，< = ，< ，< > ，! = 。

示例1:查询班级为 201801JA 的所有学生信息，其 SQL 语句如下：

```
－－查询指定班级的所有学生信息
MySQL > SELECT * FROM TB_STUDENT_INFO
        WHERE CID = '201801JA';
```

执行查询的结果如图 1 - 4 - 18 所示。

SID	SNO	SNAME	AGE	SEX	BIRTHDAY	PHONE	ADDRESS	CID
1	201801JA001	陈旭东	18	男	2000-01-21	18907312132	湖南省衡阳市衡阳县	201801JA
2	201801JA002	黄志敏	18	女	2000-02-27	18907312178	湖南省长沙市岳麓区	201801JA
4	201801JA003	刘杰	20	男	1998-11-12	18973301232	湖南省娄底市娄星区	201801JA
5	201801JA004	谭拓宇	18	男	2000-08-24	18907312133	湖南省长沙市天心区	201801JA
6	201801JA005	唐祝飞	18	男	2000-09-24	18907312144	湖南省长沙市雨花区	201801JA
7	201801JA006	谭旭华	18	男	2000-06-24	18907312155	湖南省长沙市芙蓉区	201801JA
8	201801JA007	文紫琳	18	女	2000-05-24	18907312166	湖南省长沙市望城区	201801JA

图 1 - 4 - 18　示例 1 执行查询的结果

示例2:查询学生信息表中所有男生的信息，其 SQL 语句如下：

```
－－查询所有男生的详细信息
MySQL > SELECT * FROM TB_STUDENT_INFO
        WHERE SEX < > '女';
或
MySQL > SELECT * FROM TB_STUDENT_INFO
        WHERE SEX = '男';
```

执行查询的结果如图 1 - 4 - 19 所示。

SID	SNO	SNAME	AGE	SEX	BIRTHDAY	PHONE	ADDRESS	CID
1	201801JA001	陈旭东	18	男	2000-01-21	18907312132	湖南省衡阳市衡阳县	201801JA
4	201801JA003	刘杰	20	男	1998-11-12	18973301232	湖南省娄底市娄星区	201801JA
5	201801JA004	谭拓宇	18	男	2000-08-24	18907312133	湖南省长沙市天心区	201801JA
6	201801JA005	唐祝飞	18	男	2000-09-24	18907312144	湖南省长沙市雨花区	201801JA
7	201801JA006	谭旭华	18	男	2000-06-24	18907312155	湖南省长沙市芙蓉区	201801JA

图 1 - 4 - 18　示例 2 执行查询的结果

2. AND 与 OR

MySQL 中，AND 和 OR 运算符用于基于一个以上的条件对记录进行过滤。如果第一个条件和第二个条件都成立，则 AND 运算符显示一条记录。

示例3:学生信息管理系统中，要求查询年龄为 18 岁，性别为男的学生的详细信息。实

现的 SQL 语句如下：

```
－－查询学生信息表中年龄为 18 岁,性别为'男'的学生信息。
SELECT * FROM TB_STUDENT_INFO
        WHERE AGE = 18 AND SEX = '男';
```

执行 SQL 语句后的结果如图 1 - 4 - 20 所示。

SID	SNO	SNAME	AGE	SEX	BIRTHD.	PHONE	ADDRESS	CID
1	201801JA	陈旭东	18	男	2000-01	18907312	湖南省衡阳市	201801JA
5	201801JA	谭拓宇	18	男	2000-08	18907312	湖南省长沙市	201801JA
6	201801JA	唐祝飞	18	男	2000-09	18907312	湖南省长沙市	201801JA
7	201801JA	谭旭华	18	男	2000-06	18907312	湖南省长沙市	201801JA

图 1 - 4 - 20　示例 3 执行 SQL 语句后的结果

示例 4:编写 SQL 语句查询班级编号为 201801JA 班的所有女生的详细信息,实现的 SQL 语句如下：

```
－－查询班级编号为 201801JA 的所有女生详细信息
SELECT * FROM TB_STUDENT_INFO
        WHERE CID = '201801JA' AND SEX = '女';
```

执行 SQL 语句后的结果如图 1 - 4 - 21 所示。

SID	SNO	SNAME	AGE	SEX	BIRTHD.	PHONE	ADDRESS	CID
2	201801JA	黄志敏	18	女	2000-02	18907312	湖南省长沙市	201801JA
8	201801JA	文紫琳	18	女	2000-05	18907312	湖南省长沙市	201801JA

图 1 - 4 - 21　示例 4 执行 SQL 语句后的结果

MySQL 中如果第一个条件和第二个条件中只要有一个成立,则 OR 运算符显示一条记录。

示例 5:编写 SQL 语句,查询学生"谭拓宇"和"陈旭东"的详细信息,其实现的 SQL 语句如下：

```
－－查询学生谭拓宇和陈旭东的详细信息
SELECT * FROM TB_STUDENT_INFO;
        WHERE SNAME = '陈旭东' OR SNAME = '谭拓宇';
```

执行 SQL 语句后的结果如图 1 - 4 - 22 所示。

SID	SNO	SNAME	AGE	SEX	BIRTHD.	PHONE	ADDRESS	CID
1	201801JA	陈旭东	18	男	2000-01	18907312	湖南省衡阳市	201801JA
5	201801JA	谭拓宇	18	男	2000-08	18907312	湖南省长沙市	201801JA

图 1 - 4 - 22　示例 5 执行 SQL 语句后的结果

示例6:编写SQL语句,实现查询学生参加编号为6和7的课程考试的成绩信息,实现的SQL语句如下:

```
--查询编号6和7的课程参加考试学生的成绩
SELECT * FROM TB_SCORE_INFO
    WHERE COUID = 6 OR COUID = 7;
```

执行SQL语句后的结果如图1-4-23所示。

TSID	SID	COUID	SCORE	EXAMTIME
1	1	6	90	2018-11-30 10:53:45
2	2	6	90	2018-11-30 10:53:45
3	3	6	83	2018-11-30 10:53:45
4	4	6	80	2018-11-30 10:53:45
5	5	6	81	2018-11-30 10:53:45
6	6	6	83	2018-11-30 10:53:45
7	7	6	85	2018-11-30 10:53:45
8	1	7	85	2018-11-30 10:53:45
9	2	7	85	2018-11-30 10:53:45
10	3	7	80	2018-11-30 10:53:45
11	4	7	77	2018-11-30 10:53:45
12	5	7	78	2018-11-30 10:53:45
13	6	7	80	2018-11-30 10:53:45
14	7	7	80	2018-11-30 10:53:45

图1-4-23 示例6执行SQL语句后的结果

MySQL中,也可以把AND和OR结合起来(使用圆括号来组成复杂的表达式)。

示例7:编写SQL语句查询课程编号6和7且成绩高于80分考试信息,实现的SQL语句如下:

```
--查询课程编号6和7且成绩高于80分考试信息
SELECT * FROM TB_SCORE_INFO
    WHERE (COUID = 6 OR COUID = 7) AND SCORE > 80;
```

执行SQL语句后的结果如图1-4-24所示。

TSID	SID	COUID	SCORE	EXAMTIME
1	1	6	90	2018-11-30 10:53:45
2	2	6	90	2018-11-30 10:53:45
3	3	6	83	2018-11-30 10:53:45
5	5	6	81	2018-11-30 10:53:45
6	6	6	83	2018-11-30 10:53:45
7	7	6	85	2018-11-30 10:53:45
8	1	7	85	2018-11-30 10:53:45
9	2	7	85	2018-11-30 10:53:45

图1-4-24 示例7执行SQL语句后的结果

3. BETWEEN AND

MySQL 的 BETWEEN 操作表示选取介于两个值之间的数据范围内的值,这些值可以是数值、日期。

示例 8:编写 SQL 语句查询年龄为 18~20 岁学生的详细信息,实现的 SQL 语句如下:

```
--查询年龄为 18~20 岁学生的详细信息
SELECT * FROM TB_STUDENT_INFO
      WHERE AGE BETWEEN '18' AND '20';
```

执行 SQL 语句后的结果如图 1-4-25 所示。

SID	SNO	SNAM	AGE	SEX	BIRTHD	PHONE	ADDRESS	CID
1	201801JA	陈旭东	18	男	2000-01	18907312	湖南省衡阳市	201801JA
2	201801JA	黄志敏	18	女	2000-02	18907312	湖南省长沙市	201801JA
4	201801JA	刘杰	20	男	1998-11	18973301	湖南省娄底市	201801JA
5	201801JA	谭拓宇	18	男	2000-08	18907312	湖南省长沙市	201801JA
6	201801JA	唐祝飞	18	男	2000-09	18907312	湖南省长沙市	201801JA
7	201801JA	谭旭华	18	男	2000-06	18907312	湖南省长沙市	201801JA

图 1-4-25 示例 8 执行 SQL 语句后的结果

示例 9:编写 SQL 语句实现查询出生日期是 2000-06-01 到 2000-12-30 之间的学生信息,其实现的 SQL 语句如下:

```
--查询出生日期是 2000-06-01 到 2000-12-30 之间的学生信息
SELECT * FROM TB_STUDENT_INFO
      WHERE BIRTHDAY BETWEEN '2000-06-01' AND '2000-12-30';
```

执行 SQL 语句后的结果如图 1-4-26 所示。

SID	SNO	SNAM	AGE	SEX	BIRTHDAY	PHONE	ADDRESS	CID
5	201801JA	谭拓宇	18	男	2000-08-24	18907312133	湖南省长沙市	201801JA
6	201801JA	唐祝飞	18	男	2000-09-24	18907312144	湖南省长沙市	201801JA
7	201801JA	谭旭华	18	男	2000-06-24	18907312155	湖南省长沙市	201801JA

图 1-4-26 示例 4 执行 SQL 语句后的结果

4. IS NULL 与 IS NOT NULL

如果 MySQL 表中的某个列是可选的,那么可以在不向该列添加值的情况下插入新记录或更新已有的记录。这意味着该字段将以 NULL 值保存,NULL 值的处理方式与其他值不同。NULL 用作未知的或不适用的值的占位符。STUDENT 表如图 1-4-27 所示。

ID	SNO	SNAME	AGE	SEX	PHONE	CID
1	201801JA004	谭拓宇	18	男	18907312133	(Null)
2	201801JA005	唐祝飞	18	男	18907312144	(Null)
3	201801JA006	谭旭华	18	男	18907312155	1
4	201801JA007	文紫琳	18	女	18907312166	1

图 1-4-27 STUDENT 表

学生 ID 为 1 和 2 的两条记录的 CID 列的值为 NULL。如何测试 NULL 值呢？无法使用比较运算符来测试 NULL 值,必须使用 IS NULL 和 IS NOT NULL 操作符。

示例 10:编写 SQL 语句查询学生信息表中 CID 为空的学生信息,其实现的 SQL 语句如下:

```
－－查询 CID 为空的学生信息
SELECT * FROM STUDENT WHERE CID IS NULL;
```

执行 SQL 语句后的结果如图 1 - 4 - 28 所示。

信息	结果 1	剖析	状态				
ID	SNO	SNAME	AGE	SEX	PHONE	CID
▶ 1	201801JA004	谭拓宇	18	男	18907312133	(Null)
2	201801JA005	唐祝飞	18	男	18907312144	(Null)

图 1 - 4 - 28   示例 10 执行 SQL 语句后的结果

示例 11:编写 SQL 语句实现查询学生信息表中 CID 不为空的学生信息,实现的 SQL 语句如下:

```
－－查询 CID 不为空的学生信息
SELECT * FROM STUDENT WHERE CID IS NOT NULL;
```

执行 SQL 查询后的结果如图 1 - 4 - 29 所示。

信息	结果 1	剖析	状态				
ID	SNO	SNAME	AGE	SEX	PHONE	CID
▶ 3	201801JA006	谭旭华	18	男	18907312155	1
4	201801JA007	文紫琳	18	女	18907312166	1

图 1 - 4 - 29   示例 11 执行 SQL 语句后的结果

5. IN 与 NOT IN 运算符

MySQL 中,IN 和 NOT IN 操作符允许在 WHERE 子句中规定多个值。IN 表示在指定的范围内,而 NOT IN 则表示不在指定的范围内。其语法格式如下:

```
SELECT 列名 1,列名 2,…,列名 n
FROM 表名
WHERE 列表名 IN ( value1,value2,……);
```

示例 12:编写 SQL 语句选取 SNAME 为"谭拓宇"或"谭旭华"的详细信息,实现的 SQL 语句如下:

```
－－选取 SNAME 为"谭拓宇"或"谭旭华"的详细信息
SELECT * FROM STUDENT WHERE SNAME IN('谭拓宇','谭旭华');
```

执行 SQL 语句后的结果如图 1 - 4 - 30 所示。

iD	SNO	SNAME	AGE	SEX	PHONE	CID
1	201801JA004	谭拓宇	18	男	18907312133	(Null)
3	201801JA006	谭旭华	18	男	18907312155	1

图 1 - 4 - 30 示例 12 执行 SQL 语句后的结果

示例 13：编写 SQL 语句实现选取 SNAME 除了为"谭拓宇"或"谭旭华"之外的学生详细信息，实现的 SQL 语句如下：

```
- -选取 SNAME 除了为"谭拓宇"或"谭旭华"之外的学生详细信息
SELECT * FROM STUDENT WHERE SNAME NOT IN('谭拓宇','谭旭华');
```

执行 SQL 语句后的结果如图 1 - 4 - 31 所示。

ID	SNO	SNAME	AGE	SEX	PHONE	CID
2	201801JA005	唐祝飞	18	男	18907312144	(Null)
4	201801JA007	文紫琳	18	女	18907312166	1

图 1 - 4 - 31 示例 13 执行 SQL 语句后的结果

6. LIKE 运算符

MySQL 中，LIKE 运算符用于在 WHERE 子句中搜索列中的指定模式。使用 LIKE 操作符的查询也称为模糊查询。

在 MySQL 中，LIKE 运算符一般要与通配符一起使用，通配符可用于替代字符串中的任何其他字符。SQL 通配符用于搜索表中的数据。与 LIKE 运算符一起的通配符见表 1 - 4 - 1。

表 1 - 4 - 1 与 LIKE 运算符一起的通配符

通配符	描述
%	替代 0 个或多个字符
_	替代一个字符

（1）LIKE 运算符使用通配符"%"的示例。

示例 14：编写 SQL 语句实现在 TB_STUDENT_INFO（学生信息表）中查询所有姓谭的学生的详细信息，其 SQL 语句如下：

```
- -查询所有姓谭的学生的详细信息
SELECT * FROM TB_STUDENT_INFO WHERE SNAME LIKE '谭%';
```

执行 SQL 语句后的结果如图 1 - 4 - 32 所示。

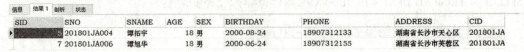

SID	SNO	SNAME	AGE	SEX	BIRTHDAY	PHONE	ADDRESS	CID
5	201801JA004	谭拓宇	18	男	2000-08-24	18907312133	湖南省长沙市天心区	201801JA
7	201801JA006	谭旭华	18	男	2000-06-24	18907312155	湖南省长沙市芙蓉区	201801JA

图 1 - 4 - 32 示例 15 执行 SQL 语句后的结果

示例 15： 编写 SQL 语句实现查询学生联系电话中末尾为"2"的学生详细信息，其 SQL 语句如下：

```
--查询学生联系电话中末尾为"2"的学生详细信息
SELECT * FROM TB_STUDENT_INFO WHERE PHONE LIKE '%2';
```

执行 SQL 语句后的结果如图 1-4-33 所示。

图 1-4-33　示例 15 执行 SQL 语句后的结果

示例 16： 编写 SQL 语句查询所有家庭住址在"长沙市"的学生详细信息，其 SQL 语句如下：

```
--查询所有家庭住址在"长沙市"的学生详细信息
SELECT * FROM TB_STUDENT_INFO WHERE ADDRESS LIKE '%长沙市%';
```

执行 SQL 语句后的结果如图 1-4-34 所示。

图 1-4-34　示例 16 执行 SQL 语句后的结果

（2）LIKE 操作符使用通配符"_"示例。

示例 17： 编写 SQL 语句查询学生姓名中带有"志"的学生详细信息，其 SQL 语句如下：

```
--查询学生姓名中带有"志"的学生详细信息
SELECT * FROM TB_STUDENT_INFO WHERE SNAME LIKE '_志_';
```

执行 SQL 语句后的结果如图 1-4-35 所示。

图 1-4-35　示例 17 执行 SQL 语句后的结果

示例 18： 编写 SQL 语句查询姓名最后为"杰"的学生的详细信息，其 SQL 语句如下：

```
--查询名字最后为"杰"字的学生详细信息
SELECT * FROM TB_STUDENT_INFO WHERE SNAME LIKE '_杰';
```

执行 SQL 语句后的结果如图 1-4-36 所示。

图 1-4-36　示例 18 执行 SQL 语句后的结果

如果上面语句修改一下,使用下面语句查询:

```
--查询名字最后为"杰"字的学生详细信息
SELECT * FROM TB_STUDENT_INFO WHERE SNAME LIKE '%杰';
```

执行 SQL 语句后的结果如图 1 – 4 – 37 所示。

SID	SNO	SNAME	AGE	SEX	BIRTHDAY	PHONE	ADDRESS	CID
4	201801JA003	刘杰	20	男	1998-11-12	18973301232	湖南省娄底市娄星区	201801JA
9	201801JA008	刘晓杰	19	男	1999-11-12	18907312177	湖南省邵阳市大祥区	201801JA

图 1 – 4 – 37 示例 18 修改语句后的结果

两个结果的比较,可以看到 LIKE 操作符使用不同的通配符,得到的结果会不同。

示例 19:编写 SQL 语句查询 SNAME 列中姓"刘",最后一个字带"杰"的学生的详细信息,其 SQL 语句如下。

```
--查询 SNAME 列中姓"刘",最后一个字带"杰"的学生详细信息
SELECT * FROM TB_STUDENT_INFO WHERE SNAME LIKE '刘_杰';
```

执行 SQL 语句后的结果如图 1 – 4 – 38 所示。

SID	SNO	SNAME	AGE	SEX	BIRTHDAY	PHONE	ADDRESS	CID
9	201801JA008	刘晓杰	19	男	1999-11-12	18907312177	湖南省邵阳市大祥区	201801JA
10	201801JA009	刘军杰	19	男	1999-10-12	18907312188	湖南省邵阳市隆回县	201801JA

图 1 – 4 – 38 示例 19 执行 SQL 语句后的结果

将上面 SQL 语句的通配符修改为"%"来查询:

```
--查询 SNAME 列中姓刘,最后一个字带"杰"的学生详细信息;
SELECT * FROM TB_STUDENT_INFO WHERE SNAME LIKE '刘%杰';
```

执行 SQL 语句后的结果如图 1 – 4 – 39 所示。

SID	SNO	SNAME	AGE	SEX	BIRTHDAY	PHONE	ADDRESS	CID
4	201801JA003	刘杰	20	男	1998-11-12	18973301232	湖南省娄底市娄星区	201801JA
9	201801JA008	刘晓杰	19	男	1999-11-12	18907312177	湖南省邵阳市大祥区	201801JA
10	201801JA009	刘军杰	19	男	1999-10-12	18907312188	湖南省邵阳市隆回县	201801JA

图 1 – 4 – 39 示例 19 通配符修改为"%"后的结果

通过上面的示例,请大家注意两种通配符的差别。

4.2.3 使用 GROUP BY 子句

MySQL 中 GROUP BY 语句用于结合聚合函数,根据一个或多个列对结果集进行分组。GROUP BY 语句可结合一些聚合函数来使用。

GROUP BY 语句语法格式如下:

```
SELECT 列名,聚合函数(列名)
FROM 表名
WHERE 条件表达式
GROUP BY 列名;
```

示例1：编写 SQL 语句实现根据班级统计各班的男生人数，其 SQL 语句如下：

```
- - 根据班级统计各班的男生人数
SELECT CID,COUNT( * ) FROM TB_STUDENT_INFO
    WHERE SEX = '男'
        GROUP BY CID;
```

执行 SQL 语句后的结果如图 1 - 4 - 40 所示。

图 1 - 4 - 40　示例 1 执行 SQL 语句后的结果

示例2：编写 SQL 语句实现统计学生编号 1~8 的学生考试的总成绩、平均成绩、最高分和最低分，其 SQL 语句如下：

```
- - 统计学生编号 1~8 的学生考试的总成绩、平均成绩、最高分和最低分
SELECT SID,SUM(SCORE),AVG(SCORE),MAX(SCORE),MIN(SCORE)
    FROM TB_SCORE_INFO
        WHERE SID BETWEEN 1 AND 8
            GROUP BY SID;
```

执行 SQL 语句后的结果如图 1 - 4 - 41 所示。

SID	SUM(SCORE)	AVG(SCORE)	MAX(SCORE)	MIN(SCORE)
1	430	86.0000	90	85
2	430	86.0000	90	85
3	397	79.4000	83	78
4	388	77.6000	80	77
5	393	78.6000	81	78
6	397	79.4000	83	78
7	405	81.0000	85	80

图 1 - 4 - 41　示例 2 执行 SQL 语句后的结果

GROUP BY 分组子句通常需要与聚合函数一起使用，MySQL 常用的聚合函数见表1 - 4 - 2。

表 1 - 4 - 2　MySQL 常用的聚合函数

函数名称	描述
AVG( )	返回给定参数的平均值
SUM( )	返回指定列的总和
MAX( )	返回给定列中的最高值
MIN( )	返回给定列的最小值
COUNT( )	返回指定数据表中总记录的条数

4.2.4　使用 HAVING 子句

MySQL 中增加 HAVING 子句的原因是,WHERE 关键字无法与聚合函数一起使用。HAVING 子句可以筛选分组后的各组数据。

HAVING 语句语法格式如下:

```
SELECT 列名,聚合函数(列名)
FROM 表名
WHERE 条件表达式
GROUP BY 列名
HAVING 聚合函数(列名) 比较运算符 值;
```

示例:编写 SQL 语句实现查询平均分高于 80 分的学生总分、平均分、最高分和最低分以及学生编号,其 SQL 语句如下:

```
-- 查询平均分高于 80 分的学生总分、平均分、最高分和最低分以及编号
SELECT SID,SUM(SCORE) AS 总分,AVG(SCORE) AS 平均分,
    MAX(SCORE) AS 最高分,MIN(SCORE) AS 最低分
        FROM TB_SCORE_INFO
            GROUP BY SID
                HAVING AVG(SCORE) > 80;
```

执行 SQL 语句后的结果如图 1 - 4 - 42 所示:

信息	结果 1	剖析	状态		
SID		总分	平均分	最高分	最低分
	1	430	86.0000	90	85
	2	430	86.0000	90	85
	7	405	81.0000	85	80

图 1 - 4 - 42　示例执行 SQL 语句后的结果

4.2.5　使用 ORDER BY 子句

MySQL 中 RDER BY 子句用于对结果集按照一个列或者多个列进行排序。ORDER BY 子句默认按照升序对记录进行排序。如果需要按照降序对记录进行排序,可以使用 DESC 关键字。

ORDER BY 子句的语法格式如下:

```
SELECT 列名 1,列名 2,…,列名 n
FROM 表名
ORDER BY 列名 1,列名 2,…,列名 n   ASC|DESC;
```

提示:使用 ORDER BY 子句可以为多列数据进行排序,ASC 升序排列(为默认排序方式),DESC 降序排列。

示例 1:编写 SQL 语句实现学生参加课程 6 的考试成绩进行由低到高的顺序排列,实现

的 SQL 语句如下：

```
--将学生课程6考试成绩进行由低到高的顺序排列
SELECT * FROM TB_SCORE_INFO
        WHERE COUID =6
            ORDER BY SCORE;
```

执行 SQL 语句后的结果如图 1 - 4 - 43 所示。

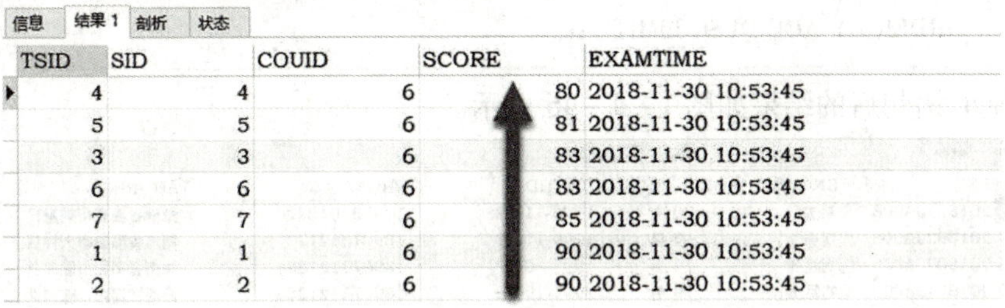

图 1 - 4 - 43   示例 1 执行 SQL 语句后的结果

示例 2：编写 SQL 语句实现学生参加课程 7 的考试成绩进行由高到低的顺序排列，其实现的 SQL 语句如下：

```
--学生参加课程7考试成绩进行由高到低的顺序排列
SELECT * FROM TB_SCORE_INFO
        WHERE COUID =7
            ORDER BY SCORE DESC;
```

执行 SQL 语句后的结果如图 1 - 4 - 45 所示。

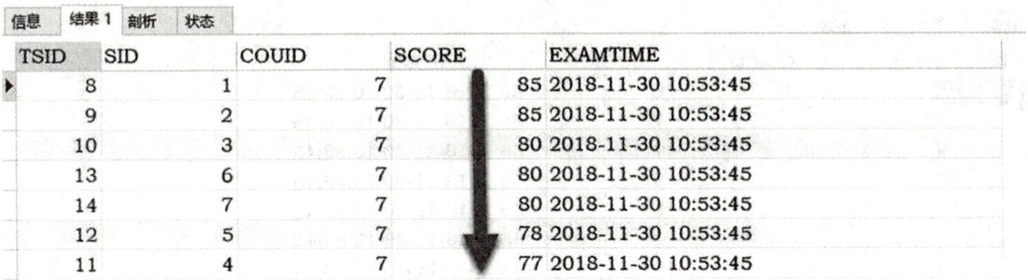

图 1 - 4 - 45   示例 2 执行 SQL 语句后的结果

4.2.6 使用 LIMIT 子句

MySQL 中，一条 SELECT 语句可以包含一个 LIMIT 子句，用来限制服务器返回客户端的行数。

LIMIT 子句的语法格式如下：

```
SELECT 列名1,列名2,…,列名n FROM 表名
    [WHERE]
    [ORDRE BY]
    LIMIT 开始位置,条数;
```

LIMIT 接受一个或两个数字参数。参数必须是一个整数常量。如果给定两个参数,第一个参数指定第一个返回记录行的偏移量,第二个参数指定返回记录行的最大数目。

示例 1:编写 SQL 语句实现查询年龄最大的 5 个学生的详细信息,其实现的 SQL 语句如下:

```
- -查询年龄最大的 5 个学生的详细信息
SELECT * FROM TB_STUDENT_INFO
        ORDER BY AGE DESC LIMIT 5;
```

执行 SQL 语句后的结果如图 1 - 4 - 46 所示。

SID	SNO	SNAME	AGE	SEX	BIRTHDAY	PHONE	ADDRESS	CID
4	201801JA003	刘杰	20	男	1998-11-12	18973301232	湖南省娄底市娄星区	201801JA
27	201802JA008	刘小龙	19	男	1999-11-12	18907312177	湖南省邵阳市大祥区	201802JA
28	201802JA009	刘晓辉	19	男	1999-10-12	18907312188	湖南省邵阳市隆回县	201802JA
10	201801JA009	刘军杰	19	男	1999-11-12	18907312188	湖南省邵阳市隆回县	201801JA
9	201801JA008	刘晓杰	19	男	1999-11-12	18907312177	湖南省邵阳市大祥区	201801JA

图 1 - 4 - 46　示例 1 执行 SQL 语句后的结果

示例 2:编写 SQL 语句实现查询学生考试成绩,其顺序为由高到低排列,从第 3 条开始,取 10 条,其实现的 SQL 语句如下:

```
- -查询学生考试成绩由高到低排列的顺序,从 3 条开始,一共取 10 条
SELECT * FROM TB_SCORE_INFO
        ORDER BY SCORE DESC LIMIT 3,10;
```

执行 SQL 语句后的结果如图 1 - 4 - 47 所示。

TSID	SID	COUID	SCORE	EXAMTIME
7	7	6	85	2018-11-30 10:53:45
8	1	7	85	2018-11-30 10:53:45
9	2	7	85	2018-11-30 10:53:45
22	1	9	85	2018-11-30 10:53:45
15	1	8	85	2018-11-30 10:53:45
16	2	8	85	2018-11-30 10:53:45
29	1	10	85	2018-11-30 10:53:45
30	2	10	85	2018-11-30 10:53:45
5	3	6	83	2018-11-30 10:53:45
6	6	6	83	2018-11-30 10:53:45

图 1 - 4 - 47　示例 2 执行 SQL 语句后的结果

注意:第 1 个参数指定位置时,其查询是从这个位置后面的记录考试获取;具体数据的条数,由第 2 个参数决定。

4.2.7　查询时使用别名

通过使用 SQL,可以为表名称或列名称指定别名。创建别名是为了让列名称的可读性更强。使用别名的语法格式如下:

列的别名语法:

```
SELECT 列名 AS 别名 FROM 表名；
```

示例1：编写 SQL 语句使用别名查询学生信息，其 SQL 实现语句如下：

```
－－数据表列使用别名
SELECT SNO AS 学号,SNAME AS 姓名,AGE AS 年龄,
       SEX AS 性别 FROM TB_STUDENT_INFO
       WHERE CID = '201801JA'；
```

执行 SQL 语句后的结果如图 1－4－48 所示。

学号	姓名	年龄	性别
201801JA001	陈旭东	18	男
201801JA002	黄志敏	18	女
201801JA003	刘杰	20	男
201801JA004	谭拓宇	18	男
201801JA005	唐祝飞	18	男
201801JA006	谭旭华	18	男
201801JA007	文紫琳	18	女
201801JA008	刘晓杰	19	男
201801JA009	刘军杰	19	男

图 1－4－48　示例 1 执行 SQL 语句后的结果

表的别名语法：

```
SELECT * FROM 表名 AS 别名；
```

示例2：编写 SQL 语句实现使用表的别名查询学生信息，其 SQL 语句如下：

```
－－表使用别名
SELECT S. SNO,S. SNAME,S. SEX,S. AGE
    FROM TB_STUDENT_INFO AS S WHERE S. CID = '201801JA'；
```

执行 SQL 语句后的结果如图 1－4－49 所示。

SNO	SNAME	SEX	AGE
201801JA001	陈旭东	男	18
201801JA002	黄志敏	女	18
201801JA003	刘杰	男	20
201801JA004	谭拓宇	男	18
201801JA005	唐祝飞	男	18
201801JA006	谭旭华	男	18
201801JA007	文紫琳	女	18
201801JA008	刘晓杰	男	19
201801JA009	刘军杰	男	19

图 1－4－49　示例 2 执行 SQL 语句后的结果

81

示例3:使用列的别名和表的别名查询学生信息,其SQL语句如下:

```
--表使用别名
SELECT S. SNO AS 学号,S. SNAME AS 姓名,S. SEX AS 性别,S. AGE AS 年龄
    FROM TB_STUDENT_INFO AS S WHERE S. CID = '201801JA';
```

执行SQL语句后的结果如图1-4-50所示。

学号	姓名	性别	年龄
201801JA001	陈旭东	男	18
201801JA002	黄志敏	女	18
201801JA003	刘杰	男	20
201801JA004	谭拓宇	男	18
201801JA005	唐祝飞	男	18
201801JA006	谭旭华	男	18
201801JA007	文紫琳	女	18
201801JA008	刘晓杰	男	19
201801JA009	刘军杰	男	19

图1-4-50 示例3执行SQL语句后的结果

提示:在使用列的别名或表的别名时,可以省略AS关键字。

总结

(1)掌握使用INSERT INTO语句、UPDATE语句和DELTE语法并运用这些语句维护数据。

(2)掌握SELECT查询语句的结构,灵活应用WHERE子句过滤数。

(3)掌握SELECT语句值使用各种运算符设置查询条件。

(4)掌握使用GROUP BY进行分组查询和使用ORDER BY语句对数据进行排序操作。

(5)掌握使用LIMIT进行限制行数的查询。

第五章
MySQL 高级查询

本章要点

（1）内连接查询的语法规则。

（2）左外连接查询的语法规则。

（3）右外连接查询的语法规则。

（4）子查询语法规则和操作符的应用。

（5）集合查询中三种查询语句的语法规定。

5.1 连接查询

在前面的章节中,我们已经学会了如何在一张表中读取数据,这是相对简单的,但是在真正的应用中经常需要从多个数据表中读取数据。在查询多个表时,经常会用"连接查询"。连接是关系数据库模型的主要特点,也是它区别于其他类型数据库管理系统的一个标志。通过使用连接查询,可以将两个或两个以上的数据表,根据各个表与表之间的关系列来查询数据。SQL 语言的连接查询实现多表之间的数据查询操作。MySQL 数据库的连接查询分为:内连接查询、外连接查询和交叉连接查询。

连接条件

连接条件可以通过下面方式定义两个或两个以上表在查询中的关联方式:

(1)指定每个表中要用于连接的列。典型的连接条件在一个表中指定一个外键,而在另一个表汇总指定与其关联的键。

(2)指定用于比较各列的值的逻辑运算符[如等于(=)或不等于(< >)]。

连接条件可以在 FROM 或 WHERE 子句中指定,建议在 FROM 子句中指定连接条件。因为这样有助于将这些连接条件与 WHERE 子句中可能指定的其他任何搜索条件分开。结合 WHERE 和 HAVING 子句中所包含的搜索条件,来进一步筛选根据逻辑条件选择的行。

连接查询语法

简化的 FROM 字节连接查询语法格式如下:

```
FROM TABLE_1 JOIN_TYPE TABLE_2 [ ON (JOIN_CONDITION) ]
```

语法参数说明:

(1)TABLE_1 和 TABLE_2:需要进行连接查询的两张数据库表名称。

(2)JOIN_TYPE:指定要执行连接查询的类型,如内连接、外连接和交叉连接。

(3)JOIN_CONDITION:定义用于连接查询的条件。它是返回 TRUE/FLASE 或 UN-KNOWN 的表达式。

5.1.1 内连接查询

内连接(INNER JOIN)使用比较运算符进行表间某(些)列数据的比较操作,并列出这些表中与连接条件相匹配的数据行,组合成新的记录。换句话说,在内连接查询中,只有满足条件的记录才能出现在结果关系中。

1. 简单连接查询

MySQL 中,简单连接查询的语法格式如下:

```
SELECT 列名1,列名2,…,列名n FROM 表名1,表名2
    〔WHERE 连接条件〕
```

简单连接查询,又称为笛卡尔积查询,笛卡尔积的行数为每个表的行数相乘。经常做的多表查询就是在笛卡尔积中通过筛选条件(一般是根据表与表之间的关系)得出的数据。

示例1:编写 SQL 语句使用简单连接查询实现查询参加课程编号6考试的学生信息和成绩信息,其 SQL 语句如下:

```
－－使用简单连接查询参加课程编号6考试的学生信息和成绩信息
SELECT S. SNO,S. SNAME,S. AGE,S. SEX,SC. COUID,
        SC. SCORE,SC. EXAMTIME
    FROM TB_STUDENT_INFO AS S,TB_SCORE_INFO AS SC
    WHERE S. SID = SC. SID AND COUID = 6;
```

执行 SQL 语句后的结果如图1－5－1所示。

SNO	SNAME	AGE	SEX	COUID	SCORE	EXAMTIME
201801JA001	陈旭东	18	男	6	90	2018-11-30 10:53:45
201801JA002	黄志敏	18	女	6	90	2018-11-30 10:53:45
201801JA003	刘杰	20	男	6	80	2018-11-30 10:53:45
201801JA004	谭拓宇	18	男	6	81	2018-11-30 10:53:45
201801JA005	唐祝飞	18	男	6	83	2018-11-30 10:53:45
201801JA006	谭旭华	18	男	6	85	2018-11-30 10:53:45

图1－5－1　示例1 执行 SQL 语句后的结果

提示:笛卡尔积是指使用一个数据表中数据的行数,乘以与其连接表中数据的行数,得到查询结果。

2. 内连接查询

使用比较运算符(包括 = 、> 、< 、< > 、> = 、< = 、！ > 和！ <)进行表间的比较操作,查询与连接条件相匹配的数据。根据比较运算符不同,内连接分为等值连接和不等连接两种。

(1)等值连接。

在连接条件中,使用等于号(=)运算符,其查询结果中列出被连接表中的所有列,包括其中的重复列。

示例2:编写 SQL 语句使用内连接查询参加课程编号为6的学生信息和信息的考试信息,其 SQL 语句如下:

```
－－等值内连接查询的使用
SELECT S. SNO 学号,S. SNAME 姓名,S. AGE 年龄,
        S. SEX 性别,SC. SCORE 成绩,SC. EXAMTIME    考试时间
    FROM TB_STUDENT_INFO S
    INNER JOIN TB_SCORE_INFO SC
    ON S. SID = SC. SID;
```

执行 SQL 语句后的结果如图 1 - 5 - 2 所示。

学号	姓名	年龄	性别	成绩	考试时间
201801JA006	谭旭华	18	男	80	2018-11-30 10:53:
201801JA001	陈旭东	18	男	85	2018-11-30 10:53:
201801JA002	黄志敏	18	女	85	2018-11-30 10:53:
201801JA003	刘杰	20	男	77	2018-11-30 10:53:
201801JA004	谭拓宇	18	男	78	2018-11-30 10:53:
201801JA005	唐祝飞	18	男	78	2018-11-30 10:53:
201801JA006	谭旭华	18	男	80	2018-11-30 10:53:
201801JA001	陈旭东	18	男	85	2018-11-30 10:53:
201801JA002	黄志敏	18	女	85	2018-11-30 10:53:
201801JA003	刘杰	20	男	77	2018-11-30 10:53:
201801JA004	谭拓宇	18	男	78	2018-11-30 10:53:
201801JA005	唐祝飞	18	男	78	2018-11-30 10:53:
201801JA006	谭旭华	18	男	80	2018-11-30 10:53:
201801JA001	陈旭东	18	男	85	2018-11-30 10:53:
201801JA002	黄志敏	18	女	85	2018-11-30 10:53:
201801JA003	刘杰	20	男	77	2018-11-30 10:53:
201801JA004	谭拓宇	18	男	78	2018-11-30 10:53:
201801JA005	唐祝飞	18	男	78	2018-11-30 10:53:
201801JA006	谭旭华	18	男	80	2018-11-30 10:53:

图 1 - 5 - 2　示例 2 执行 SQL 语句后的结果

（2）不等连接。

在连接条件中,使用除等于号之外的运算符（ > 、< 、< > 、> = 、< = 、! > 和! < ）。

示例 3:下面使用不等连接查询班级信息表中的班级名称、开班时间和学生信息表中学号、姓名、家庭住址和出生日期信息,其 SQL 语句如下:

```
--使用不等连接查询
SELECT C. CNAME,C. OPENTIME,S. SNO,S. SNAME,
    S. ADDRESS,S. BIRTHDAY FROM TB_CLASSES C
        INNER JOIN TB_STUDENT_INFO S
        ON C. CID < > S. CID;
```

执行 SQL 语句后的结果如图 1 - 5 - 3 所示。

CNAME	OPENTIME	SNO	SNAME	ADDRESS	BIRTHDAY
201802JA班	2018-02-01	201801JA001	陈旭东	湖南省衡阳市衡阳县	2000-01-21
201802JA班	2018-02-01	201801JA002	黄志敏	湖南省长沙市岳麓区	2000-02-27
201802JA班	2018-02-01	201801JA003	刘杰	湖南省娄底市娄星区	1998-11-12
201802JA班	2018-02-01	201801JA004	谭拓宇	湖南省长沙市天心区	2000-08-24
201802JA班	2018-02-01	201801JA005	唐祝飞	湖南省长沙市雨花区	2000-09-24
201802JA班	2018-02-01	201801JA006	谭旭华	湖南省长沙市芙蓉区	2000-06-24
201802JA班	2018-02-01	201801JA007	文紫琳	湖南省长沙市望城区	2000-05-24
201802JA班	2018-02-01	201801JA008	刘晓杰	湖南省邵阳市大祥区	1999-11-12
201802JA班	2018-02-01	201801JA009	刘军杰	湖南省邵阳市临县	1999-10-12
201801JA班	2018-01-01	201802JA005	肖坤	湖南省长沙市雨花区	2000-09-24
201801JA班	2018-01-01	201802JA001	陈晓红	湖南省衡阳市衡阳县	2000-01-21
201801JA班	2018-01-01	201802JA002	刘晓燕	湖南省长沙市岳麓区	2000-02-27
201801JA班	2018-01-01	201802JA003	欧晓华	湖南省湘潭市湘潭县	2000-03-24
201801JA班	2018-01-01	201802JA004	李宇	湖南省长沙市天心区	2000-08-24
201801JA班	2018-01-01	201802JA006	肖大海	湖南省长沙市芙蓉区	2000-06-24
201801JA班	2018-01-01	201802JA007	王晓红	湖南省长沙市望城区	2000-05-24
201801JA班	2018-01-01	201802JA008	刘小龙	湖南省邵阳市大祥区	1999-11-12
201801JA班	2018-01-01	201802JA009	刘晓辉	湖南省邵阳市临回县	1999-10-12

图 1 - 5 - 3　示例 3 执行 SQL 语句后的结果

在内连接查询中使用 WHERE,很多时候需要在连接查询中使用 where 子句来添加条件。

示例 4:编写 SQL 语句使用内连接查询的方式查询参加课程编号为 6 考试的学生信息和成绩信息,其 SQL 语句如下:

```
--内连接查询使用 WHERE 子句过滤数据
SELECT S. SNO 学号,S. SNAME 姓名,S. AGE 年龄,
       S. SEX 性别,SC. SCORE 成绩,SC. EXAMTIME   考试时间
       FROM TB_STUDENT_INFO S
       INNER JOIN TB_SCORE_INFO SC
       ON S. SID = SC. SID
       WHERE SC. COUID = 6;
```

执行 SQL 语句后的结果如图 1-5-4 所示。

学号	姓名	年龄	性别	成绩	考试时间
201801JA001	陈旭东	18	男	90	2018-11-30 10:53:
201801JA002	黄志敏	18	女	90	2018-11-30 10:53:
201801JA003	刘杰	20	男	80	2018-11-30 10:53:
201801JA004	谭拓宇	18	男	81	2018-11-30 10:53:
201801JA005	唐祝飞	18	男	83	2018-11-30 10:53:
201801JA006	谭旭华	18	男	85	2018-11-30 10:53:

图 1-5-4 示例 4 执行 SQL 语句后的结果

提示:使用 INNER JOIN 内连接查询语句时,是可以省略 INNER 关键字的。

5.1.2 外连接查询

外连接分为左连接(LEFT JOIN)或左外连接(LEFT OUTER JOIN)、右连接(RIGHT JOIN)或右外连接(RIGHT OUTER JOIN)。简而言之,叫左连接、右连接。

1. 左外连接查询(LEFT JOIN 或 LEFT OUTER JOIN)

左外连接查询的结果集包括 LEFT JOIN 子句指定的左表的所有行,而不仅仅是连接列所匹配的行。如果左表中行在右表中没有匹配行,则结果中右表中的列返回空值。

示例 1:编写 SQL 语句实现查询学生信息和学生考试成绩信息,其 SQL 语句如下:

```
--使用连接查询学生信息和学生考试成绩信息
SELECT S. SNO,S. SNAME,S. AGE,S. SEX,S. PHONE,
       SC. COUID,SC. SCORE,SC. EXAMTIME
       FROM TB_STUDENT_INFO AS S
       LEFT JOIN TB_SCORE_INFO AS SC
       ON S. SID = SC. SID;
```

执行 SQL 语句后的结果如图 1–5–5 所示。

SNO	SNAME	AGE	SEX	PHONE	COUID	SCORE	EXAMTIME
▶ 201801JA004	谭拓宇	18	男	18907312133	9	78	2018-11-30 10:53:45
201801JA005	唐悦飞	18	男	18907312144	9	78	2018-11-30 10:53:45
201801JA006	谭旭华	18	男	18907312155	9	80	2018-11-30 10:53:45
201801JA001	陈旭东	18	男	18907312132	10	85	2018-11-30 10:53:45
201801JA002	黄志敏	18	女	18907312178	10	85	2018-11-30 10:53:45
201801JA003	刘杰	20	男	18973301232	10	77	2018-11-30 10:53:45
201801JA004	谭拓宇	18	男	18907312133	10	78	2018-11-30 10:53:45
201801JA005	唐悦飞	18	男	18907312144	10	78	2018-11-30 10:53:45
201801JA006	谭旭华	18	男	18907312155	10	80	2018-11-30 10:53:45
201801JA007	文棠琳	18	女	18907312166	(Null)	(Null)	(Null)
201801JA008	刘晓杰	19	男	18907312177	(Null)	(Null)	(Null)
201801JA009	刘军杰	19	男	18907312188	(Null)	(Null)	(Null)
201802JA005	肖坤	18	男	18907312144	(Null)	(Null)	(Null)
201802JA001	陈晓红	18	女	18907312132	(Null)	(Null)	(Null)
201802JA002	刘晓燕	18	女	18907312178	(Null)	(Null)	(Null)
201802JA003	欧晓华	18	男	18907312143	(Null)	(Null)	(Null)
201802JA004	李宇	18	男	18907312133	(Null)	(Null)	(Null)
201802JA006	肖大海	18	男	18907312155	(Null)	(Null)	(Null)
201802JA007	王晓红	18	女	18907312166	(Null)	(Null)	(Null)

图 1–5–5 示例 1 执行 SQL 语句后的结果

从查询结果可以看出,使用左外连接查询时,当右边数据表中没有与左边表相对应的数据时,将会使用 NULL 值填充。

示例 2: 编写 SQL 语句实现查询班级名称、开班时间、学生学号、姓名、课程名称、考试分数和考试时间,其 SQL 语句如下:

```
– –查询班级名称、开班时间、学生学号、
– –姓名、课程名称、考试分数和考试时间等信息
SELECT C. CNAME, C. OPENTIME, S. SNO, S. SNAME,
      COU. COUNAME, COU. COUNUMBER, SC. SCORE,
      SC. EXAMTIME
      FROM TB_CLASSES AS C
      LEFT JOIN TB_STUDENT_INFO AS S
      ON C. CID = S. CID
      LEFT JOIN TB_SCORE_INFO AS SC
      ON S. SID = SC. SID
      LEFT JOIN TB_COURSE_INFO AS COU
      ON SC. COUID = COU. COUID;
```

执行 SQL 语句后的结果如图 1–5–6 所示。

CNAME	OPENTIME	SNO	SNAME	COUNAME	COUNUMBER	SCORE	EXAMTIME
▶ 201801JA班	2018-01-01	201801JA006	谭旭华	Java程序设计高级	88	80	2018-11-30 10:53:45
201801JA班	2018-01-01	201801JA001	陈旭东	JavaWeb编程	80	85	2018-11-30 10:53:45
201801JA班	2018-01-01	201801JA002	黄志敏	JavaWeb编程	80	85	2018-11-30 10:53:45
201801JA班	2018-01-01	201801JA003	刘杰	JavaWeb编程	80	77	2018-11-30 10:53:45
201801JA班	2018-01-01	201801JA004	谭拓宇	JavaWeb编程	80	78	2018-11-30 10:53:45
201801JA班	2018-01-01	201801JA005	唐悦飞	JavaWeb编程	80	78	2018-11-30 10:53:45
201801JA班	2018-01-01	201801JA006	谭旭华	JavaWeb编程	80	80	2018-11-30 10:53:45
201801JA班	2018-01-01	201801JA007	文棠琳	(Null)	(Null)	(Null)	(Null)
201801JA班	2018-01-01	201801JA008	刘晓杰	(Null)	(Null)	(Null)	(Null)
201801JA班	2018-01-01	201801JA009	刘军杰	(Null)	(Null)	(Null)	(Null)
201802JA班	2018-02-01	201802JA005	肖坤	(Null)	(Null)	(Null)	(Null)
201802JA班	2018-02-01	201802JA001	陈晓红	(Null)	(Null)	(Null)	(Null)
201802JA班	2018-02-01	201802JA002	刘晓燕	(Null)	(Null)	(Null)	(Null)
201802JA班	2018-02-01	201802JA003	欧晓华	(Null)	(Null)	(Null)	(Null)
201802JA班	2018-02-01	201802JA004	李宇	(Null)	(Null)	(Null)	(Null)
201802JA班	2018-02-01	201802JA006	肖大海	(Null)	(Null)	(Null)	(Null)
201802JA班	2018-02-01	201802JA007	王晓红	(Null)	(Null)	(Null)	(Null)
201802JA班	2018-02-01	201802JA008	刘小龙	(Null)	(Null)	(Null)	(Null)

图 1–5–6 示例 2 执行 SQL 语句后的结果

2. 右外连接查询（RIGHT JOIN 或 RIGHT OUTER JOIN）

右外连接查询是左外连接查询的反向连接。返回右表中的所有行,如果右表中行在左表中没有匹配行,则结果中左表中的列返回空值。

示例3:使用右外连接查询编写 SQL 语句查询学生的学号、姓名、联系方式、课程编号、考试分数和考试时间等信息,其 SQL 语句如下:

```
-- 使用右外连接查询学生学号、姓名、联系方式、课程编号、
-- 考试分数和考试时间等信息
SELECT S.SNO,S.SNAME,S.PHONE,SC.SID,SC.COUID,
       SC.SCORE,SC.EXAMTIME
       FROM TB_STUDENT_INFO AS S
       RIGHT JOIN TB_SCORE_INFO AS SC
       ON S.SID = SC.SID;
```

执行 SQL 语句后的结果如图 1-5-7 所示。

SNO	SNAME	PHONE	SID	COUID	SCORE	EXAMTIME
201801JA006	谭旭华	18907312155	7	8	80	2018-11-30 10:53:45
201801JA001	陈旭东	18907312132	1	9	85	2018-11-30 10:53:45
201801JA002	黄志敏	18907312178	2	9	85	2018-11-30 10:53:45
201801JA003	刘杰	18973301232	4	9	77	2018-11-30 10:53:45
201801JA004	谭拓宇	18907312133	5	9	78	2018-11-30 10:53:45
201801JA005	唐祝飞	18907312144	6	9	78	2018-11-30 10:53:45
201801JA006	谭旭华	18907312155	7	9	80	2018-11-30 10:53:45
201801JA001	陈旭东	18907312132	1	10	85	2018-11-30 10:53:45
201801JA002	黄志敏	18907312178	2	10	85	2018-11-30 10:53:45
201801JA003	刘杰	18973301232	4	10	77	2018-11-30 10:53:45
201801JA004	谭拓宇	18907312133	5	10	78	2018-11-30 10:53:45
201801JA005	唐祝飞	18907312144	6	10	78	2018-11-30 10:53:45
201801JA006	谭旭华	18907312155	7	10	80	2018-11-30 10:53:45
(Null)	(Null)	(Null)	3	6	70	2018-12-03 08:42:44
(Null)	(Null)	(Null)	3	7	70	2018-12-03 08:42:44
(Null)	(Null)	(Null)	3	8	70	2018-12-03 08:42:44
(Null)	(Null)	(Null)	3	9	70	2018-12-03 08:42:44
(Null)	(Null)	(Null)	3	10	70	2018-12-03 08:42:44
201801JA003	刘杰	18973301232	4	10	75	2018-12-03 08:42:44

图 1-5-7 示例3 执行 SQL 语句后的结果

从上面执行 SQL 语句的结果可以看到,当使用右外连接查询时,它们的结果正好与左外连接查询的结果正好是相反的。左外连接查询和右外连接查询的区别是在选择作为参照的数据表不同。

3. 交叉连接查询（CROSS JOIN）

交叉连接得到的结果是两个表的乘积,即笛卡尔积。实际上,在 MySQL 中(仅限于 MySQL),CROSS JOIN 与 INNER JOIN 的表现是一样的,在不指定 ON 条件得到的结果都是笛卡尔积,反之取得两个表完全匹配的结果。

示例4:

```
--使用右外连接查询学生学号、姓名、联系方式、课程编号、
--考试分数和考试时间等信息
SELECT S. SNO,S. SNAME,S. PHONE,SC. SID,SC. COUID,
       SC. SCORE,SC. EXAMTIME
       FROM TB_STUDENT_INFO AS S
       CROSS JOIN TB_SCORE_INFO AS SC
       ON S. SID = SC. SID;
```

执行 SQL 语句后的结果如图 1 - 5 - 8 所示。

SNO	SNAME	PHONE	SID	COUID	SCORE	EXAMTIME
201801JA001	陈旭东	18907312132	1	6	90	2018-11-30 10:53:45
201801JA002	黄志敏	18907312178	2	6	90	2018-11-30 10:53:45
201801JA003	刘杰	18973301232	4	6	80	2018-11-30 10:53:45
201801JA004	谭拓宇	18907312133	5	6	81	2018-11-30 10:53:45
201801JA005	唐祝飞	18907312144	6	6	83	2018-11-30 10:53:45
201801JA006	谭旭华	18907312155	7	6	85	2018-11-30 10:53:45
201801JA001	陈旭东	18907312132	1	7	85	2018-11-30 10:53:45
201801JA002	黄志敏	18907312178	2	7	85	2018-11-30 10:53:45
201801JA003	刘杰	18973301232	4	7	77	2018-11-30 10:53:45
201801JA004	谭拓宇	18907312133	5	7	78	2018-11-30 10:53:45
201801JA005	唐祝飞	18907312144	6	7	80	2018-11-30 10:53:45
201801JA006	谭旭华	18907312155	7	7	80	2018-11-30 10:53:45
201801JA001	陈旭东	18907312132	1	8	85	2018-11-30 10:53:45
201801JA002	黄志敏	18907312178	2	8	85	2018-11-30 10:53:45
201801JA003	刘杰	18973301232	4	8	77	2018-11-30 10:53:45
201801JA004	谭拓宇	18907312133	5	8	78	2018-11-30 10:53:45
201801JA005	唐祝飞	18907312144	6	8	78	2018-11-30 10:53:45
201801JA006	谭旭华	18907312155	7	8	80	2018-11-30 10:53:45
201801JA001	陈旭东	18907312132	1	9	85	2018-11-30 10:53:45

图 1 - 5 - 8   示例 4 执行 SQL 语句后的结果

提示：笛卡尔(Descartes)乘积又叫直积。假设集合 A = {a,b}，集合 B = {0,1,2}，则两个集合的笛卡尔积为{(a,0),(a,1),(a,2),(b,0),(b,1),(b,2)}。可以扩展到多个集合的情况。

5.2   子查询

子查询是另一个语句中的一个 SELECT 语句。MySQL 支持 SQL 标准要求的所有子查询格式和操作。也就是说，一个内层查询语句可以嵌套在另一个外层查询语句中，其中外层查询也称为父查询、主查询。内层查询也称子查询、从查询。子查询可以在使用表达式的任何地方使用，并且必须在括号中关闭。

子查询的工作方式是：先处理内查询，由内向外处理。外层查询利用内层查询的结果嵌套查询不仅仅可以用于父查询 select 语句使用，还可以用于 insert,update,delete 语句或其他子查询中。

5.2.1 WHERE 子句中的子查询

MySQL 中,在 WHERE 子句中使用子查询是一种最常见的查询方式。在 WHERE 子句中使用子查询时,通常会使用比较运算符、IN 或 NOT IN 等操作符。

1.子查询与比较运算符

MySQL 中,可以使用比较运算符,如 = , > , < 等将子查询返回的单个值与 WHERE 子句中的表达式进行比较。

示例1:编写 SQL 语句使用子查询实现查询班级名称为"201801JA 班"的所有学生的学号、姓名、年龄、性别和联系方式的信息,其 SQL 语句如下:

```
－－查询班级名称为"201801JA 班"的所有学生
－－的学号、姓名、年龄、性别和联系方式的信息
SELECT SNO,SNAME,AGE,SEX,PHONE FROM TB_STUDENT_INFO
    WHERE CID = (
    SELECT CID FROM TB_CLASSES WHERE CNAME = '201801JA 班');
```

执行 SQL 语句后的结果如图 1 - 5 - 9 所示。

信息	结果 1	剖析	状态		
SNO	SNAME	AGE	SEX	PHONE	
201801JA001	陈旭东	18	男	18907312132	
201801JA002	黄志敏	18	女	18907312178	
201801JA003	刘杰	20	男	18973301232	
201801JA004	谭拓宇	18	男	18907312133	
201801JA005	唐祝飞	18	男	18907312144	
201801JA006	谭旭华	18	男	18907312155	
201801JA007	文紫琳	18	女	18907312166	
201801JA008	刘晓杰	19	男	18907312177	
201801JA009	刘军杰	19	男	18907312188	

图 1 - 5 - 9　示例 1 执行 SQL 语句后的结果

2.子查询与 IN 和 NOT IN 操作符

MySQL 中,如果子查询返回多个值,则可以在 WHERE 子句中使用 IN 或 NOT IN 运算符等其他运算符。

示例2:编写 SQL 语句使用子查询实现查询"201801JA 班"和"201802JA 班"的学生学号、姓名、年龄、性别和联系方式的信息,其 SQL 语句如下:

```
－－查询"201801JA 班"和"201802JA 班"的学生学号、
－－姓名、年龄、性别和联系方式的信息
SELECT SNO,SNAME,AGE,SEX,PHONE FROM TB_STUDENT_INFO
    WHERE CID IN
        (SELECT CID FROM TB_CLASSES
    WHERE CNAME = '201801JA 班'
        OR CNAME = '201802JA 班');
```

执行 SQL 语句后的结果如图 1 – 5 – 10 所示。

SNO	SNAME	AGE	SEX	PHONE
201801JA001	陈旭东	18	男	18907312132
201801JA002	黄志敏	18	女	18907312178
201801JA003	刘杰	20	男	18973301232
201801JA004	谭拓宇	18	男	18907312133
201801JA005	唐祝飞	18	男	18907312144
201801JA006	谭旭华	18	男	18907312155
201801JA007	文紫琳	18	女	18907312166
201801JA008	刘晓杰	19	男	18907312177
201801JA009	刘军杰	19	男	18907312188
201802JA005	肖坤	18	男	18907312144
201802JA001	陈晓红	18	女	18907312132
201802JA002	刘晓燕	18	女	18907312178
201802JA003	欧晓华	18	男	18907312143
201802JA004	李宇	18	男	18907312133
201802JA006	肖大海	18	男	18907312155
201802JA007	王晓红	18	女	18907312166
201802JA008	刘小龙	19	男	18907312177
201802JA009	刘晓辉	19	男	18907312188

图 1 – 5 – 10   示例 2 执行 SQL 语句后的结果

示例 3：编写 SQL 语句使用子查询平均成绩低于 80 分(包括没有参考考试的学生)所有学生的学号、姓名、年龄、性别和联系电话的信息,其 SQL 语句如下:

```
– –查询平均成绩低于 80 分(包括没有参考考试的学生)所有学生的
– –学号、姓名、年龄、性别和联系电话的信息
SELECT SNO,SNAME,AGE,SEX,PHONE FROM TB_STUDENT_INFO
      WHERE SID NOT IN
        (SELECT SID FROM TB_SCORE_INFO
          WHERE SCORE IS NOT NULL
          GROUP BY SID
          HAVING AVG(SCORE) > 80);
```

执行 SQL 语句后的结果如图 1 – 5 – 11 所示。

SNO	SNAME	AGE	SEX	PHONE
201801JA003	刘杰	20	男	18973301232
201801JA004	谭拓宇	18	男	18907312133
201801JA005	唐祝飞	18	男	18907312144
201801JA007	文紫琳	18	女	18907312166
201801JA008	刘晓杰	19	男	18907312177
201801JA009	刘军杰	19	男	18907312188
201802JA005	肖坤	18	男	18907312144
201802JA001	陈晓红	18	女	18907312132
201802JA002	刘晓燕	18	女	18907312178
201802JA003	欧晓华	18	男	18907312143
201802JA004	李宇	18	男	18907312133
201802JA006	肖大海	18	男	18907312155
201802JA007	王晓红	18	女	18907312166
201802JA008	刘小龙	19	男	18907312177
201802JA009	刘晓辉	19	男	18907312188

图 1 – 5 – 11   示例 3 执行 SQL 语句后的结果

注意：子查询中使用比较运算符时，子查询执行的结果必须是单一的值。如果是多值，只能使用 IN 或 NOT IN 操作符。

5.2.2　FROM 子句中的子查询

在 FROM 子句中使用子查询时，从子查询返回的结果集将用作临时表。该表称为派生表或物化子查询。

示例：编写 SQL 语句，使用子查询实现查询学生学号、姓名、年龄、性别、联系电话、考试分数和考试时间，其 SQL 语句如下：

```
- -使用子查询实现查询学生学号、姓名、
- -年龄、性别、联系电话、考试分数和考试时间
SELECT SNO,SNAME,AGE,SEX,SCORE,EXAMTIME
    FROM(SELECT S.SNO,S.SNAME,S.AGE,S.SEX,S.PHONE,
    SC.COUID,SC.SCORE,SC.EXAMTIME
    FROM TB_STUDENT_INFO S
    INNER JOIN TB_SCORE_INFO SC
    ON S.SID = SC.SID)
    AS STUDENT_SCORE;
```

执行 SQL 语句后的结果如图 1 - 5 - 12 所示。

SNO	SNAME	AGE	SEX	SCORE	EXAMTIME
201801JA001	陈旭东	18	男	90	2018-11-30 10:53:45
201801JA002	黄志敏	18	女	90	2018-11-30 10:53:45
201801JA003	刘杰	20	男	80	2018-11-30 10:53:45
201801JA004	谭拓宇	18	男	81	2018-11-30 10:53:45
201801JA005	唐祝飞	18	男	83	2018-11-30 10:53:45
201801JA006	谭旭华	18	男	85	2018-11-30 10:53:45
201801JA001	陈旭东	18	男	85	2018-11-30 10:53:45
201801JA002	黄志敏	18	女	85	2018-11-30 10:53:45
201801JA003	刘杰	20	男	77	2018-11-30 10:53:45
201801JA004	谭拓宇	18	男	78	2018-11-30 10:53:45
201801JA005	唐祝飞	18	男	80	2018-11-30 10:53:45
201801JA006	谭旭华	18	男	80	2018-11-30 10:53:45
201801JA001	陈旭东	18	男	85	2018-11-30 10:53:45

图 1 - 5 - 12　示例执行 SQL 语句后的结果

提示：在 FROM 子句使用子查询，其实是使用子查询得到一个结果集作为虚拟的数据表并给其赋予别名，然后外部查询是在子查询得到的结果集中进行查询操作。

5.2.3　子查询与 IN 和 NOT IN 操作符

MySQL 中 in 关键字用于 where 子句中用来判断查询的表达式是否在多个值的列表中，返回满足 in 列表中的满足条件的记录。NOT IN 与 IN 操作符正好相反。

示例：编写 SQL 语句实现查询班级编号在班级信息中存在的学生信息，其 SQL 语句如下：

```
--查询班级编号是否在班级信息表中存在,
--如果存在现实该班级的学生信息
SELECT SNO,SNAME,AGE,SEX
        FROM TB_STUDENT_INFO
            WHERE CID IN
                (SELECT CID FROM TB_CLASSES);
```

执行 SQL 语句后的结果如图 1 - 5 - 13 所示。

信息	结果1	剖析	状态

SNO	SNAME	AGE	SEX
201801JA001	陈旭东	18	男
201801JA002	黄志敏	18	女
201801JA003	刘杰	20	男
201801JA004	谭拓宇	18	男
201801JA005	唐祝飞	18	男
201801JA006	谭旭华	18	男
201801JA007	文紫琳	18	女
201801JA008	刘晓杰	19	男
201801JA009	刘军杰	19	男
201802JA005	肖坤	18	男
201802JA001	陈晓红	18	女
201802JA002	刘晓燕	18	女
201802JA003	欧晓华	18	男
201802JA004	李宇	18	男
201802JA006	肖大海	18	男

图 1 - 5 - 13 示例执行 SQL 语句后的结果

注意:NOT IN 表示不存在于指定的范围之内,与 IN 是相反的。

5.2.4 相关子查询

与独立的子查询不同,相关子查询是使用外部查询中的数据的子查询。换句话说,相关的子查询取决于外部查询。对外部查询中的每一行对相关子查询进行一次评估。

示例:编写 SQL 语句,实现查询分数高于这门课程平均分数的学生成绩信息,其 SQL 语句如下:

```
--查询分数高于这门课程平均分数的学生成绩信息
SELECT * FROM TB_SCORE_INFO AS S1
    WHERE S1. SCORE >
        (SELECT AVG(S2. SCORE)
            FROM TB_SCORE_INFO AS S2 WHERE
                S1. COUID = S2. COUID);
```

执行 SQL 语句后的结果如图 1-5-14 所示。

TSID	SID	COUID	SCORE	EXAMTIME
1	1	6	90	2018-11-30 10:53:45
2	2	6	90	2018-11-30 10:53:45
6	6	6	83	2018-11-30 10:53:45
7	7	6	85	2018-11-30 10:53:45
8	1	7	85	2018-11-30 10:53:45
9	2	7	85	2018-11-30 10:53:45
13	6	7	80	2018-11-30 10:53:45
14	7	7	80	2018-11-30 10:53:45
15	1	8	85	2018-11-30 10:53:45
16	2	8	85	2018-11-30 10:53:45
21	7	8	80	2018-11-30 10:53:45
22	1	9	85	2018-11-30 10:53:45
23	2	9	85	2018-11-30 10:53:45
28	7	9	80	2018-11-30 10:53:45
29	1	10	85	2018-11-30 10:53:45
30	2	10	85	2018-11-30 10:53:45
35	7	10	80	2018-11-30 10:53:45

图 1-5-14 示例执行 SQL 语句后的结果

5.2.5 子查询与 EXISTS 和 NOT EXISTS 操作符

MySQL 中,当子查询与 EXISTS 或 NOT EXISTS 操作符一起使用时,子查询返回一个布尔值为 TRUE 或 FALSE 的值。

示例1:编写 SQL 语句实现查询所有参加考试的学生学号和姓名,其 SQL 语句如下:

```
--查询所有参加考试的学生学号和姓名
SELECT SNO,SNAME FROM TB_STUDENT_INFO AS S
WHERE
        EXISTS
                (SELECT * FROM TB_SCORE_INFO AS SC
                WHERE S.SID = SC.SID)
```

执行 SQL 语句后的结果如图 1-5-15 所示。

SNO	SNAME
201801JA001	陈旭东
201801JA002	黄志敏
201801JA003	刘杰
201801JA004	谭拓宇
201801JA005	唐祝飞
201801JA006	谭旭华

图 1-5-15 示例1 执行 SQL 语句后的结果

示例2:编写 SQL 语句实现查询所有没有参加考试的学生名单,其 SQL 语句如下:

```
--查询所有参加考试的学生学号和姓名
SELECT SNO,SNAME FROM TB_STUDENT_INFO AS S
WHERE
NOT EXISTS
(SELECT * FROM TB_SCORE_INFO AS SC
WHERE S.SID = SC.SID)
```

执行 SQL 语句后的结果如图 1 – 5 – 16 所示。

SNO	SNAME
201801JA007	文紫琳
201801JA008	刘晓杰
201801JA009	刘军杰
201802JA005	肖坤
201802JA001	陈晓红
201802JA002	刘晓燕
201802JA003	欧晓华
201802JA004	李宇
201802JA006	肖大海
201802JA007	王晓红
201802JA008	刘小龙
201802JA009	刘晓辉

图 1 – 5 – 16　示例 2 执行 SQL 语句后的结果

5.2.6　子查询与 ALL 操作符

MySQL 中,ALL 操作符必须接在一个比较操作符的后面。ALL 的意思是"对于子查询返回的列中的所有值,如果比较结果为 TRUE,则返回 TRUE"。

示例:编写 SQL 语句在子查询中使用 ALL 操作符,查询考试成绩中高于所有课程平均成绩的学生成绩信息,其 SQL 语句如下:

```
--在子查询时使用 ALL 操作符
SELECT * FROM TB_SCORE_INFO
    WHERE SCORE >
        ALL (SELECT AVG(SCORE)
            FROM TB_SCORE_INFO
            GROUP BY SID);
```

执行 SQL 语句后的结果如图 1 – 5 – 17 所示。

TSID	SID	COUID	SCORE	EXAMTIME
1	1	6	90	2018-11-30 10:53:45
2	2	6	90	2018-11-30 10:53:45

图 1 – 5 – 17　示例执行 SQL 语句后的结果

5.2.7　子查询与 ANY 操作符

MySQL 中,ANY 关键词必须后面接一个比较操作符。ANY 关键词的意思是“对于在子查询返回的列中的任一数值,如果比较结果为 TRUE 的话,则返回 TRUE”。

示例:编写 SQL 语句实现查询考试成绩高度每门课程平均成绩中的一门课程平均分的学生考试成绩信息,其 SQL 语句如下:

```
－－在子查询时使用 ANY 操作符
SELECT ＊ FROM TB_SCORE_INFO
      WHERE SCORE ＞
          ANY（SELECT AVG（SCORE）
              FROM TB_SCORE_INFO
              GROUP BY SID）;
```

执行 SQL 语句后的结果如图 1 – 5 – 18 所示。

TSID	SID	COUID	SCORE	EXAMTIME
1	1	6	90	2018-11-30 10:53:45
2	2	6	90	2018-11-30 10:53:45
4	4	6	80	2018-11-30 10:53:45
5	5	6	81	2018-11-30 10:53:45
6	6	6	83	2018-11-30 10:53:45
7	7	6	85	2018-11-30 10:53:45
8	1	7	85	2018-11-30 10:53:45
9	2	7	85	2018-11-30 10:53:45
11	4	7	77	2018-11-30 10:53:45
12	5	7	78	2018-11-30 10:53:45
13	6	7	80	2018-11-30 10:53:45
14	7	7	80	2018-11-30 10:53:45
15	1	8	85	2018-11-30 10:53:45
16	2	8	85	2018-11-30 10:53:45

图 1 – 5 – 18　示例执行 SQL 语句后的结果

注意:ALL 操作符与 ANY 操作符的区别是:ALL 是比较所示时,只要全部满足条件时,才有查询结果;ANY 是比较条件时,只要其中一个满足条件即可。

5.2.8 子查询与 UNOIN 操作符

MySQL 中,UNION 用于把来自许多 SELECT 语句的结果组合到一个结果集合中。列于每个 SELECT 语句的对应位置的被选择的列应具有相同的类型。例如,被第一个语句选择的第一列应和被其他语句选择的第一列具有相同的类型。在第一个 SELECT 语句中被使用的列名称也被用于结果的列名称。

示例:编写 SQL 语句使用 UNION 操作符查询到学生信息和班级信息进行合并,其 SQL 语句如下:

```
--查询到学生信息和班级信息进行合并
SELECT CID,CNAME FROM TB_CLASSES
UNION
SELECT CID,SNAME FROM TB_STUDENT_INFO;
```

执行 SQL 语句后的结果如图 1 – 5 – 19 所示。

信息	结果 1	剖析	状态
CID		**CNAME**	
▶ 201801JA		201801JA班	
201802JA		201802JA班	
201801JA		陈旭东	
201801JA		黄志敏	
201801JA		刘杰	
201801JA		谭拓宇	
201801JA		唐祝飞	
201801JA		谭旭华	
201801JA		文紫琳	
201801JA		刘晓杰	
201801JA		刘军杰	
201802JA		肖坤	
201802JA		陈晓红	
201802JA		刘晓燕	
201802JA		欧晓华	

图 1 – 5 – 19 示例执行 SQL 语句后的结果

如果对 UNION 不使用关键词 ALL,则所有返回的行都是唯一的。如果您指定了 ALL,会从所有用过的 SELECT 语句中得到所有匹配的行。

总结

(1)理解为什么需要使用连接查询。

(2)掌握内连接查询语法及其查询的规则并熟练使用内连接完成数据的查询。

(3)掌握左外连接查询和右外连接查询的语法及其查询规则并使用这两种连接语句查询数据。

(4)理解为什么需要子查询。

(5)掌握子查询各种操作符的使用,并灵活使用这些操作符完成子查询。

第六章
MySQL 存储过程与函数

本章要点

(1) 变量的作用。

(2) 变量的定义与赋值方法。

(3) MySQL 的两种分支语句。

(4) MySQL 的三种循环语句。

(5) 存储过程的定义和使用。

(6) 在存储过程应用 MySQL 的流程控制语句。

6.1　MySQL 变量

MySQL 中,变量分为系统变量和用户变量。系统变量是 MySQL 数据库系统提供的变量,而用户变量是数据库用户自定的变量。

6.1.1　系统变量

MySQL 可以访问许多系统和连接变量。当服务器运行时,许多变量可以动态更改。这样通常允许修改服务器操作而不需要停止并重启服务器。MySQL 服务器维护两种变量:全局变量影响服务器整体操作,会话变量影响具体客户端连接的操作。

当服务器启动时,它将所有全局变量初始化为默认值。这些默认值可以在选项文件中或在命令行中指定的选项进行更改。服务器启动后,通过连接服务器并执行 SET GLOBAL 变量名语句,可以动态更改这些全局变量。要想更改全局变量,必须具有 SUPER 权限。

服务器还为每个连接的客户端维护一系列会话变量。在连接时使用相应全局变量的当前值对客户端的会话变量进行初始化。对于动态会话变量,客户端可以通过 SET SESSION var_name 语句更改它们。设置会话变量不需要特殊权限,但客户端只能更改自己的会话变量,而不能更改其他客户端的会话变量。

6.1.2　用户变量

先在用户变量中保存值,然后在以后引用它。这样可以将值从一个语句传递到另一个语句。用户变量与连接有关。也就是说,一个客户端定义的变量不能被其他客户端看到或使用。当客户端退出时,该客户端连接的所有变量将自动释放。

用户变量的形式为@ 变量名,其中变量名可以由当前字符集的文字数字字符、“.”、“_”和“ $ ”组成。用户变量名对大小写不敏感。

用户变量使用 SET 语句给变量赋值,如 SET @ var_name ＝ expr [, @ var_name ＝ expr] ……

对于 SET,可以使用“ ＝ ”或“ : ＝ ”作为分配符。分配给每个变量的 expr 可以为整数、实数、字符串或者 NULL 值。

用户变量也可以 SELECT 语句为其赋值,如:SELECT @ a : ＝20 FROM tbl_name;。

6.1.3　MySQL 程序的变量

MySQL 可以在存储过程和自定义函数中声明和使用变量,这种变量称为局部变量。MySQL 是使用 DECLARE 语句定义局部变量,局部变量必须定义在 BEGIN…END 语句块中。

定义变量的语法格式如下：

```
DECLARE 变量名 数据类型 [DEFAULT 值];
```

这个语句被用来声明局部变量。要给变量提供一个默认值，请包含一个 DEFAULT 子句。值可以被指定为一个表达式，不需要为一个常数。如果没有 DEFAULT 子句，初始值为 NULL。

局部变量的作用范围在它被声明的 BEGIN…END 块内。它可以被用在嵌套的块中，除了那些用相同名字声明变量的块。

局部变量赋值有两种方式：一种使用 SET 语句赋值；一种使用 SELECT 语句赋值。

1. SET 语句赋值

使用 SET 语句赋值的语法格式如下：

```
SET 变量名 = 值 [,变量名 = 值]……
```

2. SELECT 语句赋值

使用 SELECT 语句给变量赋值的语法格式如下：

```
SELECT 列名 [,…] INTO 变量名 [,…] FROM 表名 [条件表达式]
```

SELECT 语法把选定的列直接存储到变量。因此，使用 SELECT…INTO 语句给变量赋值必须是单一行的值。

注意：SQL 变量名不能和列名一样。如果 SELECT…INTO 这样的 SQL 语句包含一个对列的参考，并包含一个与列相同名字的局部变量，MySQL 当前把参考解释为一个变量的名字。

6.2　MySQL 语句

MySQL 中，经常会使用流程语句，控制 MySQL 中 SQL 语句执行的方向。MySQL 中，常用的流程语句有 IF 语句、CASE 语句、LOOP 语句和 WHILE 语句。通过这些语句确定 SQL 语句的执行，下面学习 MySQL 的各种语句的语法规则和应用示例。

6.2.1　BEGIN…END 语句

BEGIN…END 语句的语法格式如下：

```
[begin_label:] BEGIN
    [statement_list]
END [end_label]
```

MySQL 的存储过程中可以使用 BEGIN······ END 复合语句来包含多个语句。statement_list 代表一个或多个语句的列表。statement_list 之内每个语句都必须用分号(;)来结尾。

复合语句可以被标记。除非 begin_label 存在,否则 end_label 不能被给出,并且如果二者都存在,它们必须是相同的。

6.2.2 IF 语句

MySQLIF 语句允许根据表达式的某个条件或值结果来执行一组 SQL 语句。要在 MySQL 中形成一个表达式,可以结合文字、变量、运算符,甚至函数来组合。表达式可以返回 TRUE,FALSE 或 NULL 三个值之一。

1. IF 语句

IF 语句语法格式:

```
IF 表达式 THEN
    - -满足条件时执行的语句
    statements 语句;
END IF;
```

如果表达式计算结果为 TRUE,那么将执行 statements 语句,否则控制流将传递到 END IF 之后的下一个语句。

IF 语句执行的流程图,如图 1 - 6 - 1 所示。

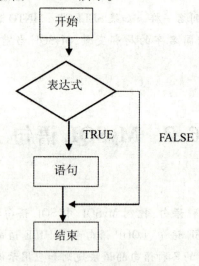

图 1 - 6 - 1　IF 语句执行流程图

示例 1:

```
- -测试 IF 语句的执行
DELIMITER $ $
CREATE PROCEDUREproc_test(
    IN SCORE INT(11)
)
```

```
BEGIN
    DECLARE STR VARCHAR(20);
    SET STR = '成绩一般';
    IF SCORE > 80 THEN
        SET STR = '成绩很棒';
    END IF;
    SELECT STR;
END $ $
－－测试存储过程
CALLproc_test(90);
```

执行示例 1 代码的结果如图 1 - 6 - 2 所示。

图 1 - 6 - 2　执行示例 1 代码的结果

2. IF ELSE 语句

MySQL 中,如果表达式计算结果为 FALSE 时执行语句,请使用 IF ELSE 语句,如下:

```
IF 表达式 THEN
    IF - STATEMENTS;
ELSE
    ELSE - STATEMENT;
END IF;
```

当 IF 语句表达式的值返回为 TRUE 时,执行 IF - STATEMENT 语句,否则执行 ELSE - STATEMENT 语句。图 1 - 6 - 3 是 IF ELSE 语句的执行流程图。

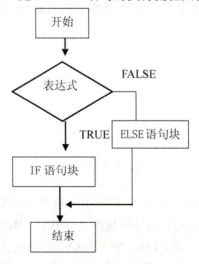

图 1 - 6 - 3　IF ELSE 语句执行流程图

示例2：

```
--测试IF ELSE 语句
DELIMITER $ $
CREATE PROCEDUREproc_test(
    IN SCORE INT(11)
)
BEGIN
    DECLARE STR VARCHAR(20);
    IF SCORE > 80 THEN
        SET STR = '成绩很棒';
    ELSE
        SET STR = '成绩一般';
    END IF;
    SELECT STR;
END $ $
--测试
CALLproc_test(70);
```

执行示例2代码的结果如图1-6-4所示。

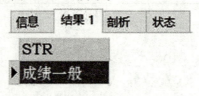

图1-6-4　执行示例2代码的结果

3. IF ELSEIF ELSE 语句

MySQL 中,如果要基于多个表达式有条件地执行语句,则使用 IF ELSEIF ELSE 语句如下:

```
IF 表达式1 THEN
    IF - STATEMENTS;
ELSEIF 表达式2 THEN
    ELSEIF - STATEMENTS;
ELSE
    ELSE - STATMENETS;
END IF;
```

如果表达式1的值为 TRUE,则 IF 分支中的语句(IF - STATEMENTS)将执行;如果表达式求值为 FALSE,则如果表达式1的计算结果为 TRUE。MySQL 将执行 ELSEIF - STATE-MENTS,否则执行 ELSE 分支中的 ELSE - STATMENETS 语句。

图1-6-5是 IF ELSEIF ELSE 语句的执行流程图

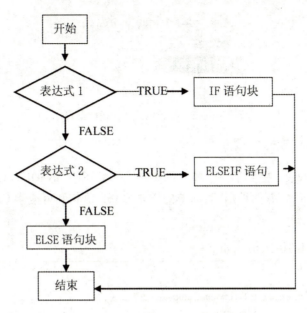

图 1 – 6 – 5　**IF ELSEIF ELSE 语句执行流程图**

示例 3：

```
－－使用IF ELSEIF ELSE 语句
DELIMITER $ $
CREATE PROCEDUREproc_test(
    IN SCORE INT(11)
)
BEGIN
    DECLARE STR VARCHAR(20);
    IF SCORE > 80 THEN
        SET STR = '成绩很棒';
    ELSEIF SCORE > 70 THEN
        SET STR = '成绩一般';
    ELSEIF SCORE > 60 THEN
        SET STR = '成绩合格';
    ELSE
        SET STR = '成绩较差';
    END IF;
    SELECT STR;
END $ $
－－测试
CALLproc_test(60);
```

执行示例 3 代码的结果如图 1 – 6 – 6 所示。

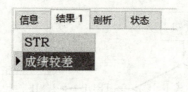

图 1-6-6　执行示例 3 代码的结果

6.2.3　CASE 语句

除了 IF 语句,MySQL 提供了一个替代的条件语句 CASE。MySQL CASE 语句使代码更加可读和高效。CASE 语句有两种形式:简单的搜索 CASE 语句和可搜索 CASE 语句。

1. 简单 CASE 语句

简单 CASE 语句的语法格式如下:

```
CASEcase_expression
        WHEN when_expression_1 THEN commands
        WHEN when_expression_2 THEN commands
ㅇㅇㅇ
        ELSE commands
END CASE;
```

可以使用简单的 CASE 语句来检查表达式的值与一组唯一值的匹配。

case_expression 可以是任何有效的表达式。将 case_expression 的值与每个 WHEN 子句中的 when_expression 进行比较,如 when_expression_1,when_expression_2 等。如果 case_expression 和 when_expression_n 的值相等,则执行相应的 WHEN 分支中的命令(commands)。

如果 WHEN 子句中的 when_expression 与 case_expression 的值匹配,则 ELSE 子句中的命令将被执行。ELSE 子句是可选的。如果省略 ELSE 子句,并且找不到匹配项,MySQL 将引发错误。

示例 1:

```
－－简单 CASE 语句使用示例
DELIMITER $ $
CREATE PROCEDUREproc_test( )
BEGIN
    DECLARE country VARCHAR(20);
    DECLARE city VARCHAR(20);
    SET country = '中国';

    CASE country
        WHEN '美国' THEN
            SET city = '首都华盛顿';
        WHEN '中国' THEN
```

```
            SET city = '首都北京';
        WHEN '日本' THEN
            SET city = '首都东京';
        END CASE;
    SELECT city;
END $ $
－－测试
CALLproc_test( );
```

执行示例1代码的结果如图1－6－7所示。

图1－6－7　执行示例1代码的结果

示例1执行的流程图,如图1－6－8所示。

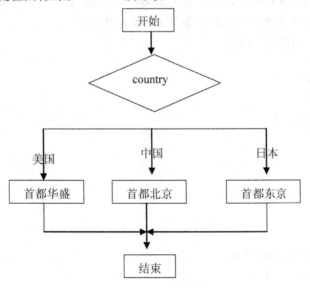

图1－6－8　示例执行的流程图

2.可搜索 CASE 语句

简单 CASE 语句仅允许将表达式的值与一组不同的值进行匹配。为了执行更复杂的匹配,如范围,可以使用可搜索 CASE 语句。可搜索 CASE 语句等同于 IF 语句,但是它的构造更加可读。

可搜索 CASE 语句的语法格式如下:

```
CASE
    WHEN 条件表达式 1 THEN commands2;
    WHEN 条件表达式 2 THEN commands2
……
    ELSE commands
END CASE;
```

MySQL 评估求值 WHEN 子句中的每个条件,直到找到一个值为 TRUE 的条件,然后执行 THEN 子句中的相应 SQL 命令(commands)。

如果没有一个条件为 TRUE,则执行 ELSE 子句中的 SQL 命令(commands)。如果不指定 ELSE 子句,并且没有一个条件为 TRUE,MySQL 将发出错误消息。

MySQL 不允许在 THEN 或 ELSE 子句中使用空的命令。如果不想处理 ELSE 子句中的逻辑,同时又要防止 MySQL 引发错误,则可以在 ELSE 子句中放置一个空的 BEGIN END 块。

示例 2:使用 CASE 判断用户传入参数,根据参数判断等级:

(1)参数大于 10 000 为"A 级";

(2)参数小于等于 10 000 同时大于等于 8 000 为"B 级";

(3)参数小于等于 8 000 同时大于等于 5 000 为"C 级";

(4)参数小于等于 5 000 同时大于等于 3 000 为"B 级";

(5)小于 3 000 的都为"A 级"。

```
--测试可搜索 CASE 语句
DELIMITER $ $
CREATE PROCEDUREproc_test(
    INvarible INT
)
BEGIN
    DECLARE grade VARCHAR(10);

    CASE
        WHEN varible > 10000 THEN
            SET grade = 'A 级';
        WHEN varible < = 10000 AND varible > = 8000 THEN
            SET grade = 'B 级';
        WHEN varible < = 8000 AND varible > = 5000 THEN
            SET grade = 'C 级';
        WHEN varible < = 5000 AND varible > = 3000 THEN
            SET grade = 'D 级';
```

```
        ELSE
            SET grade = 'F级';
        END CASE;
        SELECT grade;
END $ $
 --调用存储过程测试
CALLproc_test(10000);
```

6.2.4 循环语句

这小节将学习 MySQL 的循环语句,MySQL 提供循环语句,允许根据条件重复执行一个 SQL 代码块。MySQL 中,常用的循环语句有 WHILE 循环和 LOOP 循环语句。

1. WHILE 语句

MySQL 中 WHILE 循环语句的语法格式如下:

```
WHILE 表达式 DO
循环体语句
END WHILE;
```

WHILE 循环在每次迭代开始时检查表达式。如果表达式的值为 TRUE,MySQL 将执行 WHILE 和 END WHILE 之间的语句,直到表达式的值为 FALSE。WHILE 循环称为预先测试条件循环,因为它总是在执行前检查语句的表达式。

WHILE 循环语句的执行流程图,如图 1 - 6 - 9 所示。

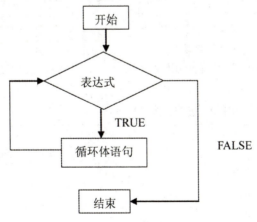

图 1 - 6 - 9　WHILE 循环执行流程图

示例1：

```
-- 使用 WHILE 循环语句
DELIMITER $ $
CREATE PROCEDUREproc_test( )
BEGIN
    DECLARE a INT;
    DECLARE str VARCHAR(25);

    SET a = 1;
    SET str = ' ';

    WHILE a < = 5 DO
        SET str = CONCAT(str,a,',');
            -- 修改循环控制变量的值
        SET a = a + 1;
    END WHILE;
    SELECT str;
END $ $
-- 调用存储过程测试
CALLproc_test( );
```

注意：如果不初始化变量 a 的值，那么它默认值为 NULL。因此，WHILE 循环语句中的条件始终为 TRUE，并且将有一个不确定的循环，这是不可预料的。另外，在循环体中需要修改循环控制变量 a 的值。

2. LOOP 语句

MySQL 还有一个 LOOP 语句，它可以反复执行一个代码块，另外还有一个使用循环标签的灵活性。

MySQL 的 LOOP 循环语句的语法格式如下：

```
LOOP 循环标签: LOOP
IF 表达式 THEN
    LEAVE LOOP 循环标签
END IF;
END LOOP;
LOOP 循环标签: LOOP
IF 表达式 THEN
    ITERATE LOOP 循环标签;
END IF;
END LOOP;
```

LOOP 循环语句可以使用下面两个语句控制循环：

（1）LEAVE 语句用于立即退出循环，而无需等待检查条件。LEAVE 语句的工作原理就类似 Java 等其他语言的 break 语句一样。

（2）ITERATE 语句允许跳过剩下的整个代码并开始新的迭代。ITERATE 语句类似于 Java 等中的 continue 语句。

示例 2：使用 LOOP 循环并通过 LEAVE 关键字终止循环的执行。

```
－－使用 LOOP 循环语句的示例
DELIMITER $ $
CREATE PROCEDUREproc_test( )
BEGIN
    －－定义变量拥有控制循环执行的次数
    DECLARE a INT;
    DECLARE str VARCHAR(100);
    －－初始化循环控制变量
    SET a = 1;
    SET str = ' ';

    LOOP_LABEL:LOOP
        IF a > 10 THEN
            LEAVE LOOP_LABEL;
        END IF;
        SET a = a + 1;
        SET str = CONCAT(str,a,',');
    END LOOP;
    SELECT str;
END $ $
－－调用存储过程测试
CALLproc_test( );
```

执行示例 2 测试的结果如图 1 - 6 - 10 所示。

图 1 - 6 - 10　执行示例 2 测试的结果

上面使用 LOOP 循环的示例中，在 LOOP 语句之前放置一个 LOOP_LABEL 循环标签，然后只有 IF 语句判断循环控制变量的值是否大于 10，如果大于 10，使用 LEAVE 结束循环语句的执行；否则继续循环，并修改循环控制变量的值，直到 IF 语句表达式的值为 TRUE 为止。

示例 3：使用 LOOP 循环语句并通过 ITERATE 关键字跳过满足条件代码的执行。

```
－－测试 LOOP 语句并使用 ITERATE 关键字
DELIMITER $ $
CREATE PROCEDUREproc_test()
BEGIN
    －－定义循环控制变量
    DECLARE a INT;
    DECLARE str VARCHAR(100);
    －－初始化循环控制变量
    SET a = 1;
    SET str = ' ';
    LOOP_LABEL:LOOP
        －－a 的值大于 20 终止循环
        IF a > 20 THEN
            LEAVE LOOP_LABEL;
        END IF;
        SET a = a + 1;
        －－a 的值能被 2 模时,跳过此次
        IF (a mod 2) THEN
            ITERATE LOOP_LABEL;
        ELSE
            SET str = CONCAT(str,a,',');
        END IF;
    END LOOP;
    SELECT str;
END $ $
－－调用存储过程测试
CALLproc_test();
```

执行示例 3 测试的结果如图 1－6－11 所示。

图 1－6－11　执行示例 3 测试的结果

3. REPEAT 循环

MySQL 的 REPEAT 循环语句的语法格式如下:

```
REPEAT
循环体语句;
UNTIL 表达式
END REPEAT;
```

首先,MySQL 执行语句;然后,评估求值表达式。如果表达式的计算结果为 FALSE,则 MySQL 将重复执行该语句,直到该表达式计算结果为 TRUE。因为 REPEAT 循环语句在执行语句后检查表达式,因此 REPEAT 循环语句也称为测试后循环。

REPEAT 循环语句的执行流程图如图 1 - 6 - 12 所示。

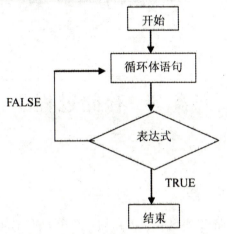

图 1 - 6 - 12 REPAET 语句执行流程图

示例 4:使用 REPEAT 循环语句。

```
-- REPEAT 循环语句使用示例
DELIMITER $ $
CREATE PROCEDUREproc_test( )
BEGIN
    DECLARE a INT;
    DECLARE str VARCHAR(100);

    SET a = 1;
    SET str = '';

    REPEAT
        SET str = CONCAT(str,a,',');
        SET a = a + 1;
    --控制结束循环的条件
    UNTIL a > 5
    END REPEAT;
    SELECT str;
END $ $
--调用存储过程测试
CALLproc_test( );
```

执行示例 4 测试的结果如图 1-6-13 所示。

图 1-6-13　执行示例 4 测试的结果

6.3　存储过程

6.3.1　什么是存储过程

存储过程是可以被存储在 MySQL 服务器的一个由 SQL 语句组成的代码片段。此代码片段一旦编译完成后,将被服务器存储,客户端不需要再重新发布单独的语句,而是可以引用存储程序来替代。

下面为使用存储过程的情况。

(1)当用不同语言编写多客户应用程序,或多客户应用程序在不同平台上运行且需要执行相同的数据库操作之时。

(2)安全极为重要之时。例如,银行对所有普通操作使用存储程序。这提供一个坚固而安全的环境,程序可以确保每一个操作都被妥善记入日志。在这样一个设置中,应用程序和用户不可能直接访问数据库表,但是仅可以执行指定的存储程序。

存储过程可以提供改良后的性能,因为只有较少的信息需要在服务器和客户端之间传送。代价是增加数据库服务器系统的负荷,因为更多的工作在服务器这边完成,更少的在客户端(应用程序)那边完成上。如果许多客户端机器(如网页服务器)只由一个或少数几个数据库服务器提供服务,可以考虑一下存储过程。

1. MySQL 存储过程的优点

(1)通常,存储过程有助于提高应用程序的性能。当创建、存储过程被编译后,就存储在数据库中。但是,MySQL 实现的存储过程略有不同。MySQL 存储过程按需编译。在编译存储过程之后,MySQL 将其放入缓存中。MySQL 为每个连接维护自己的存储过程高速缓存。如果应用程序在单个连接中多次使用存储过程,则使用编译版本,否则存储过程的工作方式类似于查询。

(2)存储过程有助于减少应用程序和数据库服务器之间的流量,因为应用程序不必发送多个冗长的 SQL 语句,而只能发送存储过程的名称和参数。

(3)存储的程序对任何应用程序都是可重用的和透明的。存储过程将数据库接口暴露给所有应用程序,以便开发人员不必开发存储过程中已支持的功能。

（4）存储的程序是安全的。数据库管理员可以向访问数据库中存储过程的应用程序授予适当的权限，而不向基础数据库表提供任何权限。

除了这些优点之外，存储过程有其自身的缺点。在数据库中使用它们之前，应该注意这些缺点。

2. MySQL 存储过程的缺点

（1）如果使用大量存储过程，那么使用这些存储过程的每个连接的内存使用量将会大大增加。此外，如果在存储过程中过度使用大量逻辑操作，则 CPU 使用率也会增加，因为数据库服务器的设计不当于逻辑运算。

（2）存储过程的构造使得开发具有复杂业务逻辑的存储过程变得更加困难。

（3）很难调试存储过程。只有少数数据库管理系统允许调试存储过程。不幸的是，MySQL 不提供调试存储过程的功能。

（4）开发和维护存储过程并不容易。开发和维护存储过程通常需要一个不是所有应用程序开发人员拥有的专业技能。这可能会导致应用程序开发和维护阶段的问题。

6.3.2 存储过程的使用

本节介绍 MySQL 使用 CREATE 语句来创建存储过程和如何使用存储过程。

创建存储过程的语法格式：

```
DELIMITER $ $
CREATE PROCEDURE 过程名称
（[IN 参数名 数据类型 DEFAULT 默认值,OUT 参数名 数据类型]）
BEGIN
语句列表;
END $ $
```

语法说明：

（1）DELIMITER $ $：它与存储过程语法无关。DELIMITER 语句的标准分隔符为"$ $"。

（2）CREATE PROCEDURE：创建存储过程的关键字。

（3）IN：表示存储过程的输入参数。

（4）OUT：表示参数为存储过程的输出参数，类似于 Java 语句方法的返回值。

（5）DEFAULT：给参数或局部变量默认值。

（6）BEGIN…END：包含存储过程中 SQL 代码的符号语句块，类似于 Java 中方法的"{"和"}"。

（7）语句列表：表示语句块中每条语句，包括变量声明语句、变量赋值语句、流程控制语句等。

参数的名称必须遵循 MySQL 中列名的命名规则。MySQL 存储过程的参数分为三种。

（1）IN：是默认模式。在存储过程中定义 IN 参数时，调用程序必须将参数传递给存储过程。IN 参数的值被保护。这意味着即使在存储过程中更改了 IN 参数的值，在存储过程结束

后仍保留其原始值。换句话说,存储过程只使用 IN 参数的副本。

(2)OUT:可以在存储过程中更改 OUT 参数的值,并将其更改后新值传递回调用程序。请注意,存储过程在启动时无法访问 OUT 参数的初始值。

(3)INOUT:INOUT 参数是 IN 和 OUT 参数的组合。这意味着调用程序可以传递参数,并且存储过程可以修改 INOUT 参数并将新值传递回调用程序。

存储过程根据其参数可以分为:无参数的存储过程、只带输入参数的参数过程、带输入输出参数的存储过程。下面将具体学习存储过程的定义、查看和删除以及调用存储过程。

1. 无参数存储过程

无参数存储过程,代表定义存储过程时,该存储过程没有任何参数。

示例 1:编写 SQL 语句创建一个查询所有学生信息的存储过程,其实现存储过程的 SQL 语句如下:

```
－－创建查询所有学生信息的存储过程
DELIMITER $ $
CREATE PROCEDUREproc_query_all( )
BEGIN
    SELECT SNO AS 学号,SNAME AS 姓名,AGE AS 年龄,SEX AS 性别,BIRTHDAY AS 出生日期 FROM
TB_STUDENT_INFO;
END $ $
```

(1)调用无参数存储过程

MySQL 调用存储是使用 CALL 关键字。其语法格式如下:

```
CALL 存储过程名称( );
```

示例 2:调用查询所有学生信息的存储过程:

```
－－测试存储过程
CALLproc_query_all( );
```

存储过程调用的结果如图 1－6－14 所示。

学号	姓名	年龄	性别	出生日期
201801JA001	陈旭东	18	男	2000-01-21
201801JA002	黄志敏	18	女	2000-02-27
201801JA003	刘杰	20	男	1998-11-12
201801JA004	谭拓宇	18	男	2000-08-24
201801JA005	唐祝飞	18	男	2000-09-24
201801JA006	谭旭华	18	男	2000-06-24
201801JA007	文紫琳	18	女	2000-05-24
201801JA008	刘晓杰	19	男	1999-11-12
201801JA009	刘军杰	19	男	1999-10-12
201802JA005	肖坤	18	男	2000-09-24
201802JA001	陈晓红	18	女	2000-01-21
201802JA002	刘晓燕	18	女	2000-02-27
201802JA003	欧晓华	18	男	2000-03-24
201802JA004	李宇	18	男	2000-08-24
201802JA006	肖大海	18	男	2000-06-24
201802JA007	王晓红	18	女	2000-05-24
201802JA008	刘小龙	19	男	1999-11-12
201802JA009	刘晓辉	19	男	1999-10-12

图 1－6－14　示例 2 存储过程调用的结果

(2)查看存储过程结构。

查看存储过程的语法格式如下：

```
SHOW CREATE PROCEDURE 数据库名称。存储过程名称；
```

查看 proc_query_all 存储过程语法结构：

```
--查看存储过程
SHOW CREATE PROCEDUREDemoDB。proc_query_all；
```

执行查询的结果如图 1 - 6 - 15 所示。

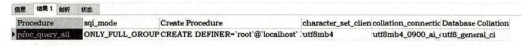

Procedure	sql_mode	Create Procedure	character_set_clien	collation_connectic	Database Collation
proc_query_all	ONLY_FULL_GROUP	CREATE DEFINER=`root`@`localhost`	utf8mb4	utf8mb4_0900_ai_	utf8_general_ci

图 1 - 6 - 15 查看存储过程执行的结果

(3)删除存储过程。

存储过程不再使用,可以使用下面语法删除存储过程,语法格式如下：

```
DROP PROCEDURE 存储过程名称；
```

删除查询所有学生信息的存储过程：

```
--删除存储过程
DROP PROCEDUREproc_query_all；
```

示例3：创建存储过程。创建不带任何参数的存储过程如下：

```
--创建不带任何参数的存储过程示例
DELIMITER $ $
CREATE PROCEDUREproc_hanlder( )
BEGIN
    --定义变量
    DECLARE num INT；
    DECLARE str VARCHAR( 100 )；

    --初始化变量
    SET num = 1；
    SET str = ' '；

    LOOP_LABEL：LOOP
        --使用 CONCAT 方法连接字符串赋值给变量 str
        SET str = CONCAT( str,num,","）；
        IF num > 10 THEN
            --使用 LEAVE 终止循环执行,
```

```
            --类似 Java 语言的 BREAK
            LEAVE LOOP_LABEL;
        END IF;
            --修改控制循环变量的值
        SET num = num + 1;
    END LOOP;
        --输出变量
        SELECT str;
END $ $
```

（4）查看存储定义的结构。

使用 SHOW CREATEPROCEDURE 查看存储过程的定义结构的 SQL 语句如下：

```
--查看定义存储过程的语句结构
SHOW CREATE PROCEDUREDemoDB。proc_hanlder;
```

（5）调用存储过程。

使用 CALL 关键字调用存储过程的 SQL 语句如下：

```
--调用存储过程测试
CALLproc_hanlder();
```

存储过程执行的结果如图 1 - 6 - 16 所示。

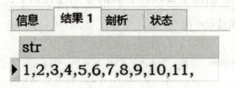

图 1 - 6 - 16　调用存储过程执行的结果

（6）删除存储过程。

MySQL 使用 DROP PROCEDURE 语句删除存储过程的 SQL 语句如下：

```
--删除存储过程
DROP PROCEDUREproc_hanlder;
```

2. 带输入参数存储过程

MySQL 创建存储过程，可以只给存储过程定义输入参数，这种存储过程称为只带输入参数的存储过程。定义输入参数时，可以使用 IN 关键字定义。

示例 4：创建存储过程，实现根据班级编号查询该班级的所有学生信息，实现的 SQL 语句如下：

```
－－创建根据班级编号查询学生信息的存储过程
DELIMITER $ $
CREATE PROCEDUREproc_query_cno(
        IN _cid CHAR(8)
)
BEGIN
        －－定义变量存储错误信息
        DECLARE msg VARCHAR(100);
        －－初始化错误信息
        SET msg = '';
        －－判断输入参数是否为空字符或NULL
        IF _cid = '' THEN
                SET msg = '班级编号不能为空字符!';
                SELECT msg;
        ELSEIF _cid IS NULL THEN
                SET msg = '班级编号不能为NULL!';
                SELECT msg;
        END IF;
        －－判断输入班级编号是否存在
        IF NOT EXISTS (SELECT 1 FROM TB_CLASSES WHERE CID = _cid) THEN
                SET msg = '班级编号不存在!';
                SELECT msg;
        END IF;
        SELECT SNO AS 学号,SNAME AS 姓名,AGE AS 年龄,SEX AS 性别,BIRTHDAY AS 出生日期,
ADDRESS AS 家庭住址 FROM TB_STUDENT_INFO WHERE CID = _cid;
    END $ $
```

（1）执行存储过程。

下面使用CALL关键字调用存储过程：

```
－－调用存储过程测试
CALLproc_query_cno('201801JA');
```

执行测试的结果如图1-6-17所示。

信息	结果1	剖析	状态

学号	姓名	年龄	性别	出生日期	家庭住址
▶201801JA001	陈旭东	18	男	2000-01-21	湖南省衡阳市衡阳县
201801JA002	黄志敏	18	女	2000-02-27	湖南省长沙市岳麓区
201801JA003	刘杰	20	男	1998-11-12	湖南省娄底市娄星区
201801JA004	谭拓宇	18	男	2000-08-24	湖南省长沙市天心区
201801JA005	唐祝飞	18	男	2000-09-24	湖南省长沙市雨花区
201801JA006	谭旭华	18	男	2000-06-24	湖南省长沙市芙蓉区
201801JA007	文紫琳	18	女	2000-05-24	湖南省长沙市望城区
201801JA008	刘晓杰	19	男	1999-11-12	湖南省邵阳市大祥区
201801JA009	刘军杰	19	男	1999-10-12	湖南省邵阳市隆回县

图 1 – 6 – 17　示例 4 执行测试的结果

示例 5:使用存储过程实现班级信息新增的功能,实现的 SQL 语句如下:

```
－－创建带参数的存储过程实现新增数据
DELIMITER $ $
CREATE PROCEDUREproc_insert_class(
        IN _id CHAR(8),
        IN _name VARCHAR(20),
        IN _opentime DATE,
        IN _endtime DATE,
        IN _staid INT
)
BEGIN
        DECLARE str VARCHAR(50);
        －－ 初始化变量
        SET str = '';
        －－ 判断输入的班级编号是否为空字符或 NULL
        IF _id = '' THEN
                SET str = '编号不能为空字符!';
                SELECT str;
        ELSEIF _id IS NULL THEN
                SET str = '编号不能为 NULL!';
                SELECT str;
        END IF;
        －－ 判断输入的班级编号是否存在
        IF EXISTS (SELECT 1 FROM TB_CLASSES WHERE CID = _id) THEN
                SET str = '你输入的班级编号已经存在!';
                SELECT str;
        END IF;
        －－ 判断参数是否为空字符或 NULL
        IF _name = '' THEN
                SET str = '班级名称不能为空字符!';
```

```
                SELECT str;
        ELSEIF _name IS NULL THEN
                SET str = '班级名称不能为 NULL!';
                SELECT str;
        END IF;
         -- 判断输入的班级名称是否存在
        IF EXISTS(SELECT 1 FROM TB_CLASSES WHERE CNAME = _name)THEN
                SET str = '你输入的班级名称已经存在!';
                SELECT str;
        END IF;
         -- 判断输入的开班时间是否空字符或 NULL
        IF _opentime = '' THEN
                SET str = '开班时间不能为空字符!';
                SELECT str;
        ELSEIF _opentime IS NULL THEN
                SET str = '开班时间不能为 NULL!';
                SELECT str;
        END IF;
                  -- 判断输入的开班时间是否空字符或 NULL
        IF _endtime = '' THEN
                SET str = '结业时间不能为空字符!';
                SELECT str;
        ELSEIF _opentime IS NULL THEN
                SET str = '结业时间不能为 NULL!';
                SELECT str;
        END IF;
         -- 判断输入的阶段编号是否为 0 或 NULL
        IF _staid <= 0 THEN
                SET str = '所属阶段的编号不能小于或等于 0!';
                SELECT str;
        ELSEIF _staid IS NULL THEN
                SET str = '所属阶段编号不能为 NULL!';
                SELECT str;
        END IF;
         -- 判断输入的所属阶段编号是否存在
        IF NOT EXISTS(SELECT 1 FROM TB_STAGE_INFO WHERE STAID = _staid)THEN
                SET str = '没有你输入的所属阶段编号!';
                SELECT str;
        END IF;
        INSERT INTO TB_CLASSES VALUES(_id,_name,_opentime,_endtime,_staid);
END $ $
```

（2）调用存储过程。

调用带输入参数的存储过程示例如下：

```
－－测试存储过程
CALLproc_insert_class（'201803JA'，'201803JA 班'，'2018－03－01'，'2018－09－01'，2）；
```

执行测试的结果如图 1－6－18 所示。

信息	结果1	剖析	状态	
CID	CNAME	OPENTIME	ENDTIME	STAID
201801JA	201801JA班	2018-01-01	2018-06-01	3
201802JA	201802JA班	2018-02-01	2018-07-01	2
201803JA	201803JA班	2018-03-01	2018-09-01	2

图 1－6－18　调用存储过程执行测试的结果

3. 带输入输出参数存储过程

MySQL 中，定义存储过程可以使用 IN 关键字定义输入参数，使用 OUT 定义输出参数，在存储过程中可以由输入参数，也可以由输出参数，输出参数类似于 Java 语言程序中方法的返回值。

```
－－根据学生学号查询学生姓名
DELIMITER $ $
CREATE PROCEDUREproc_query_sno（
        IN _no CHAR（11），
        OUT _name VARCHAR（20）
）
BEGIN
        －－ 定义存储错误提示信息
        DECLARE msg VARCHAR（100）；
        －－ 初始化错误信息
        SET msg = ''；
        IF _no = '' THEN
                SET msg = '输入的学生学号不能为空字符！'；
                SELECT msg；
        ELSEIF _no IS NULL THEN
                SET msg = '不能输入 NULL 学号！'；
                SELECT msg；
        END IF；
        －－ 判断输入的学号是否存在
        IF EXISTS（SELECT 1 FROM TB_STUDENT_INFO WHERE SNO = _no）THEN
                SELECT SNAME INTO _name FROM TB_STUDENT_INFO WHERE SNO = _no；
        ELSE
```

```
                SET msg ='输入的学号不存在!';
                SELECT msg;
        END IF;
END $ $
```

（1）调用存储过程。

下面是调用带有带输出参数的存储过程：

```
--调用带输出参数的存储过程
CALLproc_query_sno('201801JA001',@ n);
--查看输出参数的值
SELECT @ n;
```

执行测试的结果如图1-6-19所示。

图1-6-19 调用存储过程执行测试的结果

示例6：创建存储实现根据学生学号查询学生学号、姓名、年龄、性别、联系电话和出生日期信息，实现的 SQL 语句如下：

```
--创建带有输入输出参数的存储过程
--根据学号查询学生信息
DELIMITER $ $
CREATE PROCEDUREproc_query_student
(
        INOUT _no CHAR(11),
        OUT _name VARCHAR(20),
        OUT _age INT,
        OUT _sex CHAR(3),
        OUT _birthday DATE,
        OUT _phone CHAR(11)
)
BEGIN
        -- 定义存储错误提示信息
        DECLARE msg VARCHAR(100);
        -- 初始化错误信息
        SET msg ='';
        IF _no ='' THEN
                SET msg ='输入的学生学号不能为空字符!';
                SELECT msg;
```

```
    ELSEIF _no IS NULL THEN
         SET msg ='不能输入 NULL 学号!';
         SELECT msg;
    END IF;
     --判断输入的学号是否存在
    IF EXISTS (SELECT 1 FROM TB_STUDENT_INFO WHERE SNO =_no) THEN
           SELECT SNO,SNAME,AGE,SEX,BIRTHDAY,PHONE INTO _no,_name,_age,_sex,_
birthday,_phone FROM TB_STUDENT_INFO WHERE SNO =_no;
    ELSE
           SET msg ='输入的学号不存在!';
           SELECT msg;
    END IF;
END $ $
```

（2）调用存储过程。

执行存储过程和查询输出参数值如下：

```
 --执行存储过程
SET @ _no ='201801JA001';
CALLproc_query_student(@ _no,@ _name,@ age,@ sex,@ birthday,@ phone);
 --查看输出参数的值
SELECT @ _no AS 学号,@ _name AS 姓名,@ age AS 年龄,@ sex AS 性别,@ birthday AS 出生日期,@ phone
AS 联系电话;
```

执行测试的结果如图 1 - 6 - 20 所示。

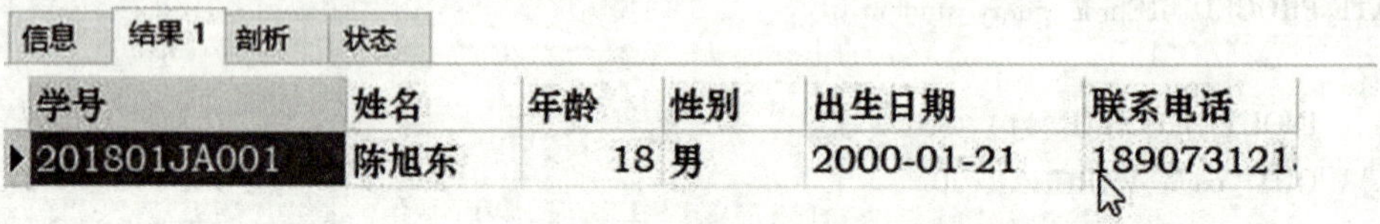

学号	姓名	年龄	性别	出生日期	联系电话
201801JA001	陈旭东	18	男	2000-01-21	189073121:

图 1 - 6 - 20　调用存储过程执行测试的结果

总结

（1）了解 MySQL 的变量类型和用户变量。

（2）掌握局部变量的定义与赋值。

（3）掌握 MySQL 分支语句的使用。

（4）掌握 MySQL 循环语句的使用。

（5）掌握存储过程创建和调用的语法。

（6）在存储过程熟练使用流程控制语句。

第七章
MySQL 函数

本章要点

（1）MySQL 常用内置函数的使用。

（2）自定义函数的创建语法规则。

（3）创建自定义函数和使用自定义函数。

7.1　函数概述

　　MySQL 函数与其存储过程类似，是一系列完成某种功能的 SQL 语句。函数一旦定义后，与过程一样是存储在 MySQL 的服务器上的。调用函数就是一次性执行这些语句。所以，函数可以降低语句重复。

　　MySQL 本身提供了内置函数，这些函数的存在给日常的开发和数据操作带来了很大的便利，MySQL 提供的常用函数包括聚合函数、字符串函数、日期时间函数、控制流函数等。

　　MySQL 除了可以使用它提供的内置函数外，还可以按照需求来实现其他功能，可是这个函数式系统不能提供这种需求的不确定性。因此，需要自己来解决这种需求。然而，MySQL 设计的扩展性给了我们这个机会，我们可以通过自定义函数的功能解决这个问题。

　　因此，MySQL 的函数可以分为系统函数和用户自定义函数。下面先学习 MySQL 提供的内置函数（系统函数）。

7.2　系统函数

　　MySQL 系统函数也称为内置函数。MySQL 提供了丰富的内置函数，这些函数为日常的开发和数据操作带来了很大的便利。MySQL 的常用函数分为聚合函数、字符串函数、日期时间函数、控制流函数等。

7.2.1　聚合函数

　　MySQL 提供的聚合函数见表 1 - 7 - 1。

表 1 - 7 - 1　MySQL 提供的聚合函数

函数名	描述
AVG( )	计算一组值或表达式的平均值
COUNT( )	计算表中的行数
SUM( )	计算一组值或表达式的总和
MIN( )	在一组值中找到最小值
MAX( )	在一组值中找到最大值
GROUP_CONCAT( )	将字符串从分组中连接成具有各种选项的字符串

示例 1：

```
--根据课程统计参加考试的人数
SELECT COUNT（＊）FROM TB_SCORE_INFO GROUP BY COUID；
```

执行 SQL 语句后的结果如图 1－7－1 所示。

图 1－7－1 示例 1 执行 SQL 语句后的结果

示例 2：

```
--统计参加考试学生的总分、平均分、最高分和最低分
SELECT SUM（SCORE）AS 总分,AVG（SCORE）AS 平均分,MAX（SCORE）AS 最高分,MIN（SCORE）AS
最低分 FROM TB_SCORE_INFO GROUP BY SID；
```

执行 SQL 语句后的结果如图 1－7－2 所示。

总分	平均分	最高分	最低分
430	86.0000	90	85
430	86.0000	90	85
463	77.1667	80	75
393	78.6000	81	78
397	79.4000	83	78
405	81.0000	85	80
350	70.0000	70	70

图 1－7－2 示例 2 执行 SQL 语句后的结果

示例 3：

```
--使用 GROUP_CONCAT 函数
--将学生信息表中"201801JA"的学生姓名连接成为具有各种选项的单个字符串。
SELECT GROUP_CONCAT（SNAME）FROM TB_STUDENT_INFO WHERE CID = '201801JA'；
```

执行 SQL 语句后的结果如图 1－7－3 所示。

图 1－7－3 示例 3 执行 SQL 语句后的结果

7.2.2 字符串函数

MySQL 提供的字符串函数见表 1-7-2。

表 1-7-2 MySQL 提供的字符串函数

函数名	描述
CONCAT( )	将两个或多个字符串组合成一个字符串
INSTR( )	返回字符串在字符串中第一次出现的位置
LENGTH( )	以字节和字符获取字符串的长度
CHAR_LENGTH( )	字符获取字符串的长度
LEFT( )	获取指定长度的字符串的左边部分
RIGHT( )	从指定的字符串中,返回从最右边开始计算的长度
REPLACE( )	搜索并替换字符串中的子字符串
SUBSTRING( )	从具有特定长度的位置开始提取一个子字符串
LTRIM( )/RTRIM( )	去除字符串中左右两边的空格
FIND_IN_SET( )	在逗号分隔的字符串列表中找到一个字符串的位置
FORMAT( )	格式化具有特定区域设置的数字,舍入到小数位数

示例 1：

```
--使用 CONCAT 函数将指定的字符串连接在一起
SELECT CONCAT('Hello','World') AS 字符串连接,
    CONCAT('Hello','World',',') AS 字符串连接,
    CONCAT('Hello',',','World',',') AS 字符串连接;
```

执行 SQL 语句后的结果如图 1-7-4 所示。

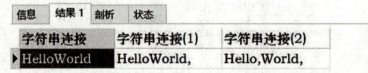

图 1-7-4 示例 1 执行 SQL 语句后的结果

示例 2：

```
--查找字符串在指定的字符串中第一个出现的位置
SELECT INSTR('helloworld','o');
```

执行 SQL 语句后的结果如图 1-7-5 所示。

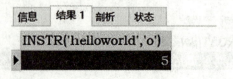

图 1-7-5 示例 2 执行 SQL 语句后的结果

示例3：

```
--指定字符串的长度
SELECT LENGTH('HelloWorld'),CHAR_LENGTH('HelloWorld');
```

执行 SQL 语句后的结果如图 1−7−6 所示。

图 1−7−2　示例 3 执行 SQL 语句后的结果

示例4：

```
-- LEFT 从字符串的最左边返回指定长度的字符串,
-- RIGHT 从字符串的最右边返回指定长度的字符串
SELECT LEFT('HelloWorld',5),RIGHT('foobarbar',4);
```

执行 SQL 语句后的结果如图 1−7−7 所示。

图 1−7−7　示例 4 执行 SQL 语句后的结果

示例5：

```
--使用参数3的字符串,替换参数1中为参数2的字符串
SELECT REPLACE('www.MySQL.com','w','Ww');
```

执行 SQL 语句后的结果如图 1−7−8 所示。

图 1−7−8　示例 5 执行 SQL 语句后的结果

示例6：

```
--字符串截取方法使用,从指定位置5开始截取;从指定位置5开始,截取指定的长度为6;使用
FROM 的格式为标准 SQL 语法,从第4个位置开始
SELECT SUBSTRING('Quadratically',5),SUBSTRING('Quadratically',5,6),SUBSTRING('foobarbar'
FROM 4);
```

执行 SQL 语句后的结果如图 1-7-9 所示。

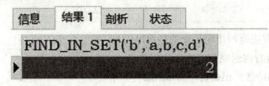

图 1-7-9　示例 6 执行 SQL 语句后的结果

示例 7：

--在逗号分隔的字符串列表中找到一个字符串的位置
SELECT FIND_IN_SET('b','a,b,c,d');

执行 SQL 语句后的结果如图 1-7-10 所示。

图 1-7-10　示例 7 执行 SQL 语句后的结果

示例 8：

-- FORMAT 函数将数字格式化为格式,如"#,###,###. ##"
SELECT FORMAT(14500.2018,2);

执行 SQL 语句后的结果如图 1-7-11 所示。

图 1-7-11　示例 8 执行 SQL 语句后的结果

示例 9：

--去除字符串中左右两边的空格
SELECT LTRIM(' HELLO'),RTRIM('hello '),LTRIM(' hello '),RTRIM(' hel lo ');

执行 SQL 语句后的结果如图 1-7-12 所示。

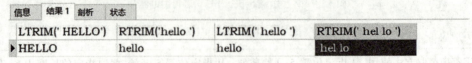

图 1-7-12　示例 9 执行 SQL 语句后的结果

7.2.3 日期时间函数

MySQL 提供的常用日期时间函数见表 1 – 7 – 3。

函数名	描述
CURDATE( )	返回系统的当前日期
NOW( )	返回当前日期和时间
SYSDATE( )	返回当前日期
ADDDATE( )	将时间值添加到日期值
DATE_ADD( )	将时间值添加到日期值
YEAR( )	返回日期值的年份部分
MONTH( )	返回一个表示指定日期的月份的整数
WEEK( )	返回一个日期的星期数值
WEEKDAY( )	返回一个日期表示为工作日/星期几的索引
DAY( )	获取指定日期月份的天(日)
STR_TO_DATE( )	将字符串转换为基于指定格式的日期和时间值
DATE_FORMAT( )	根据指定的日期格式格式化日期值
DATE_SUB( )	将字符串转换为基于指定格式的日期和时间值
TIMEDIFF( )	计算两个 TIME 或 DATETIME 值之间的差值
DATEDIFF( )	计算两个 DATE 值之间的天数
TIMESTAMPDIFF( )	计算两个 DATE 或 DATETIME 值之间的差值
DAYNAME( )	获取指定日期的工作日的名称

示例 1:

```
– –获取系统的当前日期和时间
SELECT CURDATE( ),NOW( ),SYSDATE( );
```

执行 SQL 语句后的结果如图 1 – 7 – 13 所示。

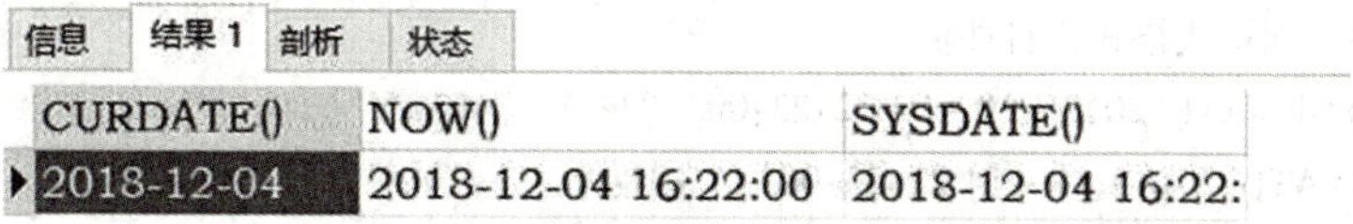

图 1 – 7 – 13   示例 1 执行 SQL 语句后的结果

示例 2:

```
– –在日期上加上给定的天数
SELECT DATE_ADD( '2018 – 01 – 02' ,INTERVAL 31 DAY) ,
    ADDDATE( '2018 – 01 – 02' ,INTERVAL 31 DAY) ,
    ADDDATE( '2018 – 01 – 02' ,31) ;
```

执行 SQL 语句后的结果如图 1 – 7 – 14 所示。

DATE_ADD('2018-01-02', INTERVAL 31 DAY)	ADDDATE('2018-01-02', INTERVAL 31 DAY)	ADDDATE('2018-0
2018-02-02	2018-02-02	2018-02-02

图 1 – 7 – 14　示例 2 执行 SQL 语句后的结果

示例 3：

```
- - 获取当前日期的年份、月份、一月的天数,周数,一周中的天数,
- - 周一为 0,依次类推即可
SELECT YEAR(NOW()),MONTH(NOW()),DAY(NOW()),WEEK(NOW()),WEEKDAY(NOW());
```

执行 SQL 语句后的结果如图 1 – 7 – 15 所示。

YEAR(NOW())	MONTH(NOW())	DAY(NOW())	WEEK(NOW())	WEEKDAY(NOW())
2018	12	4	48	1

图 1 – 7 – 15　示例 3 执行 SQL 语句后的结果

示例 4：

```
- - 将字符串转换为指定格式的日期类型
SELECT STR_TO_DATE('04/31/2018','%m/%d/%Y');
```

执行 SQL 语句后的结果如图 1 – 7 – 16 所示。

STR_TO_DATE('04/31/2018', '%m/%d/%Y')
2018-04-31

图 1 – 7 – 16　示例 4 执行 SQL 语句后的结果

示例 5：

```
- - 根据指定的日期格式格式化日期值
SELECT DATE_FORMAT('2018 – 10 – 04 22:23:00','%W %M %Y'),
    DATE_FORMAT('2018 – 10 – 04 22:23:00','%H:%i:%s'),
    DATE_FORMAT('2018 – 10 – 04 22:23:00','%D %y %a %d %m %b %j');
```

执行 SQL 语句后的结果如图 1 – 7 – 17 所示。

DATE_FORMAT('2018-10-04 22:23:00',	DATE_FORMAT('20	DATE_FORMAT('20
Thursday October 2018	22:23:00	4th 18 Thu 04 10 0

图 1 – 7 – 17　示例 5 执行 SQL 语句后的结果

示例 6：

```
- - 将字符串转换为基于指定格式的日期和时间值
SELECT DATE_SUB('2018-01-02',INTERVAL 31 DAY),
    SUBDATE('2018-01-02',INTERVAL 31 DAY);
```

执行 SQL 语句后的结果如图 1-7-18 所示。

图 1-7-18　示例 6 执行 SQL 语句后的结果

示例 7：

```
- - TIMEDIFF 函数计算两个时间的差额,
- - DATEDIFF 函数计算两个日期的天数,
- - TIMESTAMPDIFF 函数根据指定参数,计算两个时间之间的差额。
- - 参数有:YEAR,MONTH 和 DAY
SELECT TIMEDIFF('2018-10-31 23:59:59.000001','2018-10-30 01:01:01.000002'),
DATEDIFF(NOW(),'2018-10-31 23:59:59'),
TIMESTAMPDIFF(MONTH,'2018-02-01','2018-05-01'),
TIMESTAMPDIFF(YEAR,'2018-02-01','2018-05-01'),
TIMESTAMPDIFF(DAY,'2018-02-01','2018-05-01');
```

执行 SQL 语句后的结果如图 1-7-19 所示。

图 1-7-19　示例 7 执行 SQL 语句后的结果

示例 8：

```
- - 获取指定时间的工作日名称
SELECT DAYNAME('2018-02-05');
```

执行 SQL 语句后的结果如图 1-7-20 所示。

图 1-7-20　示例 8 执行 SQL 语句后的结果

7.2.4　控制流函数

MySQL 提供的常用控制流函数如下。

（1）CASE 值 WHEN 比较的值 THEN 结果 WHEN 比较的值 THEN 结果 ELSE 结果 END；或 CASE WHEN 条件 THEN 结果 WHEN 条件 THEN 结果 ELSE 结果 END；

在第一个方案的返回结果中，值 = 比较的值。而第二个方案的返回结果是第一种情况的真实结果。如果没有匹配的结果值，则返回结果为 ELSE 后的结果；如果没有 ELSE 部分，则返回值为 NULL。

示例 1：

```
-- CASE 函数使用方式 1
SELECT CASE 1
        WHEN 1 THEN 'one'
        WHEN 2 THEN 'two'
        ELSE 'more'
        END;
-- CASE 函数使用方式 2
SELECT CASE
        WHEN 1 >0 THEN 'true'
        ELSE 'false'
        END;
```

执行 SQL 语句后的结果如图 1 - 7 - 21 所示。

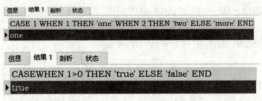

图 1 - 7 - 21　示例 1 执行 SQL 语句后的结果

（2）IF(表达式 1,表达式 2,表达式 3)

如果表达式 1 的值是 TRUE，则 IF( ) 的返回值为表达式 2；否则返回值则为表达式 3。

示例 2：

```
-- IF 函数使用示例
SELECT IF(1 >2,2,3),IF(1 <2,'YES','NO');
```

执行 SQL 语句后的结果如图 1 - 7 - 22 所示。

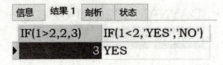

图 1 - 7 - 22　示例 2 执行 SQL 语句后的结果

（3）IFNULL（表达式1，表达式2）

表达式1不为 NULL，则 IFNULL（）的返回值为表达式1；否则其返回值为表达式2。

示例3：

```
-- IFNULL 函数使用示例
SELECT IFNULL(1,0),IFNULL(NULL,10),
    IFNULL(1/0,10),IFNULL(1/0,'yes');
```

执行 SQL 语句后的结果如图 1 - 7 - 23 所示。

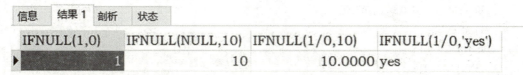

图 1 - 7 - 23　示例 3 执行 SQL 语句后的结果

（4）NULLIF（表达式1，表达式2）

如果表达式1＝表达式2成立，那么返回值为 NULL；否则返回值为表达式1。

示例4：

```
-- NULLIF 函数使用示例
SELECT NULLIF(1,1),NULLIF(1,2);
```

执行 SQL 语句后的结果如图 1 - 7 - 24 所示。

图 1 - 7 - 24　示例 4 执行 SQL 语句后的结果

7.2.5　比较函数

MySQL 提供的常用比较函数见表 1 - 7 - 4。

表 1 - 7 - 4　MySQL 提供的常用比较函数

函数名	描述
COALESCE( )	返回第一个非 NULL 参数，这非常适合用于将值替换为 NULL
GREATEST( )	使用 n 个参数，并分别返回 n 个参数的最大值
LEAST( )	使用 n 个参数，并分别返回 n 个参数的最小值
ISNULL( )	如果参数为 NULL，则返回 1，否则返回 0

示例:

```
--比较函数使用示例
SELECT COALESCE(NULL,1),
       COALESCE(NULL,NULL,NULL),
       GREATEST(2,0),
       GREATEST(34.0,3.0,5.0,767.0),
       GREATEST('B','A','C'),
       LEAST(2,0),
       LEAST(34.0,3.0,5.0,767.0),
       LEAST('B','A','C'),
       ISNULL(1+1),
       ISNULL(1/0);
```

执行 SQL 语句后的结果如图 1 - 7 - 25 所示。

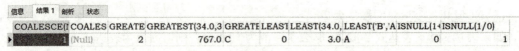

信息	结果 1	剖析	状态						
COALESCE(I	COALES	GREATE	GREATEST(34.0,3	GREATE	LEAS1	LEAST(34.0,	LEAST('B','A	ISNULL(1+	ISNULL(1/0)
1	[Null]	2	767.0	C	0	3.0	A	0	1

图 1 - 7 - 25   示例执行 SQL 语句后的结果

7.2.6 转换函数

MySQL 提供的常用转换函数见表 1 - 7 - 5。

表 1 - 7 - 5   MySQL 提供的常用转换函数天

函数名	描述
CAST( )	将任何类型的值转换为具有指定类型的值
CONVERT( )	将一个字符串值转化为一个不区分大小写的字符集

示例:

```
--转换函数的使用示例
SELECT CAST(1-2 AS UNSIGNED),
   CAST(CAST(1-2 AS UNSIGNED) AS SIGNED),
   CONVERT('abc' USING utf8),
   CONVERT('我是中国人' USING utf8);
```

执行 SQL 语句后的结果如图 1 - 7 - 26 所示。

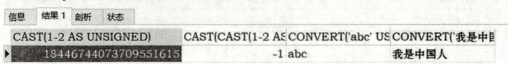

信息	结果 1	剖析	状态		
CAST(1-2 AS UNSIGNED)			CAST(CAST(1-2 AS	CONVERT('abc' US	CONVERT('我是中[
18446744073709551615			-1	abc	我是中国人

图 1 - 7 - 26   示例执行 SQL 语句后的结果

7.3 自定义函数

前面详细地介绍了 MySQL 的内置函数,本小节将介绍用户自定义函数。用户自定义函数是用户根据具体需求,来实现用户的功能。

7.3.1 函数语法

MySQL 中,用户自定义是使用 CREATE FUNCTION 语句来实现自定义函数的创建,自定义函数的语法格式如下:

```
CREATE FUNCTION 函数名(参数列表)
RETURNS 返回值类型
BEGIN
    函数体语句
END;
```

相关说明:

(1)函数名:是一个合法的标识符,并且不应该与已有的关键字冲突。一个函数应该属于某数据库,可以使用(数据库名、函数名)的形式执行当前函数所属数据库,否则默认为当前数据库。

(2)参数列表:可以有一个或者多个函数参数,甚至是没有参数也是可以的。对于每个参数,由参数名和参数类型组成。

(3)返回值类型:指明返回值的数据类型

(4)函数体语句:自定义函数的函数体由多条可用的 MySQL 语句、流程控制、变量声明等语句构成。需要指明的是函数体中一定要含有 return 返回语句。

MySQL 的自定义函数可以按照参数函数和有参数函数分类。下面使用示例的方式讲述无参数函数的定义和有参数函数的定义。

7.3.2 查看函数的定义结构

当 MySQL 用户自定义函数编译完成后,它将保存在数据库服务器中。如果想了解函数定义的结构,MySQL 提供了 SHOW CREATE FUNCTION 语句来查看定义好的函数的结构。其语法如下:

```
SHOW CREATE FUNCTION 数据库名. 函数名;
```

7.3.3 调用函数

MySQL 中自定义函数的调用非常简单,使用 SELECT 语句即可,其语法格式如下:

```
SELECT 函数名([参数])
```

注意: MySQL 函数调用时,如果没有参数时直接使用函数名();如果有参数,并且是多个参数时,每个参数之间使用逗号分隔即可。

7.3.4 创建与使用函数示例

示例 1:编写一个自定义函数,调用此函数时,输出一个提示信息"欢迎大家学习 MySQL 数据库的知识!",其实现的 SQL 语句如下:

```
--创建一个函数输出"欢迎大家学习 MySQL 数据库的知识!"
DELIMITER $ $
CREATE   FUNCTION welcome( )
--定义返回类型
RETURNS VARCHAR(100)
BEGIN
    --定义变量存储要返回的值
    DECLARE str VARCHAR(100);
    --给变量赋值
    SET str ='欢迎大家学习 MySQL 数据库的知识!';
    --使用 RETURN 将变量返回
    RETURN str;
END $ $
```

(1)查看函数的定义结构。

```
--查看函数的定义结构
SHOW CREATE FUNCTION welcome;
```

执行查看的结果如图 1 –7 –27 所示。

图 1 –7 –27   示例 1 查看函数的定义结构执行的结果

（2）调用函数。

调用函数的语法规则十分简单，其 SQL 语句如下：

```
－－调用函数
SELECT welcome( );
```

调用函数执行的结果如图 1－7－28 所示。

图 1－7－28　示例 1 调用函数执行的结果

示例 2：编写一个自定义函数，用户调用函数时，给函数传递一个学号作为参数，然后实现根据此学号，找到该学生的姓名并返回，实现的 SQL 语句如下：

```
－－创建根据学号查找学生性能的函数
DELIMITER $ $
CREATE FUNCTIONqueryName( _no CHAR(11))
RETURNS VARCHAR(20)
BEGIN
        － － 定义一个变量存储提示信息
        DECLARE msg VARCHAR(20);
        － － 初始化存储提示信息的变量
        SET msg = '';
        － － 判断参数是否为空
        IF _no = '' THEN
                SET msg = '输入的学号不能为空字符';
                － － 将信息返回
                RETURN msg;
        ELSEIF _no IS NULL THEN
                SET msg = '学号不能为 NULL';
                － － 将信息返回
                RETURN msg;
        END IF;
        － － 判断是否存在此学号的学生
        IF NOT EXISTS (SELECT 1 FROM TB_STUDENT_INFO WHERE SNO = _no) THEN
                － － 没有给出提示信息
                SET msg = '没有此学生';
                － － 将信息返回
                RETURN msg;
        ELSE
```

```
          －－学号有对应的学生信息,则将学生姓名找出赋值给变量
          SELECT SNAME INTO msg FROM TB_STUDENT_INFO WHERE SNO = _no;
          －－将学生姓名返回
          RETURN msg;
       END IF;
END $ $
```

（1）查看函数的定义结构。

使用 SHOW CREATE FUNCTION 语句查看上面函数定义的结构：

```
－－查看函数定义的结构
SHOW CREATE FUNCTIONqueryName;
```

执行查询的结果如图 1-7-29 所示。

图 1-7-29　示例 2 查看函数的定义结构执行的结果

（2）调用函数。

下面使用 SELECT 语句调用函数,测试函数是否能够返回正确的结果：

```
－－调用函数给定错误的参数
SELECTqueryName('');
```

执行的结果如图 1-7-30 所示。

图 1-7-27　示例 2 调用函数执行的结果（1）

```
--调用函数给定错误的参数
SELECTqueryName(NULL);
```

执行的结果如图1-7-31所示。

图1-7-32   示例2调用函数执行的结果(2)

```
--调用函数输入一个不存在的学号
SELECTqueryName('201804JA001');
```

执行的结果如图1-7-32所示。

图1-7-32   示例2调用函数执行的结果(3)

```
--调用函数输入存在的学号
SELECTqueryName('201801JA001');
```

执行的结果如图1-7-33所示。

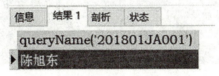

图1-7-33   示例2调用函数执行的结果(4)

示例3:编写一个自定义函数,实现输入一个日期时间类型的参数,将这日期时间类型参数转换指定格式的日期时间格式并返回,实现的SQL语句如下:

```
--创建函数示例
DELIMITER $ $
CREATE FUNCTIONformatDate(_date DATETIME)
--确定函数的返回类型
RETURNS VARCHAR(100)
BEGIN
    --定义变量存储返回的数据值
    DECLARE msg VARCHAR(100);
    --初始化变量
```

```
    SET msg = ' ';

    IF _date = ' ' THEN
            SET msg = '输入的日期时间类型参数不正确!';
            RETURN msg;
    ELSEIF _date IS NULL THEN
            SET msg = '不能使用 NULL 为日期时间类型参数';
            RETURN msg;
    END IF;
    SET msg = DATE_FORMAT(_date, '%Y 年%m 月%d 日%h 时%i 分%s 秒');
    RETURN msg;
END $ $
```

（1）查看函数的定义结构。

使用 SHOW CREATE FUNCTION 语句查看函数定义的结构如下：

```
- -查看函数的定义结构
SHOW CREATE FUNCTIONformatDate;
```

执行查看的结果如图 1 - 7 - 34 所示。

图 1 - 7 - 34   示例 3 查看函数的定义结构执行的结果

（2）调用函数。

使用 SELECT 语句调用函数如下：

```
- -输入一个正确的日期时间类型参数
SELECTformatDate(now());
```

调用函数执行的结果如图 1 - 7 - 35 所示。

信息	结果 1	剖析	状态

formatDate(now())

▶ 2018年12月04日09时09分07秒

图 1 - 7 - 35   示例 3 调用函数执行的结果

7.3.5　删除函数

MySQL 的自定义函数一旦被创建后,将保存到数据库的服务器中。如果数据库中定义的函数不再需要使用,可以使用 DROP FUNCTION 语句将其删除,其语法如下:

```
DROP FUNCTION 数据库名. 函数名;
```

总结

(1)了解 MySQL 数据库函数的概念和及其优点。

(2)熟悉 MySQL 常用函数的使用方法。

(3)掌握 MySQL 聚合函数、字符串函数的使用。

(4)掌握 MySQL 日期时间函数的使用。

(5)了解 MySQL 自定义的语法。

(6)掌握 MySQL 自定义函数的创建和使用方法。

(7)掌握 MySQL 查看自定义函数结构和删除函数的语法。

第八章
MySQL 事务处理

本章要点

(1) 事务处理的概念。

(2) 事务处理有哪些语句。

(3) 使用事务的注意事项。

(4) 事务的隔离级别。

(5) 事务处理的应用。

8.1 事　务

8.1.1　什么是事务

MySQL 事务主要用于处理操作量大、复杂度高的数据。例如,在人员管理系统中删除一个人员,即需要删除人员的基本资料,也要删除和该人员相关的信息,如信箱、文章等。这样,这些数据库操作语句就构成一个事务!

一般来说,事务是必须满足 4 个条件(ACID):原子性(Atomicity,或称不可分割性)、一致性(Consistency)、隔离性(Isolation,又称独立性)、持久性(Durability)。

(1)**原子性**:一个事务(Transaction)中的所有操作,要么全部完成,要么全部不完成,不会结束在中间某个环节。事务在执行过程中发生错误,会被回滚(Rollback)到事务开始前的状态,就像这个事务从来没有执行过一样。

(2)**一致性**:在事务开始之前和事务结束以后,数据库的完整性没有被破坏。这表示写入的资料必须完全符合所有的预设规则,这包含资料的精确度、串联性以及后续数据库可以自发性地完成预定的工作。

(3)**隔离性**:数据库允许多个并发事务同时对其数据进行读写和修改的能力,隔离性可以防止多个事务并发执行时由于交叉执行而导致数据的不一致。事务隔离分为不同级别,包括读未提交(Read Uncommitted)、读提交(Read Committed)、可重复读(Repeatable Read)和串行化(Serializable)。

(4)**持久性**:事务处理结束后,对数据的修改就是永久的,即便系统故障也不会丢失。

8.1.2　什么是事务处理

事务处理(Transaction Processing)可以用来维护数据库的完整性,它保证成批的 MySQL 操作要么完全执行,要么完全不执行 。

事务处理是一种机制,用来管理必须成批执行的 MySQL 操作,以保证数据库不包含不完整的操作结果。利用事务处理,可以保证一组操作不会中途停止,它们或者作为整体执行,或者完全不执行(除非明确指示)。如果没有错误发生,整组语句提交给(写到)数据库表。如果发生错误,则进行回退(撤销)以恢复数据库到某个已知且安全的状态。

(1)在 MySQL 中,只有使用了 Innodb 数据库引擎的数据库或表才支持事务。

(2)事务处理可以用来维护数据库的完整性,保证成批的 SQL 语句要么全部执行,要么全部不执行。

（3）事务用来管理 insert,update,delete 语句。

8.1.2 事务控制语句

在 MySQL 命令行的默认设置下,事务都是自动提交的,即执行 SQL 语句后就会马上执行 COMMIT 操作。因此,要显式地开启一个事务务须使用命令 BEGIN 或 START TRANSACTION,或者执行命令 SET AUTOCOMMIT = 0,用来禁止使用当前会话的自动提交。

MySQL 中,针对事务的控制需要使用下面语句。

（1）BEGIN 或 START TRANSACTION:显式地开启一个事务。

（2）COMMIT:也可以使用 COMMIT WORK,不过二者是等价的。COMMIT 会提交事务,并使已对数据库进行的所有修改成为永久性的。

（3）ROLLBACK:有可以使用 ROLLBACK WORK,不过二者是等价的。回滚会结束用户的事务,并撤销正在进行的所有未提交的修改。

（4）SAVEPOINT identifier:SAVEPOINT 允许在事务中创建一个保存点,一个事务中可以有多个 SAVEPOINT。

（5）RELEASE SAVEPOINT identifier:删除一个事务的保存点。当没有指定的保存点时,执行该语句会抛出一个异常。

（5）ROLLBACK TO identifier:把事务回滚到标记点。

（6）SET TRANSACTION:用来设置事务的隔离级别。InnoDB 存储引擎提供事务的隔离级别有 READ UNCOMMITTED, READ COMMITTED, REPEATABLE READ 和 SERIALIZABLE。

8.1.3 使用事务的注意事项

在 MySQL 中使用事务,需要注意下面的相关事项。

（1）MySQL 的事务只能在 InnoDB 存储引擎中可以使用。

（2）MySQL 默认是自动提交事务的,如果需要进行显示事务操作时,必须使用 SET AUTOCOMMIT = 0 禁用 autocommit 模式。

（3）使用显示事务时必须使用 START TRANSACTION 或 BEGIN 开启事务,然后操作全部成功时使用 COMMIT 提交事务,操作失败时使用 ROLLBACK 回滚事务。

（4）在 SET 语句设置事务隔离级别时,建议使用 SESSION 级控制当前会话的事务,不建议使用 GLOBAL 全局级的事务。

（5）事务处理一般用在针对数据的增加、修改和删除操作。SELECT 语句不建议使用事务。

8.2　事务隔离级别

MySQL 中,操作数据时可能会出现下面几种问题。

(1)脏读(Dirty Reads)。所谓脏读就是对脏数据的读取,而脏数据所指的就是未提交的数据。一个事务正在对一条记录做修改,在这个事务完成并提交之前,这条数据是处于待定状态的(可能提交,也可能回滚)。这时,第二个事务来读取这条没有提交的数据,并据此做进一步的处理,就会产生未提交的数据依赖关系。这种现象被称为脏读。

(2)不可重复读(Non – Repeatable Reads)。一个事务先后读取同一条记录,但两次读取的数据不同,称为不可重复读。也就是说,这个事务在两次读取之间该数据被其他事务所修改。

(3)幻读(Phantom Reads)。一个事务按相同的查询条件重新读取以前检索过的数据,却发现其他事务插入了满足其查询条件的新数据,这种现象就称为幻读。

针对上面可能会出现的问题,MySQL 数据库采用设置事务的隔离级别来解决这些问题。下面是 MySQL 提供的几种隔离级别:

1. 未授权读取、读未提交(Read Uncommitted)

这是最低的隔离等级,允许其他事务看到没有提交的数据,这种等级会导致脏读。如果一个事务已经开始写数据,则另一个事务则不允许同时进行写操作,但允许其他事务读此行数据。该隔离级别可以通过"排他写锁"实现,避免了更新丢失,却可能出现脏读。也就是说事务 B 读取到了事务 A 未提交的数据。SELECT 语句以非锁定方式被执行,所以有可能读到脏数据,隔离级别最低。

2. 授权读取、读提交(Read Committed)

读取数据的事务允许其他事务继续访问该行数据,但是未提交的写事务将会禁止其他事务访问该行。该隔离级别避免了脏读,但是却可能出现不可重复读。事务 A 事先读取了数据,事务 B 紧接着更新了数据,并提交了事务;而事务 A 再次读取该数据时,数据已经发生了改变。

3. 可重复读取(Sepeatable Read)

就是在开始读取数据(事务开启)时,不再允许修改操作,事务开启,不允许其他事务的UPDATE 修改操作,不可重复读对应的是修改,即 UPDATE 操作。但是可能还会有幻读问题。因为幻读问题对应的是插入 INSERT 操作,而不是 UPDATE 操作。避免了不可重复读取和脏读,但是有时可能出现幻读。这可以通过"共享读锁"和"排他写锁"实现。

4. 序列化(Serializable)

提供严格的事务隔离。它要求事务序列化执行,事务只能一个接着一个地执行,但不能并发执行。如果仅仅通过"行级锁"是无法实现事务序列化的,必须通过其他机制保证新插入的数据不会被刚执行查询操作的事务访问到。序列化是最高的事务隔离级别,同时花费也最高,性能很低,一般很少使用。在该级别下,事务顺序执行,不仅可以避免脏读、不可重复读,还避免了幻读。

事务隔离级别针对处理数据出现的问题有效见表 8 – 2 – 1。

表 8 – 2 – 1　事务隔离级别针对处理数据出现的问题有效表

隔离级别	脏读	不可重复读	幻读
读未提交	是	是	是
读已提交	否	是	是
可重复读	否	否	是
序列号	否	否	否

按照 SQL:1992 事务隔离级别,InnoDB 默认是可重复读的(REPEATABLE READ)。MySQL/InnoDB 提供 SQL 标准所描述的所有四个事务隔离级别。可以在命令行用 – – transaction – isolation 选项或在选项文件里,为所有连接设置默认隔离级别。例如,可以在 my. inf 或 my. ini 文件的[MySQLd]节里类似如下设置该选项:

```
[MySQLd]
transaction – isolation = {READ – UNCOMMITTED | READ – COMMITTED  | REPEATABLE – READ | SE-
RIALIZABLE}
```

上面代码是添加到 MySQL 配置文件中的,是在 my. inf 或 my. ini 文件中的[MySQLd]节点中。

MySQL 用户也可以用 SET TRANSACTION 语句改变单个会话或者所有新进连接的隔离级别。它的语法如下:

```
SET [SESSION | GLOBAL] TRANSACTION ISOLATION LEVEL {READ UNCOMMITTED | READ COM-
MITTED | REPEATABLE READ | SERIALIZABLE}
```

语法说明:

(1)SESSION:使用 SESSION 关键字集为将来在当前连接上执行的事务设置默认事务级别。

(2)GLOBAL:使用 GLOBAL 关键字,语句在全局对从那点开始创建的所有新连接(除了不存在的连接)设置默认事务级别。

设置 SESSION 会话级不同等级的隔离级别的 SQL 语句:

```
– –设置读未提交
SET SESSION TRANSACTION ISOLATION
          LEVEL READ UNCOMMITTED;
– –设置已读提交
SET SESSION TRANSACTION ISOLATION
          LEVEL READ COMMITTED;
```

```
－－设置可重复读
SET SESSION TRANSACTION ISOLATION
            LEVEL REPEATABLE READ;
－－设置序列化
SET SESSION TRANSACTION ISOLATION LEVEL SERIALIZABLE;
```

设置 GLOBAL 全局级不同等级的隔离级别的 SQL 语句:

```
－－设置读未提交
SET GLOBAL TRANSACTION ISOLATION LEVEL READ UNCOMMITTED;
－－设置已读提交
SET GLOBAL TRANSACTION ISOLATION LEVEL READ COMMITTED;
－－设置可重复读
SET GLOBAL TRANSACTION ISOLATION LEVEL REPEATABLE READ;
－－设置序列化
SET GLOBAL TRANSACTION ISOLATION LEVEL SERIALIZABLE;
```

8.3 存储过程中的应用事务

示例 1 编写一个存储过程,实现插入两条班级信息,并在其中使用事务。如果两条插入数据的操作一个失败,事务进行回滚操作;如果全部插入成功,提交事务。实现的 SQL 代码如下:

```
－－存储过程中使用事务的示例
DELIMITER $ $
CREATE PROCEDUREproc_test_tran( )
BEGIN
    －－ 定义变量存储错误数,并为变量设置默认值为0
    DECLARE err INT DEFAULT 0;
    －－ 如果出现错误,将错误数据设置为1
    DECLARE CONTINUE HANDLER FOR SQLEXCEPTION SET err =1;
    －－ 开启事务
    START TRANSACTION;
    －－ 执行数据插入,如果有一条语句执行错误,将
    INSERT INTO TB_CLASSES VALUES('201804JA','201804JA 班','2018 －04 －01','2018 －10 －
01',2);
```

```
    INSERT INTO TB_CLASSES VALUES( NULL,'201805JA 班','2018 - 05 - 01','2018 - 11 - 01',
2);
    - - 判断插入操作是否为 1
    IF err = 1 THEN
            - - 回滚事务
            ROLLBACK;
    ELSE
            - - 提交事务
        COMMIT;
    END IF;
    SELECT err;
END $ $
```

执行存储过程之前,TB_CLASSES 表中的数据如图 1 – 8 – 1 所示。

CID	CNAME	OPENTIME	ENDTIME	STAID
201801JA	201801JA班	2018-01-01	2018-06-01	3
201802JA	201802JA班	2018-02-01	2018-07-01	2
201803JA	201803JA班	2018-03-01	2018-09-01	2

图 1 – 8 – 1　示例 1 执行存储过程前,TB_CLASSES 表中的数据

使用 CALL proc_test_tran 执行存储过程的结果如图 1 – 8 – 2 所示。

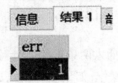

信息　结果 1

err
1

图 1 – 8 – 2　示例 1 使用 CALL proc_test_tran 执行存储过程的结果

调用存储过程之后,TB_CLASSES 表中的数据如图 1 – 8 – 3 所示。

CID	CNAME	OPENTIME	ENDTIME	STAID
201801JA	201801JA班	2018-01-01	2018-06-01	3
201802JA	201802JA班	2018-02-01	2018-07-01	2
201803JA	201803JA班	2018-03-01	2018-09-01	2

图 1 – 8 – 3　调用存储后,TB_CLASSES 表中的数据

从上面示例执行的结果可以看出,使用了事务之后,两条插入数据的操作,当一个出现错误,另一条没有错误的语句也受到影响,导致正确的也没正常执行插入操作。也就是说,使用事务处理时,在其中的所有语句要么就全部执行成功,提交事务;要么就全部执行失败,回滚事务。

示例 2:编写存储实现银行账户的转账功能,在转账时需要使用事务。当转账账户的余额大于转出金额时,可以提交事务成功转账;如果账户余额小于转账金额时,回滚事务转账失败。实现的 SQL 代码如下:

```
- -创建转账的存储过程,在存储过程中使用事务
DELIMITER $ $
CREATE PROCEDUREproc_pay_account(
    outAccount CHAR(19),
    inAccount CHAR(19),
    money INT
)
BEGIN
    - -定义变量存储提示信息
    DECLARE msg VARCHAR(200);
    - -定义变量接收查询的转出账户的余额
    DECLARE balance INT;
    - -定义变量存储错误数
    DECLARE err INT;
    - -初始化错误数,在没执行前面的错误数为0
    SET err = 0;
    /*初始化余额*/
    SET balance = 0;
    - -初始化提示信息
    SET msg = ' ';

    /*检查转出账户是否存在*/
    IF NOT EXISTS(SELECT 1 FROM TB_ACCOUNT_INFO WHERE ACCOUNTNO = outAccount) THEN
            /*账户不存在,给提示信息*/
            SET msg = '转出账户不存在!';
            /* 显示提示信息*/
            SELECT msg;
    END IF;
    /*检查转入账户是否存在*/
    IF NOT EXISTS(SELECT 1 FROM TB_ACCOUNT_INFO WHERE ACCOUNTNO = inAccount) THEN
            /*账户不存在,给提示信息*/
            SET msg = '转入账户不存在!';
            /* 显示提示信息*/
            SELECT msg;
    END IF;
    /*查询转出账户的余额*/
    SELECT ACCOUNTMONEY INTO balance
            FROM TB_ACCOUNT_INFO
            WHERE ACCOUNTNO = outAccount;
    /*
```

```
        判断输入的转出金额减去账户余额是否大于0
        如果小于0,无法进行转账,给错误数赋值为1
    */
    IF balance - money < 0 THEN
        SET err = 1;
    END IF;
    /*开启事务*/
    START TRANSACTION;
    /*将转出账户的余额减去转出金额*/
    UPDATE TB_ACCOUNT_INFO SET ACCOUNTMONEY = ACCOUNTMONEY - money
        WHERE ACCOUNTNO = outAccount;
    /*更新转入账户的余额*/
    UPDATE TB_ACCOUNT_INFO SET ACCOUNTMONEY = ACCOUNTMONEY + money
        WHERE ACCOUNTNO = inAccount;
    /*如果错误数为1时,回滚事务,否则提交事务*/
    IF err = 1 THEN
        ROLLBACK;
    ELSE
        COMMIT;
    END IF;
    /*输出错误数*/
    SELECT err;
END $ $
```

执行转账前,两个账户的数据如图1-8-4所示。

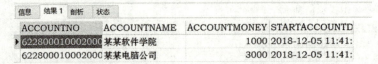

图1-8-4 示例2 执行转账前,两个账户的数据

调用存储过程执行转账操作:

```
--传入转账账户和被转账户以及转账金额测试事务
CALLproc_pay_account('6228000100020003123','6228000100020003321',1100);
```

执行转账后的结果如图1-8-5所示。

图1-8-5 执行转账后的结果

账户表中的数据情况如图1-8-6所示。

ACCOUNTNO	ACCOUNTNAME	ACCOUNTMONEY	STARTACCOUNTD
622800010002000	某某软件学院	1000	2018-12-05 11:41:
622800010002000	某某电脑公司	3000	2018-12-05 11:41:

图1-8-6　示例2账户表中的数据情况

修改转出金额,在进行测试:

```
--转入转账账户和被转账户以及转账金额测试事务
CALLproc_pay_account('6228000100020003123','6228000100020003321',1000);
```

修改账户金额后,执行的结果如图1-8-7所示。

图1-8-7　示例2修改账户金额后执行的结果

转账成功后,账户表中数据情况如图1-8-8所示。

ACCOUNTNO	ACCOUNTNAME	ACCOUNTMONEY	STARTACCOUNTD
622800010002000	某某软件学院	0	2018-12-05 11:41:
622800010002000	某某电脑公司	4000	2018-12-05 11:41:

图1-8-8　示例2转账成功后,账户表中数据

总结

(1)理解事务以及事务处理的概念。

(2)掌握事务处理需要的语句。

(3)了解事务使用时需要注意的事项。

(4)了解事务隔离级别及设置事务隔离级别。

(5)掌握在存储过程中使用事务处理语句。

第九章
MySQL 视图与索引

本章要点

(1) 什么是视图，为什么要使用视图。

(2) 创建和使用视图的语法规则。

(3) 在视图中进行数据的增、删、改操作。

(4) 使用视图需要注意的事项。

(5) 什么是索引，使用索引的好处。

(6) MySQL 有哪些类型的索引。

(7) 创建和使用索引。

(8) MySQL 的全文索引。

9.1　视图

数据库视图也是数据库的一种对象。MySQL 5.x 版本之后支持数据库视图。

9.1.1　视图的概念

数据库视图是虚拟表或逻辑表,它被定义为具有连接的 SQL SELECT 查询语句。因为数据库视图与数据库表类似,它由行和列组成,因此可以根据数据库表查询数据。大多数数据库管理系统(包括 MySQL)允许通过具有一些先决条件的数据库视图来更新基础表中的数据。

数据库视图是动态的,因为它与物理模式无关。数据库系统将数据库视图存储为具有连接的 SQL SELECT 语句。当表的数据发生变化时,视图也反映了这些数据的变化。

1. 数据库视图的优点

MySQL 中,使用数据库视图具有以下优点。

(1)数据库视图允许简化复杂查询。数据库视图由与许多基础表相关联的 SQL 语句定义,可以使用数据库视图来隐藏最终用户和外部应用程序的基础表的复杂性。通过数据库视图,只需使用简单的 SQL 语句,而不是使用具有多个连接的复杂的 SQL 语句。

(2)数据库视图有助于限制对特定用户的数据访问。可能不希望所有用户都可以查询敏感数据的子集,可以使用数据库视图将非敏感数据仅显示给特定用户组。

(3)数据库视图提供额外的安全层。安全是任何关系数据库管理系统的重要组成部分。数据库视图为数据库管理系统提供了额外的安全性。数据库视图允许创建只读视图,以将只读数据公开给特定用户。用户只能以只读视图检索数据,但无法更新。

(4)数据库视图实现向后兼容。假设有一个中央数据库,许多应用程序正在使用它。有一天,决定重新设计数据库以适应新的业务需求,删除一些表并创建新的表,并且不希望更改影响其他应用程序。在这种情况下,可以创建与将要删除的旧表相同的模式的数据库视图。

(5)数据库视图启用计算列。数据库表不应该具有计算列,但数据库视图可以这样。假设 在 orderDetails 表中有 quantityOrder(产品的数量)和 priceEach(产品的价格)列。但是,orderDetails 表没有一个列用来存储订单的每个订单项的总销售额。如果有,数据库模式不是一个好的设计。在这种情况下,可以创建一个名为 total 的计算列,该列是 quantityOrder 和 priceEach 的乘积,以表示计算结果。当从数据库视图中查询数据时,计算列的数据将随机计算产生。

2. 数据库视图的优点

MySQL 中,使用数据库视图具有以下缺点。

（1）性能：从数据库视图查询数据可能会很慢，特别是如果视图是基于其他视图创建的。

（2）表依赖关系：将根据数据库的基础表创建一个视图。每当更改与其相关联的表的结构时，都必须更改视图。

9.1.2　MySQL 视图的限制

不能在视图上创建索引。当使用合并算法的视图查询数据时，MySQL 会使用底层表的索引。对于使用诱惑算法的视图，当针对视图查询数据时，不会使用索引。

在 MySQL 5.7.7 之前版本，是不能在 SELECT 语句的 FROM 子句中使用子查询来定义视图的。

如果删除或重命名视图所基于的表，则 MySQL 不会发出任何错误。但是，MySQL 会使视图无效，可以使用 CHECK TABLE 语句来检查视图是否有效。

一个简单的视图可以更新表中数据。基于具有连接、子查询等的复杂 SELECT 语句创建的视图无法更新。

MySQL 不像 Oracle，PostgreSQL 等其他数据库系统那样支持物理视图。MySQL 是不支持物理视图的。

MySQL 允许基于其他视图创建视图。在视图定义的 SELECT 语句中，可以引用另一个视图。

9.1.3　创建视图

要在 MySQL 中创建一个新视图，可以使用 CREATE VIEW 语句。MySQL 中，创建视图的语法如下：

```
CREATE [OR REPLACE] [ALGORITHM = {UNDEFINED | MERGE | TEMPTABLE}] VIEW view_name
[(column_list)]
    AS select_statement
[WITH [CASCADED | LOCAL] CHECK OPTION]
```

语法说明：

（1）OR REPLACE：给定了 OR REPLACE 子句，可以替换已有的视图。

（2）CREATE VIEW：创建视图的关键字。

（3）view_name：视图名称。视图的名称必须遵循表的命名规则。

（4）select_statement：SELECT 语句。在 SELECT 语句中，可以从数据库中存在的任何表或视图查询数据。

（5）ALGORITHM：可选的 ALGORITHM 子句是对标准 SQL 的 MySQL 扩展。ALGORITHM 可取三个值，即 MERGE，TEMPTABLE 或 UNDEFINED。如果没有 ALGORITHM 子句，默认算法是 UNDEFINED（未定义的）。算法会影响 MySQL 处理视图的方式。

（6）WITH CHECK OPTION：给定 WITH CHECK OPTION 子句来防止插入或更新行。

（7）CASCADED/ LOCAL：LOCAL 和 CASCADED 关键字决定了检查测试的范围。

ALGORITHM 算法属性允许控制 MySQL 在创建视图时使用的机制,MySQL 提供了三种算法,即 MERGE,TEMPTABLE 和 UNDEFINED。

①使用 MERGE 算法,MySQL 首先将输入查询与定义视图的 SELECT 语句组合成单个查询,然后 MySQL 执行组合查询返回结果集。如果 SELECT 语句包含集合函数(如 MIN,MAX,SUM,COUNT,AVG 等)或 DISTINCT,GROUP BY,HAVING,LIMIT,UNION,UNION ALL,子查询,则不允许使用 MERGE 算法。如果 SELECT 语句无引用表,则也不允许使用 MERGE 算法。如果不允许 MERGE 算法,MySQL 将算法更改为 UNDEFINED。

注意:将视图定义中的输入查询和查询组合成一个查询称为视图分辨率。

②使用 TEMPTABLE 算法,MySQL 首先根据定义视图的 SELECT 语句创建一个临时表,然后针对该临时表执行输入查询。因为 MySQL 必须创建临时表来存储结果集并将数据从基表移动到临时表,所以 TEMPTABLE 算法的效率比 MERGE 算法效率低。另外,使用 TEMPTABLE 算法的视图是不可更新的。

③当创建视图而不指定显式算法时,UNDEFINED 是默认算法。UNDEFINED 算法使 MySQL 可以选择使用 MERGE 或 TEMPTABLE 算法。MySQL 优先使用 MERGE 算法进行 TEMPTABLE 算法,因为 MERGE 算法效率更高。

在视图使用的 SELECT 语句必须遵循以下几个规则。

(1)SELECT 语句可以在 WHERE 子句中包含子查询,但 FROM 子句中的不能包含子查询。

(2)SELECT 语句不能引用任何变量,包括局部变量、用户变量和会话变量。

(3)SELECT 语句不能引用预处理语句参数。

示例1:创建视图,显示班级号、班级名称、开班时间、所属阶段、学生学号、姓名、性别、年龄、联系电话和出生日期等信息,实现的 SQL 代码如下:

```
- - 创建视图示例1
CREATE OR REPLACE VIEWview_class_student
AS
SELECT C. CID,C. CNAME,C. OPENTIME,C. STAID,S. SNO,S. SNAME,
       S. SEX,S. AGE,S. PHONE,S. BIRTHDAY
       FROM TB_CLASSES AS C
       INNER JOIN TB_STUDENT_INFO AS S
       ON C. CID = S. CID;
```

(1)使用视图。

视图被创建后,使用视图就很简单,使用 SELECT 关键字与查询数据表数据一样查询视图,即可获取视图数据:

```
- - 查询视图
SELECT * FROMview_class_student;
```

执行查询视图 SQL 语句的结果如图 1 - 9 - 1 所示。

CID	CNAME	OPENTIME	STAID	SNO	SNAME	SEX	AGE	PHONE	BIRTHDAY
201801JA	201801JA班	2018-01-01	3	201801JA001	陈旭东	男	18	18907312132	2000-01-21
201801JA	201801JA班	2018-01-01	3	201801JA002	黄志敏	女	18	18907312178	2000-02-27
201801JA	201801JA班	2018-01-01	3	201801JA003	刘杰	男	20	18973301232	1998-11-12
201801JA	201801JA班	2018-01-01	3	201801JA004	谭拓宇	男	18	18907312133	2000-08-24
201801JA	201801JA班	2018-01-01	3	201801JA005	唐祝飞	男	18	18907312144	2000-09-24
201801JA	201801JA班	2018-01-01	3	201801JA006	谭旭华	男	18	18907312155	2000-06-24
201801JA	201801JA班	2018-01-01	3	201801JA007	文家熙	女	18	18907312166	2000-05-24
201801JA	201801JA班	2018-01-01	3	201801JA008	刘晓杰	男	19	18907312177	1999-11-12
201801JA	201801JA班	2018-01-01	3	201801JA009	刘军杰	男	19	18907312188	1999-10-12
201802JA	201802JA班	2018-02-01	2	201802JA005	肖坤	男	18	18907312144	2000-09-24
201802JA	201802JA班	2018-02-01	2	201802JA001	陈晓红	女	18	18907312132	2000-01-21
201802JA	201802JA班	2018-02-01	2	201802JA002	刘晓燕	女	18	18907312178	2000-02-27
201802JA	201802JA班	2018-02-01	2	201802JA003	欧晓华	男	18	18907312143	2000-03-24
201802JA	201802JA班	2018-02-01	2	201802JA004	李宇	男	18	18907312133	2000-08-24
201802JA	201802JA班	2018-02-01	2	201802JA006	肖大海	男	18	18907312155	2000-06-24
201802JA	201802JA班	2018-02-01	2	201802JA007	王晓红	女	18	18907312166	2000-05-24
201802JA	201802JA班	2018-02-01	2	201802JA008	刘小龙	男	19	18907312177	1999-11-12
201802JA	201802JA班	2018-02-01	2	201802JA009	刘晓辉	男	19	18907312188	1999-10-12

图 1 – 9 – 1　示例 1 执行查询视图 SQL 语句的结果

（2）查看视图定义结构。

如果需要知道已经存在的视图的信息，可以使用 SHOW CREATE VIEW 语句来了解已有视图的定义结构：

```
－－查看已有视图的结构
SHOW CREATE VIEWview_class_student;
```

执行查看视图结构 SQL 语句的结果如图 1 – 9 – 2 所示。

图 1 – 9 – 2　示例 1 执行查看视图结构 SQL 语句的结果

（3）删除视图。

当数据库中的视图不再需要使用，那么可以使用 DROP VIEW 语句删除视图，实现的 SQL 语句如下：

```
－－删除已有视图
DROP VIEWview_class_student;
```

示例 2：创建一个视图，显示学生学号、姓名、性别、课程名称、分数和考试时间的信息，其实现的 SQL 代码如下：

```
－－创建视图示例2
CREATE OR REPLACE VIEWview_student_score
AS
    SELECT S.SNO,S.SNAME,S.SEX,C.COUNAME,SC.SCORE,SC.EXAMTIME
        FROM TB_STUDENT_INFO AS S
        INNER JOIN TB_SCORE_INFO AS SC
        ON S.SID = SC.SID
        INNER JOIN TB_COURSE_INFO AS C
        ON SC.COUID = C.COUID;
```

（1）查询视图。

```
--查询视图数据
SELECT * FROMview_student_score;
```

执行查询视图SQL语句的结果如图1－9－3所示。

SNO	SNAME	SEX	COUNAME	SCORE	EXAMTIME
201801JA001	陈旭东	男	HTML与CSS编程	90	2018-11-30 10:53:45
201801JA002	黄志敏	女	HTML与CSS编程	90	2018-11-30 10:53:45
201801JA003	刘杰	男	HTML与CSS编程	80	2018-11-30 10:53:45
201801JA004	谭拓宇	男	HTML与CSS编程	81	2018-11-30 10:53:45
201801JA005	唐祝飞	男	HTML与CSS编程	83	2018-11-30 10:53:45
201801JA006	谭旭华	男	HTML与CSS编程	85	2018-11-30 10:53:45
201801JA001	陈旭东	男	JavaScript程序设计	85	2018-11-30 10:53:45
201801JA002	黄志敏	女	JavaScript程序设计	85	2018-11-30 10:53:45
201801JA003	刘杰	男	JavaScript程序设计	77	2018-11-30 10:53:45
201801JA004	谭拓宇	男	JavaScript程序设计	78	2018-11-30 10:53:45
201801JA005	唐祝飞	男	JavaScript程序设计	80	2018-11-30 10:53:45
201801JA006	谭旭华	男	JavaScript程序设计	80	2018-11-30 10:53:45
201801JA001	陈旭东	男	MySQL数据库设计	85	2018-11-30 10:53:45
201801JA002	黄志敏	女	MySQL数据库设计	85	2018-11-30 10:53:45
201801JA003	刘杰	男	MySQL数据库设计	77	2018-11-30 10:53:45
201801JA004	谭拓宇	男	MySQL数据库设计	78	2018-11-30 10:53:45
201801JA005	唐祝飞	男	MySQL数据库设计	78	2018-11-30 10:53:45
201801JA006	谭旭华	男	MySQL数据库设计	80	2018-11-30 10:53:45

图1－9－3　执行查询视图SQL语句的结果

（2）查看视图定义结构。

```
--查看已有视图的结构
SHOW CREATE VIEWview_student_score;
```

执行SHOW语句的结果如图1－9－4所示。

图1－9－4　示例2执行SHOW语句的结果

（3）删除视图。

```
--删除已有视图
DROP VIEWview_student_score;
```

示例3：使用view_student_score视图，创建一个统计学生参加考试的总分的视图，实现的SQL语句如下：

```
--使用视图创建视图的示例
CREATE OR REPLACE VIEWview_total_score
AS
    SELECT SNO AS 学号,SNAME AS 姓名,SUM(SCORE) AS 总分
        FROM view_student_score GROUP BY SNO,SNAME;
```

查询上面视图：

```
--查询视图
SELECT * FROMview_total_score;
```

执行查询的结果如图1-9-5所示。

信息	结果 1	剖析	状态

学号	姓名	总分
201801JA001	陈旭东	430
201801JA002	黄志敏	430
201801JA003	刘杰	463
201801JA004	谭拓宇	393
201801JA005	唐祝飞	397
201801JA006	谭旭华	405

图 1-9-5　示例 3 执行查询的结果

9.1.4　操作视图

更新视图是指通过视图来更新、删除、插入基本表中的数据。因为视图是一个虚拟表，没有数据。当通过视图更新数据，其实就是在更新基本表中的数据，对视图中的数据进行增加或删除操作时，实际上就是对其基本表中的数据表进行增加、删除操作。

要通过视图更新基本表数据，必须保证视图是可更新视图，即可以在 INSET,UPDATE 或 DELETE 等语句中使用它们。对于可更新的视图，在视图中的行和基表中的行之间必须具有一对一的关系。还有一些特定的其他结构，这类结构会使得视图不可更新。

示例:使用班级信息表为基表创建一个视图,其实现的 SQL 代码如下:

```
--使用班级信息表为基表创建一个视图
CREATE OR REPLACE VIEWview_classes
AS
    SELECT CID AS 班级编号,CNAME AS 班级名称,
        OPENTIME AS 开班时间,ENDTIME AS 结课时间,
        STAID AS 阶段编号 FROM TB_CLASSES;
```

下面使用上面的 view_classes 视图来进行对数据的更新、删除和插入操作。

对视图进行数据的插入操作:

```
--对视图插入数据
INSERT INTOview_classes(班级编号,班级名称,开班时间,结课时间,阶段编号) VALUES('201806JA',
'201806JA 班','2018-06-01','2018-11-01',2);
```

执行数据的插入操作后,查询的结果如图1-9-6所示。

信息 结果 1 剖析 状态

班级编号	班级名称	开班时间	结课时间	阶段编号
201801JA	201801JA班	2018-01-01	2018-06-01	3
201802JA	201802JA班	2018-02-01	2018-07-01	2
201803JA	201803JA班	2018-03-01	2018-09-01	2
201806JA	201806JA班	2018-06-01	2018-11-01	2

图 1－9－6　示例执行数据的插入操作后，查询的结果

使用 SELECT 语句查询基表 TB_CLASSES 表的结果，如图 1－9－7 所示。

信息 结果 1 剖析 状态

CID	CNAME	OPENTIME	ENDTIME	STAID
201801JA	201801JA班	2018-01-01	2018-06-01	3
201802JA	201802JA班	2018-02-01	2018-07-01	2
201803JA	201803JA班	2018-03-01	2018-09-01	2
201806JA	201806JA班	2018-06-01	2018-11-01	2

图 1－9－7　示例使用 SELECT 语句查询基表 TB_CLASSES 表的结果

使用视图更新班级信息：

```
－－使用视图更新数据
UPDATEview_classes SET 结课时间 =‘2018－12－03’
        WHERE 班级编号 =‘201806JA’;
```

执行数据更新后，查询视图的结果，如图 1－9－8 所示。

信息 结果 1 剖析 状态

班级编号	班级名称	开班时间	结课时间	阶段编号
201801JA	201801JA班	2018-01-01	2018-06-01	3
201802JA	201802JA班	2018-02-01	2018-07-01	2
201803JA	201803JA班	2018-03-01	2018-09-01	2
201806JA	201806JA班	2018-06-01	2018-12-03	2

图 1－9－8　示例执行数据更新后，查询视图的结果

使用 SELECT 语句查询基表 TB_CLASSES 的结果，如图 1－9－9 所示。

信息 结果 1 剖析 状态

CID	CNAME	OPENTIME	ENDTIME	STAID
201801JA	201801JA班	2018-01-01	2018-06-01	3
201802JA	201802JA班	2018-02-01	2018-07-01	2
201803JA	201803JA班	2018-03-01	2018-09-01	2
201806JA	201806JA班	2018-06-01	2018-12-03	2

图 1－9－9　示例使用 SELECT 语句查询基表 TB_CLASSES 的结果

使用视图删除班级信息：

```
－－使用视图删除班级信息
DELETE FROMview_classes WHERE 班级编号 =‘201806JA’;
```

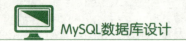

执行数据删除操作查询视图的结果,如图 1 - 9 - 10 所示。

班级编号	班级名称	开班时间	结课时间	阶段编号
201801JA	201801JA班	2018-01-01	2018-06-01	3
201802JA	201802JA班	2018-02-01	2018-07-01	2
▶ 201803JA	201803JA班	2018-03-01	2018-09-01	2

图 1 - 9 - 10　示例执行数据删除操作查询视图的结果

使用 SELECT 语句执行查询基表 TB_CLASSES 的结果,如图 1 - 9 - 11 所示。

CID	CNAME	OPENTIME	ENDTIME	STAID
▶ 201801JA	201801JA班	2018-01-01	2018-06-01	3
201802JA	201802JA班	2018-02-01	2018-07-01	2
201803JA	201803JA班	2018-03-01	2018-09-01	2

图 1 - 9 - 11　使用 SELECT 语句执行查询基表 TB_CLASSES 的结果

从上面使用视图对数据进行增删改操作时,可以看出,针对视图的数据操作时,使用的列名必须是视图的列名,不能使用基表的列名。

使用视图操作数据需要注意下面几个方面的事项。

(1)不要在使用连接查询语句完成的视图中进行数据的增删改操作。

(2)视图中包含基本表中定义的非空的列不能做数据的更新操作。

(3)定义视图的 select 语句后的字段列表中使用了聚合函数的不能做数据的更新操作。

(4)定义视图的 select 语句中使用了 distinct,union,top,group by 或 having 字句的不能做数据的更新操作。

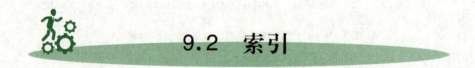

9.2　索引

在关系数据库中,索引是一种单独的、物理的对数据库表中一列或多列的值进行排序的一种存储结构,它是某个表中一列或若干列值的集合和相应的指向表中物理标识这些值的数据页的逻辑指针清单。索引的作用相当于图书的目录,可以根据目录中的页码快速找到所需的内容。

索引提供指向存储在表的指定列中的数据值的指针,然后根据指定的排序顺序对这些指针排序。数据库使用索引找到特定值,然后顺指针找到包含该值的行。这样可以使对应于表的 SQL 语句执行得更快,可快速访问数据库表中的特定信息。

9.2.1　为什么需要索引

索引(Key)是存储引擎用于快速找到记录的一种数据结构。它和一本书中目录的工作方式类似——当要查找一行记录时,先在索引中快速找到行所在的位置信息,然后直接获取到那行记录。

MySQL中,索引是在存储引擎层而不是在服务器层实现的,所以不同的存储引擎对索引的实现和支持都不相同。MySQL索引的建立对MySQL的高效运行是很重要的,索引可以大大提高MySQL的检索速度。

索引的目的在于提高查询效率,与查阅图书所用的目录是一个道理:先定位到章,然后定位到该章下的一个小节,然后找到页数。索引的本质是通过不断地缩小想要获取数据的范围来筛选出最终想要的结果,同时把随机的事件变成顺序的事件。也就是说,有了这种索引机制,可以总是用同一种查找方式来锁定数据。

9.2.2　索引分类

MySQL的索引可以分为:普通索引、唯一索引、主键索引、联合索引以及外键索引。

1. 常规索引

常规索引,也叫普通索引(Index 或 Key),它可以常规地提高查询效率。一张数据表中可以有多个常规索引。常规索引是使用最普遍的索引类型,如果没有明确指明索引的类型,所说的索引都是指常规索引。

2. 唯一索引

唯一索引(Unique Key),可以提高查询效率,并提供唯一性约束。一张表中可以有多个唯一索引。

3. 主键索引

主键索引(Primary Key),也简称主键。它可以提高查询效率,并提供唯一性约束。一张表中只能有一个主键。被标志为自动增长的字段一定是主键,但主键不一定是自动增长。一般把主键定义在无意义的字段上(如编号),主键的数据类型最好是数值。

4. 组合索引

组合索引,指多个字段上创建的索引,只有在查询条件中使用了创建索引时的第一个字段,索引才会被使用。使用组合索引时,应遵循最左前缀集合。

5. 外键索引

外键索引(Foreign Key),简称外键,它可以提高查询效率,外键会自动地和对应的其他表的主键关联。外键的主要作用是保证记录的一致性和完整性。

注意:只有 InnoDB 存储引擎的表才支持外键。外键字段如果没有指定索引名称,会自动生成。如果要删除父表(如分类表)中的记录,必须先删除子表(带外键的表,如文章表)中的相应记录,否则会出错。创建表的时候,可以给字段设置外键,如 foreign key(cate_id) references cms_cate(id)。由于外键的效率并不是很好,因此并不推荐使用外键,但要使用外

键的思想来保证数据的一致性和完整性。

本小节全文索引不做介绍。

9.2.3 创建索引

MySQL 的索引创建可以在创建表结构时,同时创建索引,可以在已有表中添加索引。在这里主要是使用 ALTER TABLE 语法来为数据表创建索引。

1. 常规索引

使用 CREATE INDEX 语句创建语法:

```
CREATE INDEX 索引名称 ON 表名(列名)
```

使用 ALTER TABLE 语句创建语法:

```
ALTER TABLE 表名 ADD INDEX(列名)
```

示例 1:使用 CREATE INDEX 语句为学生信息表的 SNAME 类创建一个常规索引。下面语句用于创建一个索引,索引使用列名称的前 5 个字符。

```
－－为学生信息表的 SNAME 类创建一个常规索引
CREATE INDEX INDEX_STUDENT_SNAME ON TB_STUDENT_INFO(SNAME(5));
```

对于 CHAR 和 VARCHAR 列,只用一列的一部分就可创建索引。创建索引时,使用［列名(length)］语法,对前缀编制索引。前缀包括每列值的前 length 个字符。BLOB 和 TEXT 列也可以编制索引,但是必须给出前缀长度。

使用 ALTER 语句为学生信息表的 SNAME 列创建一个常规索引:

```
－－使用 ALTER 语句为学生信息表的 SNAME 列创建一个常规索引
ALTER TABLE TB_STUDENT_INFO   ADD INDEX(SNAME);
```

2. 唯一索引

使用 CREATE 语句创建语法:

```
CREATE UNIQUE INDEX 索引名 ON 表名(列名)
```

使用 ALTER 语句创建语法:

```
ALTER TABLE 表名 ADD UNIQUE 索引名 ON (列名)
```

示例 2:CREATE 语句为学生信息表的 PHONE 联系电话列创建一个唯一索引。实现的 SQL 语句如下:

```
－－使用 CREATE 语句创建唯一索引
CREATE UNIQUE INDEX INDEX_STUDENT_PHONE
      ON TB_STUDENT_INFO (PHONE);
```

使用 ALTER 语句为学生信息表的 PHONE 联系电话列创建一个唯一索引。实现的 SQL 语句如下:

```
－－使用 ALTER 添加唯一索引
ALTER TABLE TB_STUDENT_INFO
     ADD UNIQUE INDEX（PHONE）;
```

3. 组合索引

示例 3：使用学生信息表中的 SNO，SNAME 和 PHONE 列创建一个组合索引，其 SQL 语句如下：

```
－－创建组合索引示例
ALTER TABLE TB_STUDENT_INFO
     ADD INDEX INDEX_SNO_SNAME_PHONE（SNO,SNAME,PHONE）;
```

4. 删除索引

MySQL 中，一旦索引不再需要使用，可以使用 DROP INDEX 语句将其进行删除。其语法如下：

```
DROP INDEX 索引名称 ON 表名;
```

示例 4：需要使用 DROP 命令将组合索引 INDEX_SNO_SNAME_PHONE 进行删除操作。

```
DROP INDEX INDEX_SNO_SNAME_PHONE NO TB_STUDENT_INFO;
```

9.2.4 使用索引的优缺点

1. 索引的优点

索引可以让 MySQL 快速地查找到所需要的数据，但这并不是索引的唯一作用。下面介绍使用索引的优点：

（1）索引大大减少了 MySQL 服务器需要扫描的数据量。

（2）索引可以帮助服务器避免排序和临时表。

（3）索引可以将随机 I/O 变为顺序 I/O。

2. 索引的缺点

（1）虽然索引大大提高了查询速度，同时却会降低更新表的速度，如对表进行 insert,update 和 delete。因为更新表时，不仅要保存数据，还要保存一下索引文件。

（2）建立索引会占用磁盘空间的索引文件。一般情况，这个问题不太严重，但如果在一个大表上创建了多种组合索引，索引文件会增长很快。

（3）索引只是提高效率的一个因素，如果有大数据量的表，就需要花时间研究建立最优秀的索引，或优化查询语句。

（4）索引并不总是最好的工具，也不是说索引越多越好。总的来说，只要当索引帮助存储引擎快速找到记录带来的好处大于其带来的额外工作时，索引才是有用的。对于非常小的表，大部分情况下简单地全表扫描更高效，没有必要再建立索引。对于中、大型的表，索引带来的好处就非常明显了。

9.2.5 使用索引的注意事项

MySQL 中,使用索引时需要注意以下的一些事项和技巧。

1. 索引不会包含有 NULL 值的列

只要列中包含有 null 值都将不会被包含在索引中,复合索引中只要有一列含有 null 值,那么这一列对此复合索引就是无效的。所以在数据库设计时,不要让字段的默认值为 null。

2. 使用短索引

对串列进行索引,如果可能,应该指定一个前缀长度。例如,如果有一个 char(255)的列,如果在前 10 个或 20 个字符内,多数值是唯一的,那么就不要对整个列进行索引。短索引不仅可以提高查询速度,而且可以节省磁盘空间和 I/O 操作。

3. 索引列排序

查询只使用一个索引,因此如果 where 子句中已经使用了索引的话,那么 order by 中的列是不会使用索引的。因此,数据库默认排序可以在符合要求的情况下不要使用排序操作,尽量不要包含多个列的排序。如果需要,最好给这些列创建复合索引。

4. like 语句操作

一般情况下不推荐使用 like 操作。如果非使用不可,如何使用也是一个问题。like "% aaa%"不会使用索引而 like "aaa%"可以使用索引。

5. 不要在列上进行运算

这将导致索引失效而进行全表扫描,例如,SELECT ＊ FROM table_name WHERE YEAR (column_name)＜2017。

6. 不使用 not in 和＜＞操作

9.3　MySQL 数据库的全文索引

MySQL 支持全文索引和搜索功能。MySQL 8.0.13 中的全文索引类型是 FULLTEXT 的索引。FULLTEXT 索引在 MySQL 8.0.13 只有 InnoDB 和 MyISAM 存储引擎的支持全文索引(如果是 MySQL5.7 以前的版本,只有 MyISAM 存储引擎的支持全文索引)。全文索引可以从 CHAR, VARCHAR 或 TEXT 列中作为 CREATE TABLE 语句的一部分被创建,或是随后使用 ALTER TABLE 或 CREATE INDEX 被添加。对于较大的数据集,将资料输入一个没有 FULLTEXT 索引的表中,然后创建索引,其速度比把资料输入现有 FULLTEXT 索引的速度更为快。全文搜索同 MATCH()函数一起执行。

9.3.1 全文索引创建语法

创建 MySQL 的全文索引可以使用下面的方式。

1. 使用 CREATE 语句创建全文索引

其语法格式如下：

```
CREATE FULLTEXT INDEX 索引名 ON 表名(列名,…);
```

示例1：给数据表 ARTICLES 以 TITLE 和 CONTENT 列创建一个全文索引,其 SQL 语句如下：

```
－－使用 CREATE 语句创建全文索引
CREATE FULLTEXT INDEX INDEX_TITLE_CONTENT
        ON ARTICLES(TITLE,CONTENT);
```

2. 使用 ALTER 语句添加全文所示

其语法格式如下：

```
ALTER TABLE 表名 ADD FULLTEXT INDEX 索引名(列名,…);
```

示例2：使用 ALTER 语句为数据表 ARTICLES 的 TITLE 和 CONTENT 列创建一个全文索引,其 SQL 语句如下：

```
－－使用 ALTER 语句添加全文索引
ALTER TABLE ARTICLES
    ADD FULLTEXT INDEX INDEX_TITLE_CONTENT(TITLE,CONTENT);
```

3. 创建数据表的同时创建全文索引

示例3：创建数据表时,同时创建全文索引,数据表的脚本如下：

```
－－创建文章表
CREATE TABLE ARTICLES(
    ID INT NOT NULL AUTO_INCREMENT PRIMARY KEY,
    TITLE VARCHAR(200),
    CONTENT TEXT,
    FULLTEXT(TITLE,CONTENT)  －－针对标题和文章内容创建全文索引
);
```

9.3.2 使用全文索引检索数据

在使用全文检索前,先为 ARTICLES 表添加测试数据。
插入测试数据：

```
--添加测试数据
INSERT INTO ARTICLES(TITLE,CONTENT) VALUES
        ('MySQL Tutorial','DBMS stands for DataBase ……'),
        ('How To Use MySQL Well','After you went through a……'),
        ('Optimizing MySQL','In this tutorial we will show……'),
        ('1001 MySQL Tricks','1 Never run MySQLd as root. 2……'),
        ('MySQL vs. YourSQL','In the following database comparison……'),
        ('MySQL Security','When configured properly,MySQL……');
```

全文检索的语法格式：

```
MATCH(列名1,列名2,…) AGAINST(条件表达式[搜索类型])
```

全文搜索有三种类型。

（1）IN NATURAL LANGUAGE MODE：一种自然语言搜索将搜索字符串解释为自然人类语言中的一个短语（在免费文本中的短语）。没有特殊的操作符，除了双引号（"字符"）。

全文搜索是自然语言搜索，如果在自然语言模式修改器中给出或没有修改。

（2）IN BOOLEAN MODE：布尔搜索用特殊查询语言的规则解释搜索字符串。字符串包含要搜索的单词。它还可以包含指定需求的操作符，这样一个单词必须在匹配的行中出现或缺席，或者它应该比平时重或低。在搜索索引中省略了一些常见的单词（停止字符），如果在搜索字符串中存在，则不匹配。在布尔模式修饰符指定布尔搜索。

（3）IN INTURAL LANAUAGE MODE WITH QUERY EXPANSION：查询扩展搜索是对自然语言搜索的修改。搜索字符串用于执行自然语言搜索。然后，从搜索返回的最相关行的单词添加到搜索字符串中，搜索再次完成。查询返回从第二个搜索中返回的行。使用查询扩展或查询扩展修饰符的自然语言模式指定了一个查询扩展搜索。

全文搜索是使用 MATCH()进行的 AGAINST 语法。MATCH()需要一个逗号分隔的列表，其中列出要搜索的列。反对需要一个字符串来搜索，以及一个可选的修饰符，它指示要执行什么类型的搜索。搜索字符串必须是查询评估过程中常量的字符串值。例如，这个规则是一个表列，因为每一行都可以不同。

9.3.3 自然语言全文检索

在默认情况下，或使用在自然语言模式修饰符中，MATCH()函数执行一种自然语言搜索，以搜索文本集合的字符串。集合是包含在全文索引中的一个或多个列的集合。搜索字符串作为反对 MATCH()的参数。对于表中的每一行，匹配 MATCH()返回一个关联值；也就是说，在匹配 MATCH()列表中命名的列中，搜索字符串和该行中的文本之间的相似性度量。

示例1：使用全文检索在 TITLE 和 CONTENT 列中有 database 的记录，其 SQL 语句如下：

```
--使用全文检索查询在 TITLE 和 CONTENT 列中包含有 database 的记录
SELECT * FROM ARTICLES
    WHERE MATCH(TITLE,CONTENT) AGAINST('database' IN NATURAL LANGUAGE MODE);
```

执行查询的结果如图 1 – 9 – 12 所示。

信息	结果 1	剖析	状态

ID	TITLE	CONTENT
1	MySQL Tutorial	DBMS stands for DataBase ...
5	MySQL vs. YourSQL	In the following database comparison ...

图 1 – 9 – 12　示例 1 执行查询的结果

在默认情况下,搜索以大小写不敏感的方式执行。要执行大小写敏感的全文搜索,请使用对索引列的二进制排序。例如,一个使用 latin1 字符集的列可以被分配给 latin1_bin,以使它对全文搜索变得非常敏感。

当在 WHERE 子句中使用 MATCH()时,如示例 1 中,返回的行将自动按最高的相关性排序。相关性值是非负浮点数。零相关性意味着没有相似之处。相关性是根据 row(文档)中单词的数量、行中唯一单词的数量、集合中单词的总数以及包含特定单词的行数来计算的。

为了统计指定条件批评的次数,可以这样进行查询:

```
--使用全文检索查询指定条件的匹配次数
SELECT COUNT( * ) FROM ARTICLES
    WHERE MATCH(TITLE,CONTENT)
    AGAINST('database' IN NATURAL LANGUAGE MODE);
```

实现查询的结果如图 1 – 9 – 13 所示。

图 1 – 9 – 13　实现查询的结果

执行查询消耗的时间如图 1 – 9 – 14 所示。

> 时间: 0.002s

图 1 – 9 – 14　执行查询消耗的时间

将前面统计批评次数的 SQL 语句修改为下面的方式,查询的速度会更快:

```
--使用全文检索查询指定条件的匹配次数
SELECT COUNT ( IF ( MATCH ( TITLE, CONTENT ) AGAINST ( 'database' IN NATURAL LANGUAGE
MODE),1,NULL) ) AS COUNT FROM ARTICLES;
```

执行查询的结果如图 1-9-15 所示。

图 1-9-15　执行查询的结果

执行 SQL 语句消耗的时间如图 1-9-16 所示。

> 时间: 0s

图 1-9-16　执行 SQL 语句消耗的时间

第一个查询执行一些额外的工作(根据相关性排序结果),但也可以根据 WHERE 子句使用索引查找。如果搜索匹配很少行,则索引查找可能会使第一个查询更快。第二个查询执行一个完整的表扫描,如果搜索项在大多数行中出现,那么它可能比索引查找更快。

对于自然语言全文搜索,在 MATCH( )函数中命名的列必须与表中一些全文索引中的相同列相同。对于前面的查询,请注意,在 MATCH( )函数(title 和 content)中命名的列与在文章表的全文索引的定义中命名的相同。为了单独搜索标题或正文,将为每个列创建单独的全文索引。

另外,还可以执行布尔搜索或查询扩展搜索。使用索引的全文搜索可以只从匹配 MATCH( )子句中的单个表来命名列,因为索引不能跨越多个表。对于 MyISAM 表,在没有索引(尽管更慢)的情况下可以完成布尔搜索,在这种情况下,可以从多个表中命名列。

示例 1 是一个基本的说明,它展示了如何使用 MATCH( )函数。在这些函数中,行以减少关联的顺序返回。示例 2 展示了如何显式检索关联值。返回行的不是有序的,因为 SELECT 语句既不包括在 WHERE 或 ORDER BY 子句中。

示例 2:以"Security implications of running MySQL as root"为条件进行全文搜索,再统计查询结果的匹配度,SQL 语句如下:

```
--统计与查询条件的匹配度
SELECT ID,TITLE,CONTENT,MATCH (TITLE,CONTENT) AGAINST
    ('Security implications of running MySQL as root' IN NATURAL LANGUAGE MODE) AS SCORE
    FROM ARTICLES WHERE MATCH (TITLE,CONTENT) AGAINST
    ('Security implications of running MySQL as root'  IN NATURAL LANGUAGE MODE);
```

执行查询的结果如图 1-9-17 所示。

ID	TITLE	CONTENT	SCORE
4	1001 MySQL Tricks	1. Never run mysqld as root. 2. ...	0.6055193543434143
6	MySQL Security	When configured properly, MySQL ...	0.6055193543434143
1	MySQL Tutorial	DBMS stands for DataBase ...	0.0000000001885928302414186
2	How To Use MySQL Well	After you went through a ...	0.0000000001885928302414186
3	Optimizing MySQL	In this tutorial we will show ...	0.0000000001885928302414186
5	MySQL vs. YourSQL	In the following database comparison ...	0.0000000001885928302414186

图 1-9-17　示例 2 执行查询的结果

通过示例 2 可以看到,在别名 SCORE 列中,值越大的,也就正确与查询条件匹配程度也就越高。

MySQL FULLTEXT 执行将任何单字字符原形(字母、数字和下划线部分)的序列视为一个单词。这个序列或许也包含单引号('),但在一行中不会超过一个。这意味着 aaa'bbb 会被视为一个单词,而 aaa"bbb 则被视为 2 个单词。位于单词之前或其后的单引号会被FULLTEXT 分析程序去掉;'aaa'bbb' 会变成 aaa'bbb。

FULLTEXT 分析程序会通过寻找某些分隔符来确定单词的起始位置和结束位置,例如"" "(间隔符号)、","(逗号)以及"."(句号)。假如单词没有被分隔符分开(如在中文里),则 FULLTEXT 分析程序不能确定一个词的起始位置和结束位置。为了能够在这样的语言中向 FULLTEXT 索引添加单词或其他编入索引的术语,必须对它们进行预处理,使其被一些诸如""之类的任意分隔符分隔开。

一些词在全文搜索中会被忽略。

(1)任何过于短的词都会被忽略。全文搜索所能找到的词的默认最小长度为 4 个字符。

(2)停止字中的词会被忽略。禁用词就是一个像"the"或"some"这样过于平常而被认为是不具语义的词。存在一个内置的停止字,但它可以通过用户自定义列表被改写。

词库和查询语句中每一个正确的单词根据其在词库和询问中的重要性而被衡量。通过这种方式,一个出现在许多文件中的单词具有较低的重要性(甚至很多单词的重要性为零),原因是在这个特别词库中其语义价值较低。反之,假如这个单词比较少见,那么它会得到一个较高的重要性。然后单词的重要性被组合,从而用来计算该行的相关性。

```
- -使用全文搜索查询 TITLE 和 CONTENT 列包含"MySQL"的记录
SELECT * FROM ARTICLES
    WHERE MATCH(TITLE,CONTENT)
    AGAINST('MySQL' IN NATURAL LANGUAGE MODE);
```

全文搜索适合和大量数据的数据表一起使用(事实上,此时它经过仔细的调整)。对于很小的表,单词分布并不能充分反映它们的语义价值,而这个模式有时可能会产生奇特的结果。例如,虽然单词"MySQL"出现在文章表中的每一行,但对这个词的搜索可能得不到任何结果。

执行查询的结果如图 1-9-18 所示。

图 1-9-18 执行查询的结果

上面得到空结果是由 MyISAM 限制引发的。因为"MySQL"这个词在至少50%的行中存在,因此被有效地视为一种手段。这种过滤技术更适合大型数据集,在那里,可能不希望结果集从1GB的表中返回每一行,而不是在可能导致不受欢迎的术语的小数据集的情况下返回。

第一次尝试全文搜索来了解它是如何工作时,50%的阈值会让人感到惊讶,并使 InnoDB 表更适合用全文搜索进行实验。如果创建一个 MyISAM 表并只插入一个或两行文本,那么文本中的每个字都至少发生在50%的行中。因此,在表中包含更多的行之前,没有搜索返回任何结果。需要绕过50%限制的用户可以在 InnoDB 表上构建搜索索引,或者使用布尔搜索模式。

9.3.4　布尔全文搜索

MySQL 可以使用布尔模式修改执行布尔全文搜索。有了这个修饰符,在搜索字符串中单词的开始或结束时,某些字符有特殊的含义。

下面修改使用自然语言查询的包含"MySQL"为布尔全文搜索,其 SQL 语句如下:

```
--使用布尔模式全文搜索查询 TITLE 和 CONTENT 列包含"MySQL"的记录
SELECT * FROM ARTICLES
    WHERE MATCH(TITLE,CONTENT)
    AGAINST('MySQL' IN BOOLEAN MODE);
```

执行查询的结果如图1-9-19所示。

| 信息 | 结果1 | 剖析 | 状态 |

ID	TITLE	CONTENT
1	MySQL Tutorial	DBMS stands for DataBase ...
2	How To Use MySQL Well	After you went through a ...
3	Optimizing MySQL	In this tutorial we will show ...
4	1001 MySQL Tricks	1. Never run mysqld as root. 2. ...
5	MySQL vs. YourSQL	In the following database comparison ...
6	MySQL Security	When configured properly, MySQL ...

图1-9-19　执行查询的结果

修改一下上面的 IN BOOLEAN MODE 进行全文搜索的 SQL 语句,其 SQL 代码如下:

```
SELECT * FROM ARTICLES WHERE MATCH(TITLE,CONTENT)
    AGAINST ('+MySQL -YourSQL' IN BOOLEAN MODE);
```

执行查询的结果如图1-9-20所示。

| 信息 | 结果1 | 剖析 | 状态 |

ID	TITLE	CONTENT
1	MySQL Tutorial	DBMS stands for DataBase ...
2	How To Use MySQL Well	After you went through a ...
3	Optimizing MySQL	In this tutorial we will show ...
4	1001 MySQL Tricks	1. Never run mysqld as root. 2. ...
6	MySQL Security	When configured properly, MySQL ...

图1-9-20　执行查询的结果

上面的全文搜索 SQL 语句中,MySQL 使用了隐含的布尔逻辑,其中"+"代表包含(AND),"-"代表不包含(NO),没有符号表示或(OR)。

布尔全文搜索具有下面的特性。

(1)不会自动排序,以减少相关性。

(2)InnoDB 表需要在 MATCH( )表达式的所有列上的全文索引来执行布尔查询。即使没有完整的文本索引,对 MyISAM 搜索索引的布尔查询也可以工作,尽管以这种方式执行的搜索将会相当缓慢。

(3)使用内置的 FULLTEXT 解析器和 MeCab 解析器插件创建的全文本索引的最小和最大单词长度全文本参数。innodb_ft_token_size 和 innodb_ft_ft_token_size 都用于 InnoDB 搜索索引。ft_min_word_len 和 ft_max_word_len 用于 MyISAM 搜索索引。

(4)最小和最长的全文参数不适用于使用 ngram 解析器创建的全文索引。ngram_token_size 选项定义 ngram 令牌大小。

(5)停止字列表适用于 innodb_ft_enable_stopword 控制,innodb_ft_server_stopword_table,innodb_ft_ft_tion__user_stopword_table 用于 InnoDB 搜索索引,以及 MyISAM 类的 ft_stopword_file。

(6)InnoDB 全文搜索不支持在一个搜索词上使用多个操作符。在单个搜索词上使用多个操作符会返回一个语法错误来实现标准。MyISAM 全文搜索将成功地处理相同的搜索,忽略所有操作符,除了在搜索词附近的操作符。

(7)InnoDB 全文搜索只支前面带有正负符号。例如,InnoDB 支持" + apple",但不支持"苹果 +"。指定拖端 + 或负号导致 InnoDB 报告语法错误。

(8)InnoDB 全文搜索不支持使用通配符(" + *"),一个加号和负号组合(" +"),或是加号和负号组合(" - apple")。这些无效的查询返回一个语法错误。

(9)InnoDB 全文搜索不支持在布尔全文搜索中使用@ 符号。@ @符号保留用于@ 距离接近搜索操作符。

(10)不使用应用于 MyISAM 搜索索引的50% 阈值。

布尔全文搜索功能支持以下操作符。

(1)加号(+):一个前导的加号表示该单词必须出现在返回的每一行的开头位置。

(2)减号(-):一个前导的减号表示该单词一定不能出现在任何返回的行中。

(3)无操作符:在默认情况下(没有指定),这个词是可选的,但是包含它的行被认为更高。这模仿了 MATCH( )的行为……在没有布尔模式修饰符的情况下。

(4)@ distance:这个操作符只在 InnoDB 表上工作。它测试两个或多个单词是否都从彼此之间的指定距离开始,用文字来测量。在@ 远程操作符(col1)下,在一个双引用字符串中指定搜索词。例如,MATCH(col1)与("word3 word3"@8 在布尔模式下)。

(5)(> <):这两个操作符用来改变一个单词对赋予某一行的相关值的影响。> 操作符增强其影响,而 <操作符则减弱其影响。

(6)小括号( ):括号用来将单词分成子表达式。括入括号的部分可以被嵌套。

(7)(~):一个前导的代字号用作否定符,用来否定单词对该行相关性的影响。这对于标记"noise(无用信息)"的单词很有用。包含这类单词的行较其他行等级低,但因其可能会和 - 号同时使用,因而不会在任何时候都派出所有无用信息行。

(8)星号(＊):星号用作截断符。与其他符号不同的是,它应当被追加到要截断的词上。

(9)引号("):一个被括入双引号的短语("")只和字面上包含该短语输入格式的行进行匹配。全文引擎将短语拆分成单词,在 FULLTEXT 索引中搜索该单词。非单词字符不需要严密的匹配:短语搜索只要求符合搜索短语包含的单词且单词的排列顺序相同的内容。例如,"test phrase"符合"test,phrase"。

下列展示了一些使用布尔全文符号的搜索字符串。

(1)apple banana:寻找包含至少两个单词中的一个的行。

(2)＋apple ＋juice:寻找两个单词都包含的行。

(3)＋apple macintosh:寻找包含单词"apple"的行,若这些行也包含单词"macintosh",则列为更高等级。

(4)＋apple －macintosh:寻找包含单词"apple"但不包含单"macintosh"的行。

(5)＋apple ＋(＞turnover ＜strudel):寻找包含单词"apple"和"turnover"的行,或包含"apple"和"strudel"的行(无先后顺序),然而包含"apple turnover"的行较包含"apple strudel"的行排列等级更为高。

(6)apple ＊:寻找包含"apple""apples""applesauce"或"applet"的行。

(7)some words:寻找包含原短语"some words"的行(例如,包含"some words of wisdom"的行,而非包含"some noise words"的行)。注意包围词组的""" 符号是界定短语的操作符字符。它们不是包围搜索字符串本身的引号。

9.3.5　全文搜索带查询扩展

全文搜索支持查询扩展功能(特别是其多变的"盲查询扩展功能")。若搜索短语的长度过短,那么用户则需要依靠全文搜索引擎通常缺乏的内隐知识进行查询。这时,查询扩展功能通常很有用。例如,某位搜索"database"一词的用户,可能认为"MySQL""Oracle""DB2"和"RDBMS"均为符合"databases"的项,因此都应被返回。

在下列搜索短语后添加 WITH QUERY EXPANSION,激活盲查询扩展功能(即通常所说的自动相关性反馈)。它将执行两次搜索,其中第二次搜索的搜索短语是同第一次搜索时找到的少数顶层文件连接的原始搜索短语。这样,假如这些文件中的一个 含有单词"databases"以及单词"MySQL",则第二次搜索会寻找含有单词"MySQL"的文件,即使这些文件不包含单词"databases",如下:

```
－－使用自然语言进行全文搜索
SELECT ＊ FROM TB_ARTICLES
    WHERE MATCH(TITLE,CONTENT)
    AGAINST('database' IN NATURAL LANGUAGE MODE);
```

执行查询的结果如图 1-9-21 所示。

信息 结果1 剖析 状态

ID	TITLE	CONTENT
5	MySQL vs. YourSQL	In the following database comparison ...
1	MySQL Tutorial	DBMS stands for DataBase ...

图 1-9-21 执行查询的结果

```
--使用查询扩展的全文搜索
SELECT * FROM TB_ARTICLES
    WHERE MATCH(TITLE,CONTENT)
    AGAINST('database' WITH QUERY EXPANSION);
```

执行查询的结果如图 1-9-22 所示。

信息 结果1 剖析 状态

ID	TITLE	CONTENT
5	MySQL vs. YourSQL	In the following database comparison ...
1	MySQL Tutorial	DBMS stands for DataBase ...
3	Optimizing MySQL	In this tutorial we will show ...
6	MySQL Security	When configured properly, MySQL ...
2	How To Use MySQL Well	After you went through a ...
4	1001 MySQL Tricks	1. Never run mysqld as root. 2. ...

图 1-9-22 执行查询的结果

9.3.6 MySQL 中文的全文搜索

全文检索在 MySQL 里面很早就支持了,只不过一直以来只支持英文。缘由是 MySQL 从来都使用空格来作为分词的分隔符,而对中文来说,显然用空格就不合适,需要针对中文语义进行分词。但从 MySQL 5.7 开始,MySQL 内置了 ngram 全文检索插件,用来支持中文分词,并且对 MyISAM 和 InnoDB 引擎有效。

要在 MySQL 中实现中文的全文检索,必须要在 my.ini 文件添加参数配置,在使用中文检索分词插件 ngram 之前,先得在 MySQL 配置文件里面设置他的分词大小(默认是 2),如下:

```
[MySQLd]
ngram_token_size = 2
```

分词的 SIZE 越小,索引的体积就越大,所以要根据自身情况来设置合适的大小。

示例 1:数据表脚本如下:

```
－－创建测试实现中文全文检索的数据表
CREATE TABLE ARTICLES_CHINA(
    ID INT NOT NULL AUTO_INCREMENT PRIMARY KEY,
    TITLE VARCHAR(200),
    CONTENT TEXT,
    FULLTEXT(TITLE,CONTENT)
);
```

测试数据:

```
－－插入测试数据
INSERT INTO ARTICLES_CHINA(TITLE,CONTENT) VALUES
('数据库多级联动表设计','2018 年 3 月 6 日 － 设计社区数据库时,遇到有关物业公司 社区 楼栋 单元
房屋 的基础表设计。这几张表之间都是包含关系,故设计为此形式。有点类似……'),
('数据库表结构设计方法及原则','2018 年 5 月 14 日 － //个人认为第三范式的目的是尽量减少数据
冗余,保证相同的数据只存在一份。//第三范式其实我们遵守的并不是很严格,特别是老的数据库表中会
有冗余字段……'),
('MySQL 学习总结','2018 年 11 月 1 日 － 上一节中详细的介绍了关于 MySQL 数据库的安装过程,接
下来就该对数据库以及表进行一些基本的操作了。数据类型 MySQL 数据库中提供了整数类型、浮点
……'),
('SQL 创建数据库、表以及索引','2017 年 5 月 23 日 － 这样做就可以创建一个数据库: CREATE DA-
TABASE 数据库名称创建一个表 这样做就可以创建一个数据库中的表: CREATE TABLE 表名称 ( 列名
称 1 数据类型,……'),
('数据库(数据库、表及表数据、SQL 语句)','2018 年 10 月 1 日 － n 数据定义语言:简称 DDL(Data
Definition Language),用来定义数据库对象:数据库,表,列等。关键字:create,alter,drop 等 n 数据操作语
言:简称 DML(Data M……'),
('MySQL 数据库分表及实现','2018 年 11 月 1 日 － 项目开发中,我们的数据库数据越来越大,随之而
来的是单个表中数据太多。以至于查询书读变慢,而且由于表的锁机制导致应用操作也搜到严重影响,
出现了数据……');
```

使用全文检索搜索 ARTICLES_CHINA 表中 TITLE,CONTENT 列包含"＋数据库＊"的
记录。

1. 自然语言全文检索

实现的 SQL 语句如下:

```
－－使用自然语言进行中文全文检索
SELECT ＊ FROM ARTICLES_CHINA
    WHERE MATCH(TITLE,CONTENT) AGAINST('＋数据库＊' IN NATURAL LANGUAGE MODE);
```

执行检索的结果如图 1 － 9 － 23 所示。

ID	TITLE	CONTENT
▸ 5	数据库(数据库、表及表数据...	2018年10月1日 - n 数据定义语言:简称DDL(Data ...
	NULL NULL	NULL

图 1 – 9 – 23   自然语言全文检索执行的结果

2. 布尔全文检索

实现的 SQL 语句如下:

```
－－使用布尔全文检索使用中文的全文检索
SELECT ＊ FROM ARTICLES_CHINA
    WHERE MATCH(TITLE,CONTENT) AGAINST('＋数据库＊' IN BOOLEAN MODE);
```

执行检索的结果如图 1 – 9 – 24 所示。

ID	TITLE	CONTENT
▸ 5	数据库(数据库、表及表数据...	2018年10月1日 - n 数据定义语言:简称DDL(Data ...
1	数据库多级联动表设计	2018年3月6日 - 设计社区数据库时,遇到有关物业...
2	数据库表结构设计方法及原则	2018年5月14日 - //个人认为第三范式的目的是尽...
4	SQL 创建数据库、表以及索引	2017年5月23日 - 这样做就可以创建一个数据库: C...
	NULL NULL	NULL

图 1 – 9 – 24   布尔全文检索的结果

3. 查询扩展全文检索

实现的 SQL 语句如下:

```
－－使用查询扩展检实现中文全文检索
SELECT ＊ FROM ARTICLES_CHINA
    WHERE MATCH(TITLE,CONTENT) AGAINST('＋数据库＊' WITH QUERY EXPANSION);
```

执行检索的结果如图 1 – 9 – 25 所示。

ID	TITLE	CONTENT
▸ 5	数据库(数据库、表及表数据...	2018年10月1日 - n 数据定义语言:简称DDL(Data ...
4	SQL 创建数据库、表以及索引	2017年5月23日 - 这样做就可以创建一个数据库: C...
	NULL NULL	NULL

图 1 – 9 – 25   查询扩展全文检索执行的结果

总结

(1)了解使用视图的好处。

(2)掌握创建视图使用视图的语法。

(3)熟悉使用视图完成数据的更新操作以及使用视图更新数据需要注意的事项。

(4)了解索引的类型及为什么需要索引。

(5)掌握各种索引创建的语法。

（6）了解全文索引掌握全文搜索的语法。

（7）掌握使用全文检索数据并熟练使用中文的全文检索方法。

（8）了解使用索引需要注意的事项。

第十章
MySQL 触发器

本章要点

10.1　什么是触发器

触发器是与表关联的命名数据库对象,它在表发生特定事件时激活。触发器的一些用途是检查要插入到表中的值,或者对更新中涉及的值执行计算。

触发器定义为在语句插入、更新或删除关联表中的行时激活。这些行操作是触发器事件。例如,可以通过 INSERT 或 LOAD DATA 语句插入行,插入触发器为每个插入行激活。触发器可以设置为在触发器事件之前或之后激活。例如,可以在插入到表中的每一行之前激活触发器,也可以在更新的每一行之后激活触发器。

MySQL 触发器仅在 SQL 语句对表进行更改时才会激活。这包括对可更新视图下的基本表的更改。对于 API 对表所做的更改,如果 API 没有将 SQL 语句发送到 MySQL 服务器,则触发器不会被激活。这意味着触发器不会被使用 NDB API 进行的更新激活。

触发器不会被 INFORMATION_SCHEMA 或 PERFORMANCE_SCHEMA 表中的更改激活。这些表实际上是视图,视图上不允许使用触发器。

10.2　触发器相关概念

在使用触发器之前,需要理解与触发器相关的一些概念。在触发器中,经常会提及这些概念。如果不能很好地理解这些概念,对于 MySQL 的触发器,也将无法得到很好应用。

10.2.1　触发事件

什么是触发事件呢,MySQL 的触发器触发事件是指针对数据库中表的更新操作例如,针对数据表数据的新增(INSERT)、修改(UPDATE)和删除(DELETE)等操作。也就是说,MySQL 中要想触发器被触发,必须需要使用这些事件。

10.2.2　触发对象

触发对象是指触发器执行所针对的对象,也就是执行触发的数据表。

10.2.3　触发时机

触发时机事实上就是触发器被激活的时间,触发时机可以是在前面或后面指示触发器在要修改的每一行之前或之后激活。触发时间有两种:操作之前触发(BEFIRE)和操作之后触发(AFTER)。

10.3　触发器分类

在 MySQL 中,触发器可以分为以下三种类型。

1. INSERT 触发器

INSERT 触发器是指向数据表插入一条新的记录时会被激活的触发器。例如通过插入、加载数据和替换语句等操作。

2. UPDATE 触发器

UPDATE 触发器是指当修改数据表一行数据时,会被激活的触发器。它是通过 UP-DATE 语句触发。

3. DELETE 触发器

DELETE 触发器是指从表中删除一行时触发,如通过 DELETE 和 REPLACE 语句。表中的 DROP 表和 TRUNCATE 表语句不会激活此触发器,因为不使用 DELETE 删除分区,也不会激活删除触发器。

针对触发器的不同,所触发的语句也会不同,哪种类型触发器由什么语句触发请见表1 – 10 – 1。

表 1 –10 –1　触发器类型及其激活触发器的语句

触发器类型	激活触发器的语句
INSERT 触发器	INSERT/LOAD DATA/REPLACE
UPDATE 触发器	UPDATE
DELETE	DELETE/REPLACE

10.4　创建触发器

MySQL 创建触发器的语法如下:

```
CREATE TRIGGER 触发器名称
触发时间 触发事件
    ON 触发对象(数据表名) FOR EACH ROW
触发器中主体语句
```

该语句创建一个新的触发器。触发器是与表关联的命名数据库对象,它在表发生特定事件时激活。触发器与指定数据表关联,该表必须引用一个永久表,不能将触发器与临时表或视图关联。

MySQL 中,创建触发器时,需要创建者拥有创建触发器的权限。

创建触发器时可以为具有相同触发事件和操作时间的给定表定义多个触发器。例如,表的 UPDATE 触发器可以有两个。在默认情况下,具有相同触发事件和操作时间的触发器按创建顺序激活。若要影响触发器顺序,请指定 trigger_order 子句,该子句指示在后面或前面,以及具有相同触发器事件和动作时间的现有触发器的名称。接下来,新触发器在现有触发器之后被激活。在 beforedes 中,新的触发器在现有的触发器之前激活,是触发器激活时执行的语句。要执行多个语句,请使用 BEGIN…END 结束复合语句结构。

在触发器的主体中,NEW 和 OLD 关键字能够访问受触发器影响的行中的列。新旧都是触发器的 MySQL 扩展,它们不区分大小写。

在插入触发器中,只有(NEW. 列名)可以使用。在一个删除触发器中,只有(OLD. 列名)可以使用,没有新的行。在更新触发器中,可以使用(OLD. 列名)引用行更新和新建之前的列,使用(NEW. 列名)可以引用行更新后的列。

一个 OLD 的列是只读的,可以引用它,但不能修改它。如果具有 SELECT 的权限时,则可以引用名为 NEW 的列。在 BEFORE 触发器中,可以使用 SET NEW 更改其值。如果具有更新权限,则使用列名 = 值的方法进行更新。

注意:在 BEFORE 触发器中,AUTO_INCREMENT 列的新值为 0,而不是在插入新行时自动生成的序列号。这意味着可以使用触发器修改要插入到新行或用于更新行的值。(这样的 SET 语句在 AFTER 触发器中不起作用,因为已经发生了行更改)

三种类型的触发器针对 NEW 和 OLD 属性操作有效的情况见表 1 – 10 – 2。

表 1 – 10 – 2   三种类型的触发器针对 **NEW** 和 **OLD** 属性操作有效的情况

	INSERT	**UPDATE**	**DELETE**
OLD	无效	有效	有效
NEW	有效	有效	无效

下面来创建三种类型的触发器。

1. INSERT 触发器

示例 1:创建一个 INSERT 触发器,其实现的 SQL 语句如下:

```
– –创建 INSERT 触发器
DELIMITER $ $
CREATE TRIGGER INSERT_DATA
    BEFORE INSERT
    ON TEST_TRIGGER FOR EACH ROW
        SET @ id = NEW. ID, – – 在 INSERT 触发器中只能是 NEW
        @ name = NEW. TNAME,
        @ date = NEW. TDATE,
        @ remark = NEW. REMARK;
```

测试触发器的 SQL 语句：

```
- -测试 INSERT 触发器
SET @ id = 0, @ name = '', @ date = '', @ remark = '';
INSERT INTO TEST_TRIGGER VALUES(3, '易思淼', now( ), '这是测试触发器的数据');
SELECT @ id, @ name, @ date, @ remark;
```

执行测试的结果如图 1 - 10 - 1 所示。

信息	结果 1	剖析	状态
@id	@name	@date	@remark
▶ 3	易思淼	2018-12-06 22:5	这是测试触发器的数据

图 1 - 10 - 1 示例 1 执行测试的结果

测试后查询 TEST_TRIGGER 表的结果如图 1 - 10 - 2 所示。

信息	结果 1	剖析	状态
ID	TNAME	TDATE	REMARK
▶ 1	张三	2018-12-06 22:34:	这是测试触发器的数
2	李思涵	2018-12-06 22:44:	这是测试触发器的数
3	易思淼	2018-12-06 22:50:	这是测试触发器的数

图 1 - 10 - 2 示例 1 测试后查询 TEST - TRLGGER 表的结果

2. UPDATE 触发器

示例 2：编写 SQL 实现创建一个针对 TEST_TRIGGER 表的 UPDATE 触发器，其 SQL 语句如下：

```
- -创建 UPDATE 触发器
DELIMITER $ $
CREATE TRIGGER UPDATE_DATA
    BEFORE - - 触发时机
    UPDATE - - 触发事件
    ON TEST_TRIGGER    - -触发对象
    FOR EACH ROW
    BEGIN
        INSERT INTO TEST_TRIGGER_BAK VALUES( OLD. ID, OLD. TNAME, OLD. TDATE, OLD.
REMARK, '执行的是 update……');
        INSERT INTO TEST_TRIGGER_BAK VALUES( NEW. ID, NEW. TNAME, NEW. TDATE,
NEW. REMARK, '执行的是 update……');
    END $ $;
```

下面是测试 UPDATE 触发器的 SQL 语句：

――测试 UPDATE 触发器
UPDATE TEST_TRIGGER SET TNAME = '杨世豪', TDATE = NOW() WHERE ID = 1;

执行测试代码后，备份表 TEST_TRIGGER_BAK 表的结果如图 1 – 10 – 3 所示。

信息	结果1	剖析	状态		
ID	TNAME	TDATE	REMARK	OPTIONTYPE
▸ 1	张三	2018-12-06 22:34:	这是测试触发器的数	执行的是update....
1	杨世豪	2018-12-06 23:03:	这是测试触发器的数	执行的是update....

图 1 – 10 – 3　执行测试代码后，备份表 TEST_TRIGGER_BAK 表的结果

数据表 TEST_TRIGGER 表的结果如图 1 – 10 – 4 所示。

信息	结果1	剖析	状态
ID	TNAME	TDATE	REMARK
▸ 1	杨世豪	2018-12-06 23:03:	这是测试触发器的数
2	李思涵	2018-12-06 22:44:	这是测试触发器的数
3	易思淼	2018-12-06 22:50:	这是测试触发器的数

图 1 – 10 – 4　示例 2 数据表 TEST_TRIGGER 表的结果

3. DELETE 触发器

示例 3：编写 SQL 实现一个针对数据表 TEST_TRIGGER 的数据做删除操作的 DELETE 触发器，在触发器的主体中将删除的数据备份到 TEST_TRIGGER_BAK 表中，其 SQL 实现如下：

```
――创建 DELETE 触发器
DELIMITER $ $
CREATE TRIGGER DELETE_DATE
        BEFORE                    ―― 触发时机
        DELETE                    ―― 触发事件
        ON TEST_TRIGGER           ―― 触发对象
        FOR EACH ROW
BEGIN
    ―― 备份数据
    INSERT INTO TEST_TRIGGER_BAK VALUES( OLD. ID, OLD. TNAME, OLD. TDATE, OLD. RE-
MARK, '执行的是 DELETE……');
END $ $
```

下面编写 SQL 语句测试 DELETE 触发器：

```
--测试 DELETE 触发器
DELETE FROM TEST_TRIGGER WHERE ID = 2;
```

执行 DELETE 删除数据后，备份表 TEST_TRIGGER_BAK 中的结果如图 1 - 10 - 5 所示。

ID	TNAME	TDATE	REMARK	OPTIONTYPE
1	张三	2018-12-06 22:34:	这是测试触发器的数	执行的是update....
1	杨世豪	2018-12-06 23:03:	这是测试触发器的数	执行的是update....
2	李思涵	2018-12-06 22:44:	这是测试触发器的数	执行的是DELETE..

图 1 - 10 - 5　示例 3 备份表 TEST_TRIGGER_BAK 中的结果

数据表 TEST_TRIGGER 表的结果如图 1 - 10 - 6 所示。

ID	TNAME	TDATE	REMARK
1	杨世豪	2018-12-06 23:03:	这是测试触发器的数
3	易思淼	2018-12-06 22:50:	这是测试触发器的数

图 1 - 10 - 6　示例 3 数据表 TEST_TRIGGER 表的结果

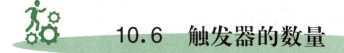

10.5　触发器什么时候执行

触发器程序到底什么时候执行呢？当在执行对数据表做相应操作的时候，就会执行触发器。例如，在 TEST_TRIGGER 表上创建了一个 INSERT 触发器，触发时机使用 BEFORE，触发事件指定的是 INSERT。那么当给 TEST_TRIGGER 表执行 INSERT INTO 命令插入数据时，MySQL 数据库系统就会自动执行这个触发器。

10.6　触发器的数量

对一张表上的触发器最好加以限制，否则会因为触发器过多而加重负载，影响性能。

MySQL 中,一张数据表能够创建的触发器最多也就是 6 个,它们分别是:INSERT BEFORE,INSERT AFTER,UPDATE BEFORE,UPDATE AFTER,DELETE BEFORE,DELETE AFTER。建议给数据表创建触发器时,选择创建触发器的个数最合适的是 INSERT,UPDATE,DELETE 三种类型的触发,选择触发时机中的一种就可以。也就是说,一种表中创建触发器的个数要么就创建 INSERT BEFORE,UPDATE BEFORE,DELETE BEFORE;要么就创建 INSERT AFTER,UPDATE AFTER,DELETE AFTER。

 # 10.7　查看触发器元数据

查看触发器元数据使用 SHOW CREATE TRIGGER 语句,其语法格式如下:

```
SHOW CREATE TRIGGER 触发器名称
```

该语句显示了创建已命名触发器的 CREATE TRIGGER 语句。该语句需要与触发器关联的表的触发器特权。

示例:使用 SHOW 语句查看创建的 INSERT_DATA 触发器的元数据:

```
- -查看定义触发器的元数据
SHOW CREATE TRIGGER UPDATE_DATA
```

执行查看的结果如图 1 - 10 - 7 所示。

Trigger	sql_mode	SQL Original State	character_set_clien	collation_connectic	Database Collation	Created
UPDATE_I	ONLY_FULL_GROUP_BY,S	CREATE DEFINER	utf8mb4	utf8mb4_0900_ai_c	utf8_general_ci	2018-12-06 23:02:

图 1 - 10 - 7　示例使用 SHOW 语句查看的结果

除了上面 SHOW 语句查看触发器元数据外,还可以使用下面语句查看指定数据库中所有触发器的元数据:

```
- -查看指定数据库中触发器定义的元数据
SHOW TRIGGERS FROMDemoDB;
```

执行查询的结果如图 1 - 10 - 8 所示。

Trigger	Event	Table	Statement	Timing	Created	sql_mode	Definer	character_set_clien	collation_connectic	Database Collation
INSERT_D	INSERT	test_trigger	SET @id = NE	BEFORE	2018-12-06 22:48:	ONLY_FULL_GROUP_BY,S	root@localhost	utf8mb4	utf8mb4_0900_ai_c	utf8_general_ci
UPDATE_I	UPDATE	test_trigger	BEGININSER	BEFORE	2018-12-06 23:02:	ONLY_FULL_GROUP_BY,S	root@localhost	utf8mb4	utf8mb4_0900_ai_c	utf8_general_ci
DELETE_I	DELETE	test_trigger	BEGIN-- 备份	BEFORE	2018-12-06 23:13:	ONLY_FULL_GROUP_BY,S	root@localhost	utf8mb4	utf8mb4_0900_ai_c	utf8_general_ci
DELETE_I	DELETE	test_trigger	BEGIN-- 备份	AFTER	2018-12-06 23:41:	ONLY_FULL_GROUP_BY,S	root@localhost	utf8mb4	utf8mb4_0900_ai_c	utf8_general_ci

图 1 - 10 - 8　示例执行另一种语句查看的结果

10.8 删除触发器

删除已有触发器的语法格式如下：

```
DROP TRIGGER [IF EXISTS] [schema_name.]trigger_name
```

这个语句触发了一个触发器。模式（数据库）名是可选的。如果省略模式,则从默认模式中删除触发器。DROP TRIGGER 需要与触发器关联的表的触发器特权。

如果存在,请使用 IF 防止不存在的触发器发生错误。当使用 IF 存在时,将为不存在的触发器生成一个注释。

如果您删除表,也会删除表的触发器。

示例:删除 TEST_TRIGGER 表中名为 DELETE_AFTER_TRIGGER 的触发器,其 SQL 语句如下:

```
--删除触发器
DROP TRIGGER IF EXISTS DELETE_AFTER_TRIGGER;
```

再执行一次查看指定数据库中所有触发器的语句:

```
--查看指定数据库中触发器定义的元数据
SHOW TRIGGERS FROMDemoDB;
```

执行查看的结果如图 1-10-9 所示。

图 1-10-9　示例执行查看的结果

从上面结果可以看到,指定的触发器成功地删除了。

10.9 MySQL 对触发器的限制

MySQL 中,针对触发器的使用有以下几点限制。

（1）在一个数据库中,触发器名称必须是唯一的。

（2）对于具有相同触发时间和触发事件的表，不能存在两个触发器。

（3）触发器不能调用将数据返回客户端的存储程序，也不能使用采用 CALL 语句的动态 SQL（允许存储程序通过参数将数据返回触发程序）。

（4）触发程序不能使用以显式或隐式方式开始或结束事务的语句，如 START TRANSAC-TION，COMMIT 或 ROLLBACK。

第十一章
MySQL 数据备份与数据优化

本章要点

（1）数据备份的必要性。

（2）数据备份的方式。

（3）使用 mysqldump 命令备份数据库和指导的数据表。

（4）恢复数据库或数据表。

（5）数据库结构的优化。

（6）常用数据优化的方法。

11.1 MySQL 备份与恢复

11.1.1 什么是数据备份

数据备份是容灾的基础,是指为防止系统出现操作失误或系统故障导致数据丢失,而将全部或部分数据集合从应用主机的硬盘或阵列复制到其他的存储介质的过程。传统的数据备份主要是采用内置或外置设备进行冷备份。但是这种方式只能防止操作失误等人为故障,并且其恢复时间也很长。随着技术的不断发展、数据的海量增加,不少的企业开始采用网络备份。网络备份一般通过专业的数据存储管理软件结合相应的硬件和存储设备来实现。

11.1.2 数据备份的必要性

对数据的威胁通常比较难于防范,这些威胁一旦变为现实,不仅会毁坏数据,也会毁坏访问数据的系统。造成数据丢失和毁坏的原因主要以下几方面。

(1)数据处理和访问软件平台故障。

(2)操作系统的设计漏洞或设计者出于不可告人的目的而人为预置的"黑洞"。

(3)系统的硬件故障。

(4)人为的操作失误。

(5)网络内非法访问者的恶意破坏。

(6)网络供电系统故障等。

计算机里面重要的数据、档案或历史记录,不论是对企业用户还是对个人用户,都是至关重要的,一时不慎丢失,都会造成不可估量的损失。

为了保障生产、销售、开发的正常运行,企业用户应当采取先进、有效的措施,对数据进行备份,防范于未然。

11.1.3 MySQL 数据备份的原理

MySQL 数据备份其实就是通过 SQL 语句的形式将数据 DUMP 出来,以文件的形式保存,并且导出的文件还是可编辑的,这和 Oracle 数据库的 rman 备份还是很不一样的。MySQL 更像是一种逻辑备份从库中抽取 SQL 语句,这就包括建库、连库、建表、插入等。

11.1.4 MySQL 数据备份的方式

数据备份的方式有以下几种方式。

1. 定期磁带

远程磁带库、光盘库备份，即将数据传送到远程备份中心制作完整的备份磁带或光盘。远程关键数据＋磁带备份，采用磁带备份数据，生产机实时向备份机发送关键数据。

2. 数据库

数据库，就是在与主数据库所在生产机相分离的备份机上建立主数据库的一个拷贝。

3. 网络数据

这种方式是对生产系统的数据库数据和所需跟踪的重要目标文件的更新进行监控与跟踪，并将更新日志实时通过网络传送到备份系统，备份系统则根据日志对磁盘进行更新。

4. 远程镜像

通过高速光纤通道线路和磁盘控制技术将镜像磁盘延伸到远离生产机的地方，镜像磁盘数据与主磁盘数据完全一致，更新方式为同步或异步。

数据备份必须要考虑到数据恢复的问题，包括采用双机热备、磁盘镜像或容错、备份磁带异地存放、关键部件冗余等多种灾难预防措施。这些措施能够在系统发生故障后进行系统恢复。但是这些措施一般只能处理计算机单点故障，对区域性、毁灭性灾难则束手无策，也不具备灾难恢复能力。

11.1.5　数据备份的五个元素

数据备份属于数据容灾保护中的内容，所有的数据备份系统设计都基于这五个元素，即备份源、备份目标、传输网络、备份引擎和备份策略。用户按照需要制订备份策略，使用定时任务执行备份脚本，使用备份引擎将需要备份的数据从备份源通过传输网络传送到备份目标。

1. 备份源

需要备份的数据统一称为备份源，可以是文本数据、音视频数据，也可以是数据库数据等。

2. 备份目标

存放备份数据的位置，通常建议将备份数据存放在异机，或者是更远的数据中心，备份目标可以是在线的磁盘、磁盘阵列柜，也可以是磁带库或虚拟带库。备份目标所在的位置可以在同一个数据中心，也可以是容灾机房。

3. 传输网络

备份数据时使用的传输链路，可以是专线、以太网、Internet、VPN 等，只要保证备份源与目标之间的路由即可。

4. 备份引擎

数据要能够从源到目标流动，就要有动力，就像是水要流动一样。这个动力来源就是备份引擎，像 mysqldump，nvbu，还有大量的备份软件都是备份引擎。

5. 备份策略

为了有效备份,并减少人为操作,应该制订完善的备份策略。通常,全备、差备、增备相结合,备份的时间点应该尽量避开业务高锋期,通常在晚上执行,通过定时任务实现。

11.1.6 实现 MySQL 数据备份

备份数据库非常重要,这样就可以恢复数据,并在出现问题时重新启动和运行,如系统崩溃、硬件故障或用户错误删除数据。在升级 MySQL 安装之前,备份也是必不可少的安全措施,可以用于将 MySQL 安装转移到另一个系统或设置复制从服务器。

MySQL 提供了多种备份策略,可以从中选择最适合安装需求的方法。

MySQL 的备份可以分为以下几种:

(1)物理(原始)备份与逻辑备份;

(2)联机备份与脱机备份;

(3)本地备份与远程备份;

(4)完整备份与增量备份;

(5)快照备份。

下面介绍数据库备份的方法。数据库的备份方法有很多,如使用 MySQL 企业级工具进行热备份、使用 MySQLdump 命令备份、使用复制表文件进行备份、进行分隔文本文件备份、启用二进制日志增量备份等。这里详细介绍使用 MySQLdump 命令进行本地数据库备份。

1. 备份单个数据库

备份单个数据库的语法格式如下:

```
mysqldump - u 用户名 - p 数据库名 > 本地盘符:\文件夹\文件名. sql
```

示例1:请使用 mysqldump 命令备份 DemoDB 数据库,实现的 SQL 语句如下:

```
mysqldump - u root - p DemoDB > D:\demo\demodb_backup. sql
```

执行上面命令后提示输入密码,按照提示输入密码后回车即会在本地计算机的 D 盘下的 demo 目录下生产 demodb_backup. sql 文件。如图 1 - 11 - 1 所示。

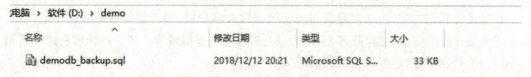

图 1 - 11 - 1 示例 1demo 目录下生产 demodb_backup. sql 文件

2. 备份多个数据库

使用 mysqldump 命令备份多个数据库的语法格式如下:

```
mysqldump - u 用户名 - p - databases 数据库名 1 数据库名 2 … > 本地盘符:\文件夹\文件名. sql
```

示例2:请使用 mysqldump 命令将 DemoDB 和 BookLibrary 数据库进行备份,实现的 SQL

语句如下：

```
mysqldump - u root - p - - databases DemoDB BookLibrary >
D：\demo\demodb_booklibrary_bak.sql
```

执行上面命令后提示输入密码,按照提示输入密码后回车即会在本地计算机的 D 盘下的 demo 目录下生产 demodb_booklibrary_bak.sql 文件。如图 1 - 11 - 2 所示。

脑 > 软件 (D:) > demo			∨ ↻
名称 ^	修改日期	类型	大小
all_database_bak.sql	2018/12/12 20:34	Microsoft SQL S...	947 KB
demodb_backup.sql	2018/12/12 20:21	Microsoft SQL S...	33 KB
demodb_booklibrary_bak.sql	2018/12/12 20:27	Microsoft SQL S...	66 KB

图 1 - 11 - 2   示例 2demo 目录下生产 demodb_booklibrary_bak.sql 文件

3. 备份所有数据库

MySQL 使用 mysqldump 命令备份所有数据库的语法格式如下：

```
mysqldump - u 用户名 - p - - all - databases 本地盘符:\文件夹\文件名.sql
```

示例 3:请使用 mysqldump 命令将数据库服务器中所有数据库进行备份,实现的 SQL 语句如下：

```
mysqldump - u root - p - - all - databases > D：\demo\all_database_bak.sql
```

执行上面命令后提示输入密码,按照提示输入密码后回车即会在本地计算机的 D 盘下的 demo 目录下生产 demodb_booklibrary_bak.sql 文件。如图 1 - 11 - 3 所示。

脑 > 软件 (D:) > demo			∨ ↻
名称 ^	修改日期	类型	大小
all_database_bak.sql	2018/12/12 20:34	Microsoft SQL S...	947 KB
demodb_backup.sql	2018/12/12 20:21	Microsoft SQL S...	33 KB
demodb_booklibrary_bak.sql	2018/12/12 20:27	Microsoft SQL S...	66 KB

图 1 - 11 - 3   示例 3demo 目录下生产 demodb_booklibrary_bak.sql 文件

4. 备份指定数据库的单个表

MySQL 使用 mysqldump 命令备份指定数据库中的单个数据表的语法格式如下：

```
mysqldump - u 用户名 - p 数据库名 数据表名 > 本地盘符:\文件夹\文件名.sql
```

示例 4:使用 MySQL 的 mysqldump 备份 DemoDB 数据库中的 tb_student_info 表,实现的 SQL 语句如下：

```
mysqldump - u root - p DemoDB tb_student_info > D：\demo\student_bak.sql
```

执行上面命令后提示输入密码,按照提示输入密码后回车即会在本地计算机的 D 盘下

的 demo 目录下生产 student_bak. sql 文件。如图 1 – 11 – 4 所示。

电脑 > 软件 (D:) > demo			
名称 ^	修改日期	类型	大小
all_database_bak.sql	2018/12/12 20:34	Microsoft SQL S...	947 KB
demodb_backup.sql	2018/12/12 20:21	Microsoft SQL S...	33 KB
demodb_booklibrary_bak.sql	2018/12/12 20:27	Microsoft SQL S...	66 KB
student_bak.sql	2018/12/12 20:40	Microsoft SQL S...	5 KB

图 1 – 11 – 4   示例 4demo 目录下生产的 student_bak. sql 文件

5. 备份指定数据库的多个表

MySQL 使用 mysqldump 命令备份指定数据库中的多个数据表的语法格式如下：

```
mysqldump – u 用户名 – p 数据库名 数据表名 1 … 数据表名 n > 本地盘符:\文件夹\文件名. sql
```

示例 5: 请使用 MySQL 的 mysqldump 备份 DemoDB 数据库中的 tb_classes, tb_student_info, tb_score_info 表。实现的 SQL 语句如下：

```
mysqldump – u root – p DemoDB tb_classes tb_student_info tb_score_info > D:\demo\student_info_bak. sql
```

执行上面命令后提示输入密码，按照提示输入密码后回车即会在本地计算机的 D 盘下的 demo 目录下生产 student_info_bak. sql 文件。如图 1 – 11 – 5 所示。

电脑 > 软件 (D:) > demo			
名称 ^	修改日期	类型	大小
all_database_bak.sql	2018/12/12 20:34	Microsoft SQL S...	947 KB
demodb_backup.sql	2018/12/12 20:21	Microsoft SQL S...	33 KB
demodb_booklibrary_bak.sql	2018/12/12 20:27	Microsoft SQL S...	66 KB
student_bak.sql	2018/12/12 20:40	Microsoft SQL S...	5 KB
student_info_bak.sql	2018/12/12 20:45	Microsoft SQL S...	8 KB

图 1 – 11 – 5   示例 5demo 目录下生产 student_info_bak. sql 文件

11.1.7   数据恢复

现在，假设在某个时间段发生了灾难性的崩溃，需要从备份的文件中进行恢复。要恢复，先要找到最后一次完整的备份。完整的备份文件是由一组 SQL 语句，所以恢复是非常容易的。进行数据恢复的语法格式如下：

```
mysql – u 用户名 – p < 要恢复的数据库文件的路径和文件名. sql
```

示例: 在机器上，MySQL 数据库因为操作系统的原因发生崩溃，数据库系统进行重新安装后，需要恢复 DemoDB 和 BookLibrary 数据库，实现数据库恢复的 SQL 语句如下：

```
mysql – u root – p < d:\demo\demodb_booklibrary_bak. sql
```

执行上面恢复命令成功后,使用命令查看数据库及表的结果如图 1 - 11 - 6 所示。

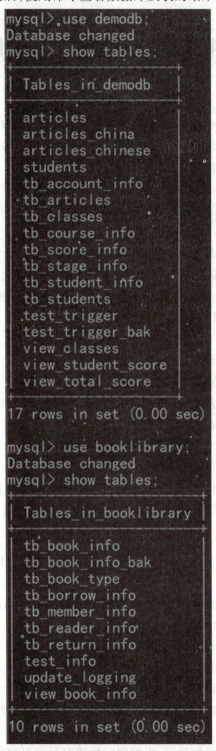

图 1 - 11 - 6　示例执行恢复命令成功后的结果

11.2 MySQL 数据优化

信息系统的性能,很大一部分是与数据库有直接关系,如说明数据库访问反应的速度快,系统的运行速度也会相应增快。要想系统访问数据库数据的反应快,那么就需要对数据库的设计以及数据操作语句的优质设计,才能达到良好的性能。下面针对 MySQL 的数据库结构和查询语句的优化做相关的介绍。

11.2.1 数据库结构优化

实际应用中,影响 MySQL 数据库的因素包括服务器硬件、计算机的操作系统、MySQL 服务器配置和数据库结构。其中,数据库结构是影响最大的。因此,良好的数据库逻辑设计和物理设计是数据库获得高性能的基础。在进行数据库设计时,就有必要对数据库结构进行优化。数据库结构优化的目的如下。

(1)减少数据的冗余。

(2)尽量避免数据库出现更新、插入和删除异常。

①插入异常:如果表中的某个实体随着另一个实体而存在。

②更新异常:如果更新表中的某个实体的单独属性时,需要对多行进行更新。

③删除异常:如果删除表中的某一实体,则会导致其他实体的消失。

(3)节约数据库的存储空间。

(4)提高查询数据的效率。

如何才能达到数据库的结构是良好? 只有在设计实现的过程,按照相关的设计步骤和遵循相关规则,才能达到这样的效率。设计的步骤和相关规则表现在以下几方面。

1. 数据库结构设计

进行数据库的结构设计时,需要按照相关的步骤来完成数据库结构设计,相关的步骤如下。

(1)需求分析。在需求分析阶段,应该做到全面地了解产品设计的存储需求、数据处理的需求以及数据的安全性和数据完整性。

(2)逻辑设计。在逻辑设计阶段,需要按照设计数据的逻辑存储结构,确定数据实体之间的逻辑关系,解决数据冗余和数据维护的异常。

(3)物理设计。在物理设计阶段,需要根据所使用的数据库特点进行表结构进行设计,包括选择合适的字段名称和数据类型、是否需要定义相关约束、为数据表选择合适的存储引擎等。

(4)运行维护。在运行维护阶段,根据实际的情况对索引、存储结构进行相关优化。

2. 数据库规范设计

进行数据库规范设计时,需要掌握数据库的范式设计理论。范式理论包括第一范式、第二范式和第三范式。掌握这些理论为设计出没有数据冗余和数据维护异常的数据库结构打下基础。当然,范式设计并不是万能的,因为它既有优点也有缺点。它的优点是可以尽量减少数据冗余、范式化的更新操作快、范式化的表比较小等;它的缺点是对于查询需要对多个表进行关联、难以进行索引优化。基于这些原因,进行适当的反范式设计。

反范式是针对范式化而言的,所谓的反范式化就是为了性能和读取效率的考虑而适当的对数据库设计范式的要求进行违反,而允许存在少量的数据冗余。换句话来说,反范式化就是使用空间来换取时间,在反范式设计时可以考虑减少表的关联。

3. 数据库物理设计

完成数据库物理设计时,需要根据所选择的关系型数据库的特点对逻辑模型进行存储结构设计。因此,此时需要根据数据库的相关规则定义数据表结构、为字段选择最合适的数据类型、为数据表选择合适的存储引擎,因为这些选择将决定数据表操作性能的因素。

(1)选择合适的数据类型。

当一个列可以选择多种数据类型时,应优先考虑数字类型,其次是日期或二进制类型,最后是字符类型。对于相同级别的数据类型,应该优先选择占用空间小的数据类型。

(2)选择合适的存储引擎,存储引擎见表1-11-1。

表1-11-1 存储引擎及其应用、忌用

存储引擎	事务	锁粒度	主要应用	忌用
InnoDB	支持事务	执行 MVCC 的行级锁	事务处理	无
MyISAM	不支持事务	支持并发插入的表级锁	SELECT,INSERT	读写操作频繁
Archive	不支持事务	行级锁	日志记录,只支持 INSERT,SELECT	需要随机读取、更新、删除
MRG_MyISAM	不支持事务	支持并发插入的表级锁	分段归档,数据仓库	全局查找过的场景
NDB CLUSTER	支持	行级锁	高可用性	大部分应用

如何选择合适的存储引擎? 这就需要了解各种存储引擎支持什么,不支持什么;它们的优点是哪些,缺点是哪些。只要掌握存储引擎的特点,才能为表选择合适存储的引擎。

11.2.2 查询优化

MySQL 的查询优化,主要是针对表的索引的优化和 SQL 语句的优化。

1. 索引优化

针对 MySQL 的索引优化,表现在以下面几方面。

(1)合理使用索引,经常要进行 INSERT,UPDATE,DELETE 操作的表,不合适使用索引。

(2)尽量使用短索引,如果可以,应该指定一个前缀长度。一个表上创建索引不应该超过6个。

（3）对于经常会出现在 WHERE 子句、ORDER BY 子句和 GROUP BY 子句中的列,最好设置索引,这样可以加快查询速度。

（4）创建索引时,最好不要为字段值重复过多列。

（5）尽量不要在列上进行运算（函数和表达式操作）。

（6）尽量不要使用 NOT IN 和 < > 操作符。

在给数据表创建索引时,下面的几种情况会导致查询引擎放弃使用索引。

（1）where 子句中使用 like 关键字时,前置百分号会导致索引失效（起始字符不确定都会失效）。如:select id from test where name like "% 你是神"。

（2）where 子句中使用 is null 或 is not null 时,因为 null 值会被自动从索引中排除,索引一般不会建立在有空值的列上。

（3）where 子句中使用 or 关键字时,or 左右字段如果存在一个没有索引,有索引字段也会失效;并且即使都有索引,因为二者的索引存储顺序并不一致,效率还不如顺序全表扫描。这时引擎有可能放弃使用索引,所以要慎用 or。

（4）where 子句中使用 in 或 not in 关键字时,会导致全表扫描,能使用 exists 或 between and 替代就不使用 in。

（5）where 子句中使用! =操作符时,将放弃使用索引,因为范围不确定,使用索引效率不高,会被引擎自动改为全表扫描。

（6）where 子句中应尽量避免对索引字段操作（表达式操作或函数操作）,如 select id from test where num/2 = 100 应改为 num = 200。

（7）在使用复合索引时,查询时必须使用到索引的第一个字段,否则索引失效;并且应尽量让字段顺序与索引顺序一致。

（8）查询时必须使用正确的数据类型。数据库包含了自动类型转换,如纯数字赋值给字符串字段时可以被自动转换。但如果查询时不加引号查询,会导致引擎忽略索引。

2. SQL 语句优化

MySQL 中进行 SQL 语句优化时,应该从以下几方面去考虑对 SQL 语句进行优化。

（1）使用 EXPLAIN 关键字分析查询语句。

MySQL 提供了 EXPLAIN 关键字来分析表和 SQL 语句,其使用语法如下:

```
EXPLAIN 表名
或
EXPLAIN SQL 语句
```

使用 EXPLAIN 关键字可以知道,MySQL 是如何处理 SQL 语句的,这样可以帮助分析查询语句或表结构的性能瓶颈;EXPLAIN 的查询结果还会告诉索引主键是如何被利用的,数据表是如何被被搜索或排序的,等等。

使用 EXPLAIN 语句分析 SQL 语句的结果如图 1 - 11 - 7 所示。

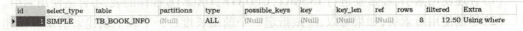

id	select_type	table	partitions	type	possible_keys	key	key_len	ref	rows	filtered	Extra
1	SIMPLE	TB_BOOK_INFO	(Null)	ALL	(Null)	(Null)	(Null)	(Null)	8	12.50	Using where

图 1 - 11 - 7 使用 EXPLAIN 语句分析 SQL 语句的结果

使用 EXPLAIN 命令输出表中列的说明,见表 1-11-2。

表 1-11-2　列名及其含义

列名	含义
Id	SELECT 语句的标识列
Select_type	SELECT 语句的类型
Table	输出结果的数据表名
Partitions	匹配的分区
Type	连接类型
Possible_keys	可以选择的索引
Key	实际选择的索引
Key_len	选择键的长度
Ref	—
Rows	估计要检查的行数
Filtered	按表条件过滤的行的百分比
Extra	附加信息

在 EXPLAIN 命令输出表中,应该重点关注 filtered 和 rows 的输出。Filtered 表示过滤的列显示将通过表条件过滤的表行的估计百分比。最大值为 100,这意味着不发生行滤波。从 100 减少的值表明过滤量增加。行显示所检查的行和行的估计数 × 滤波显示将与下表连接的行数。而 rows 表示需要过滤数据的条数。

示例 1:比较使用索引和没有使用索引的 SELECT 语句的性能。

查询语句:

```
EXPLAIN SELECT * FROM TB_BOOK_INFO WHERE BOOKCODE = 20180101004;
```

没有使用索引的分析结果,如图 1-11-3 所示。

id	select_type	table	partitions	type	possible_keys	key	key_len	ref	rows	filtered	Extra
1	SIMPLE	TB_BOOK_INFO	(Null)	ALL	(Null)	(Null)	(Null)	(Null)	8	12.50	Using where

图 1-11-3　示例 1 没有使用索引的分析结果

使用索引的分析结果,如图 1-11-4 所示。

id	select_type	table	partitions	type	possible_keys	key	key_len	ref	rows	filtered	Extra
1	SIMPLE	TB_BOOK_INFO	(Null)	const	INDEX_BOOK_(	INDEX_B(	36	const	1	100.00	(Null)

图 1-11-4　示例 1 使用索引的分析结果

从执行 EXPLAIN 语句输出的结果可以看出,使用索引的效率比没有使用索引的效率要高,从 rows 列和 filtered 两个列值中已经表现出来。使用索引时,是从 1 行数据中检查,而不使用索引时是从 8 行数据检查。而 filtered 列的值 100 时,表示不发生过滤,而此列值越小,则表示过滤的次数就越多。

(2)使用 SELECT 查询数据时,尽量不要使用(*)通配符,尽量使用写全表的字段名。

使用星号(*)查询:

```
SELECT * FROM TB_BOOK_INFO;
```

执行查询时间的结果如图 1 – 11 – 5 所示。

查询时间: 0.030s

图 1 – 11 – 5   使用冒号(*)查询,执行查询时间的结果

使用全字段名查询:

```
SELECT BOOKCODE, BOOKNAME, BOOKAUTHOR, PUBLISHING, PUBILSHDATE, BOOKPRICE, PA-
GENUMBER, BOOKNUM, NOWNUMBER, BOOKSTATUS, BOOKUPDATE, BOOKCOUNT, BOOKDIGEST,
ISOFF, TYPEID FROM TB_BOOK_INFO;
```

执行查询时间的结果如图 1 – 11 – 6 所示。

查询时间: 0.023s

图 1 – 11 – 6   使用全字段名查询,执行查询时间的结果

(3)能够使用连接查询完成的绝不使用子查询语句。

示例2:使用子查询的 SQL 语句:

```
SELECT BT. TYPENAME, BI. BOOKCODE, BI. BOOKNAME, BI. BOOKAUTHOR, BI. PUBLISHING    FROM
TB_BOOK_TYPE BT, TB_BOOK_INFO BI WHERE BT. TYPEID = BI. TYPEID AND BI. TYPEID = ( SELECT
TYPEID FROM TB_BOOK_TYPE WHERE TYPENAME = '小说类');
```

执行查询时间的结果,如图 1 – 11 – 7 所示。

查询时间: 0.031s

图 1 – 11 – 7   示例2 使用子查询的结果

使用连接查询的 SQL 语句:

```
SELECT BT. TYPENAME, BI. BOOKCODE, BI. BOOKNAME, BI. BOOKAUTHOR, BI. PUBLISHING FROM TB
_BOOK_TYPE BT LEFT JOIN TB_BOOK_INFO BI ON BT. TYPEID = BI. TYPEID WHERE BT. TYPENAME =
'小说类';
```

执行查询时间的结果,如图 1 – 11 – 8 所示。

查询时间: 0.028s

图 1 – 11 – 8   示例2 使用连接查询的结果

(4)使用连接查询时,尽量使用字段少和数据量小的表驱动字段多和数据量大的表。

示例3：使用表小连接表大的查询语句：

> EXPLAIN SELECT BT. TYPENAME，BI. BOOKCODE，BI. BOOKNAME，BI. BOOKAUTHOR，BI. PUBLISHING
> FROM TB_BOOK_TYPE BT LEFT JOIN TB_BOOK_INFO BI ON BT. TYPEID = BI. TYPEID WHERE BT.
> TYPENAME = '小说类'；

分析的结果如图 1 - 11 - 9 所示。

id	select_type	table	partitions	type	possible_keys	key	key_len	ref	rows	filtered	Extra
1	SIMPLE	BT	(Null)	ALL	(Null)	(Null)	(Null)	(Null)	6	16.67	Using where
1	SIMPLE	BI	(Null)	ALL	(Null)	(Null)	(Null)	(Null)	8	100.00	Using where; Using join buffer (Block Nested Loop)

图 1 - 11 - 9   示例 3 使用表小连接表大的查询结果

使用表大连接表小的查询语句：

> EXPLAIN   SELECT BT. TYPENAME，BI. BOOKCODE，BI. BOOKNAME，BI. BOOKAUTHOR，BI. PUBLISH-
> ING FROM TB_BOOK_INFO BI LEFT JOIN TB_BOOK_TYPE BT ON BT. TYPEID = BI. TYPEID WHERE BT.
> TYPENAME = '小说类'；

分析的结果如图 1 - 11 - 10 所示。

id	select_type	table	partitions	type	possible_keys	key	key_len	ref	rows	filtered	Extra
1	SIMPLE	BT	(Null)	ALL	PRIMARY	(Null)	(Null)	(Null)	6	16.67	Using where
1	SIMPLE	BI	(Null)	ALL	(Null)	(Null)	(Null)	(Null)	8	12.50	Using where; Using join buffer (Block Nested Loop)

图 1 - 11 - 10   示例 3 使用表大连接表小的查询结果

针对 MySQL 的性能与数据优化比较复杂，这里只是介绍了一些常见的性能优化方法。

总结

（1）了解数据库备份的必要性和备份的方式。

（2）掌握使用 MySQL 命令备份和恢复数据库和数据表。

（3）理解数据优化的重要性。

（4）熟悉数据库结构优化的方法。

（5）熟悉 SQL 数据优化的常用方法。

上机部分

第一章
数据库设计基础

本章上机任务

(1) 阅读理解图书管理系统的需求。

(2) 使用 PowerDesigner 16 工具设计图书管理系统数据库。

(3) 使用 PowerDesigner 16 工具设计网吧计费系统数据库。

MySQL数据库设计

第1阶段　上机指导

上机指导1　阅读理解图书管理系统的需求

完成本次上机任务所需的知识点:图书管理系统的业务流程。

1. 问题

仔细阅读图书管理系统的需求文档,理解需求文档中的系统业务,通过需求文档分析得到系统需要的数据结构。

2. 分析

随着计算机技术的不断发展,计算机已经普及千家万户,也渗透了各个领域。计算机软件系统和网络应用得到极大的发展,给人们带来了新时代的信息传播和应用。因此,现在各个领域都在普及计算机的信息化,并通过信息化的方式提高各个行业的管理能力,图书馆这个单位也不例外。为了提高图书馆各项管理工作的效率,它的计算机信息化也是刻不容缓的事情。

图书馆正常运营需要面临大量的读者信息、图书信息及其读者对图书借阅时产生的业务,如借阅图书信息、还书信息。因此,图书馆需要对读者信息、图书信息、借书信息、还书信息等各类信息进行切实有序的进行管理,及时处理各个业务环节的信息变更,有利于提高图书馆的管理效率。下面详细描述图书管理系统所需的功能和需求,为系统研发躺平道路,打下基础。

3. 解决方案

(1)图书管理系统需求分析。

决定要开发某个信息系统时,首先要对信息系统的需求进行详细调研,得到系统所需完成的系统功能和系统需求,再对系统需求和系统功能进行细致有效的分析,得到系统所需处理的业务和业务流程,详细描述处理这些业务的功能结构和性能要求,确定软件系统的数据结构、功能需求及其系统限制以及与其他系统要素的接口细节,定义软件系统的其他有效性需求。

通过对图书处理流程进行详细有效的分析,图书馆对图书与读者之间发生的业务而产生的过程如下。

①办卡流程。

如果读者到图书馆去借阅书籍,图书馆工作人员需要读者提供图书的借阅卡证。如果没有借阅卡证时,那么读者是无法从图书馆借走任何书籍的。因此在读者借书之前,需要到图书馆的服务台办理图书馆的借书卡。办理借书卡时,需要读者提供身份信息和办卡押金,图书馆工作人员根据读者提供的身份信息和押金开始为读者办理借书卡,办理借书卡的流程图如图 2 - 1 - 1 所示。

领取表格→填写身份信息→核对身份信息→是否满足办卡条件→满足条件→缴纳押金→激活借书卡→办理完成;

领取表格→填写身份信息→核对身份信息→是否满足办卡条件→不满足条件→结束办理。

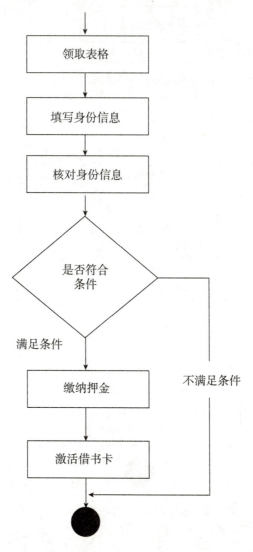

图 2 - 1 - 1　图书馆办卡流程图

②借书流程。

读者从书架上选到所需的图书后,将图书和借书卡交给管理人员,管理人员使用条码读卡器将图书和借书卡信息读入系统。系统根据借书卡找到读者和借阅文件的相关记录,根据图书上的条码从图书信息中找到相关记录,如出现下面情况不予以借阅书籍:

a. 借书卡允许借阅书籍的数量以及达到借阅数量未还的读者;

b. 借阅书籍有超期未还并未续借的读者;

c. 暂停外借的书籍;

d. 失信的读者。

图2-1-2是借书流程图。

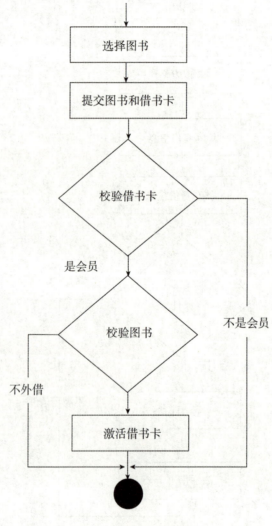

图2-1-2　借书流程图

③还书流程。

读者还书时,将图书交给工作人员,工作人员将图书条码读入系统,系统从借阅信息中找到相关记录,填写还书时间,并从借阅信息中删除借阅信息,同时校验借阅是否超期,没有超期的结束还书流程完成还书。如果超期则计算超期天数、计算罚金、打印罚款单,并向信息写入罚款信息、读者缴纳罚款、条件罚款单、系统根据图书条码和罚款单,并将记录写入历史记录,并从罚款文件删除此记录,完成还书。其流程图如图 2 – 1 – 3 所示。

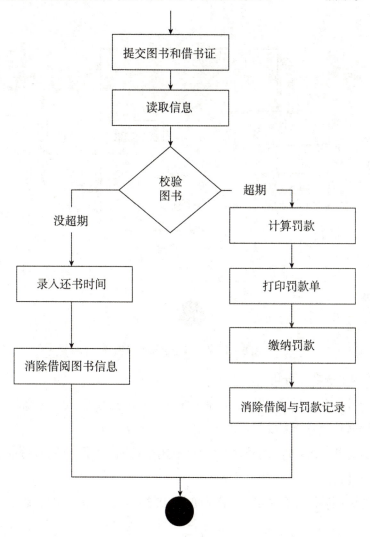

图 2 – 1 – 3 还书流程图

④上网续借流程。

图书管理系统提供了图书续借的功能,读者登录系统,录入借书卡信息。登录系统后,选择自己借阅的图书完成续借操作。图书续借时,系统会根据图书借阅的时间,验证是否可以进行续借,没有超期的图书,选择续借,点击提交即可完成续借流程。如果图书已经超期,

MySQL数据库设计

将无法续借,只能走还书流程。图2-1-4是续借流程图。

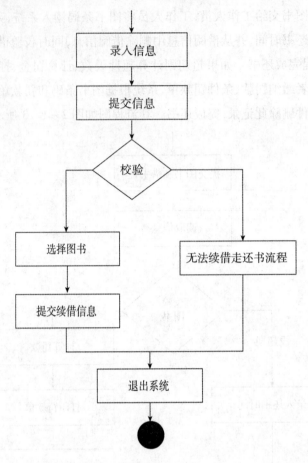

图2-1-4 网上续借流程图

(2)图书管理系统功能分析。

系统功能分析是系统开发的基础,它是系统分析阶段完成的,也是系统开发中一个必不可少的环节。图书管理系统需要完成以下功能。

①读者基本信息录入:读者编号、姓名、性别、出生日期、联系电话、身份证号、家庭住址、登记时间、备注等信息。

②办理借书卡:卡号、押金金额、办卡时间、卡状态(是否正常)、借书数量、已借数量、备注等。

③借书卡信息查询与修改:包括卡号、押金金额、借书数量、已借数量、卡状态、办卡时间等。

④图书信息分类:根据图书不同类型制订分类,包括类别编号、分类名称、备注信息等。

⑤图书信息录入:需要录入的图书信息包括图书编号、图书条码、图书名称、图书分类、作者姓名、出版社名称、出版日期、价格、图书页数、图书册数、上架时间、借出次数、是否借

出、图书摘要等信息。

⑥图书上架与下架：新增图书的上架，旧书的下架。

⑦图书借阅信息录入：借阅信息包括借阅编号、图书编号、图书条码、借书卡号、借阅时间、应还时间、还书时间、借阅状态等信息。

⑧图书借阅信息查询与修改：包括借阅编号、图书编号、图书条码、借书卡号、借阅时间、应还时间、还书时间、借阅状态等信息。

⑨图书还书信息录入：包括归还编号、图书编号、借书卡编号、归还时间、归还状态等信息。

⑩还书信息的查询与修改：包括归还编号、图书编号、借书卡编号、归还时间、归还状态等信息。

⑪图书网上续借：包括续借编号、借书卡号、图书编号、续借时间、应还时间、备注信息等。

上机指导2　使用 PowerDesigner 16 工具设计图书管理系统数据库

1. 问题

在前面分析的基础上，使用 PowerDesigner 16 数据模型设计工具，完成数据库的建模。先创建数据的概念模型，然后根据概念模型生成对应的物理模型，最后生成数据库的 SQL 脚本。

2. 分析

Power Designer 是 Sybase 公司的 CASE 工具集，使用它可以方便地对管理信息系统进行分析设计，它几乎包括了数据库模型设计的全过程。利用 Power Designer 可以制作数据流程图、概念数据模型、物理数据模型，还可以为数据仓库制作结构模型，也能对团队设计模型进行控制。它可以与许多流行的软件开发工具，如 PowerBuilder，Delphi，VB 等相配合使开发时间缩短和使系统设计更优化。

Power Designer 是能进行数据库设计的强大的软件，是一款开发人员常用的数据库建模工具。使用它可以分别从概念数据模型（Conceptual Data Model）和物理数据模型（Physical Data Model）两个层次对数据库进行设计。在这里，概念数据模型描述的是独立于数据库管理系统（DBMS）的实体定义和实体关系定义，物理数据模型是在概念数据模型的基础上针对目标数据库管理系统的具体化。

本次上机通过学习使用 PowerDesigner 16 对数据库进行建模，完成数据库分析和设计。

PowerDesigner 16 中涉及的几种模型。

（1）概念数据模型。

概念数据模型（Conceptual Data Model，CDM）表现数据库的全部逻辑结构，与任何的软

件或数据储藏结构无关。一个概念模型经常包括在物理数据库中仍然不实现的数据对象。它给运行计划或业务活动的数据一个正式的表现方式。

概念数据模型是最终用户对数据存储的看法,反映了用户的综合性信息需求。它不考虑物理实现的细节,只考虑实体之间的关系。CDM 是适合于系统分析阶段的工具。

(2)物理数据模型。

物理数据模型(Physical Data Model,PDM)描述数据库的物理实现。藉由 PDM,是考虑真实的物理实现的细节。它进入账户两个软件或数据储藏结构之内,能修正 PDM 适合的表现或物理约束。

主要目的是把 CDM 中建立的现实世界模型生成特定的 DBMS 脚本,产生数据库中保存信息的储存结构,保证数据在数据库中的完整性和一致性。它是适合于系统设计阶段的工具。

(3)面向对象模型。

面向对象模型(Object Oriented Model,OOM)包含一系列包、类、接口和它们的关系。这些对象一起形成所有(或部分)的一个软件系统的逻辑的设计视图的类结构。一个 OOM 本质上是软件系统的一个静态的概念模型。

(4)业务程序模型。

业务持续模型(Business Process Model,BPM)描述业务的各种不同内在任务和内在流程,并且客户如何以这些任务和流程互相影响。BPM 是从业务合伙人的观点来看业务逻辑和规则的概念模型,使用一个图表描述程序、流程、信息和合作协议之间的交互作用。

数据库设计一般都会遵循软件的生命周期理论,根据这个理论可以分为如下几个阶段:需求分析→概念结构设计→逻辑结构设计→物理结构设计→数据库实施→数据库允许→数据库维护。其中,需求分析和概念设计独立于任何的 DBMS 系统,而逻辑结构设计和物理结构设计则与具体 DBMS 相关。数据库的设计通常都是从概念结构开始的,概念模型完成数据库的逻辑结构设计。在此阶段,将使用 PowerDesigner 16 工具建造概念模型,熟悉使用各种模型的符号,这些模型符号和 E – R 图符号有所不同。

3. 解决方案

(1)启动 PowerDesigner,开始建造概念数据模型图。启动工具如图 2 – 1 – 5 所示。

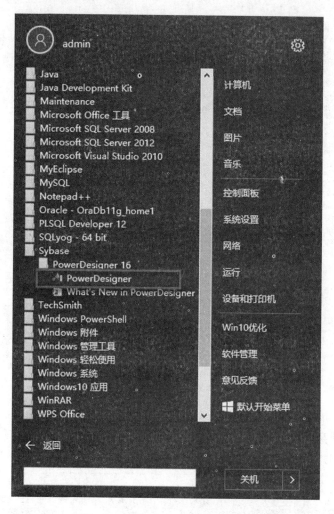

图 2 - 1 - 5　**PowerDesigner 启动工具**

（2）新建概念数据模型（CDM）。

①在打开的窗口中，选择"File"→"New Model"，弹出如图 2 - 1 - 6 所示的对话框，先选择"Model types"，再从"Model type"栏目中选择"Conceptual Data Model"，即为概念数据模型。在"Model name"中输入模型名称"CDM_BooksLibraryDB"，然后单击"OK"按钮，即可打开创建概念数据模型的窗口。

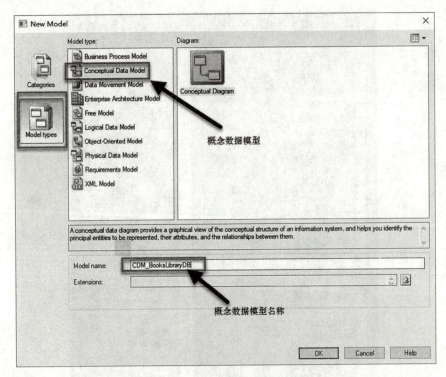

图 2 - 1 - 6 "New Model" 对话框

②单击"OK"按钮后,出现如图 2 - 1 - 7 所示的窗口,整个工具的窗口分为工作区浏览窗口、模型图绘制窗口、工具栏窗口和输出窗口。设计概念模型图时,需要在右侧的工具栏中选择相应的图形符号来进行设计。

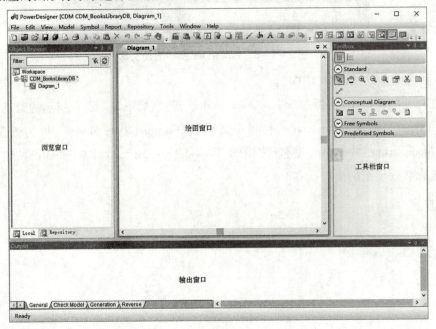

图 2 - 1 - 7 "PowerDesigner [CDM CDM_BooksLibraryDB. Dingram_1]" 窗口

（3）设计实体。

①在 CDM 的图形设计时，在右侧的（Toolbox）中选择"实体"图形符号 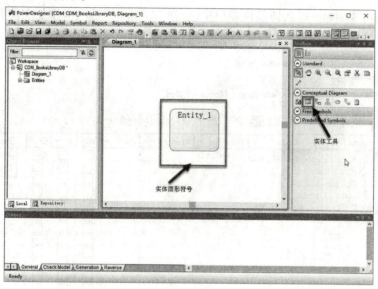 ，鼠标将变为实体图标形状。在设计窗口的空白处，单击位置就能出现实体符号，然后右击鼠标释放实体工具，如图 2－1－8 所示。

图 2－1－8　设计实体——"实体"图形符号

②双击刚创建好的实体符号，打开"Entity Properties"实体属性窗口，在窗口的"General"选项卡栏目中输入实体名称（Name）、代码（Code）、注释描述（Comment）等信息。如图 2－1－9所示。

图 2－1－9　"Entity Properties"实体属性窗口

General 选项卡中选项的说明：

a. Name：实体的名称，这栏输入的是中文名称。

b. Code：实体代码，生成代码时使用的名称，这栏输入的是英文名称。

c. Comment：实体描述，输入的是实体详细的说明内容。

（4）添加实体属性。

①在"Entity Properties"实体属性窗口中，选择"Attribute"选项卡添加实体属性，如图2 -
1 -10 所示。

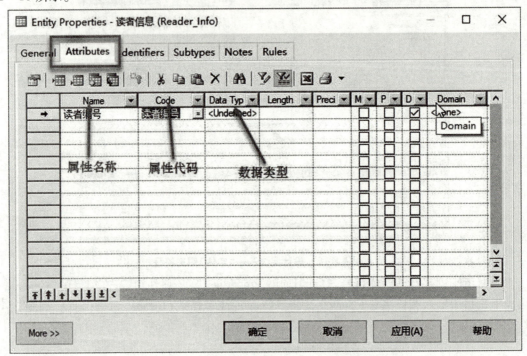

图2 -1 -10　选择"**Attribute**"选项卡添加实体属性

Attribute 选项卡中主要选项的说明：

a. M：Mandatory 强制属性，表示该属性是必填选项，不能为空。

b. P：Primary Identifer，是否为主标识，对应为主键。

c. D：Displayed，表示在实体符号中是否显示此属性。

d. Domain：域，表示此属性取值的范围，如：创建10 字符的"读者姓名"域。

②填写实体属性名称和代码后，在"Data Type"栏中选择　　　　或　　　　按钮可以选择数
据类型，弹出数据类型"Standard Data Types"窗口，选择数据类型，如图2 -1 -11 所示。

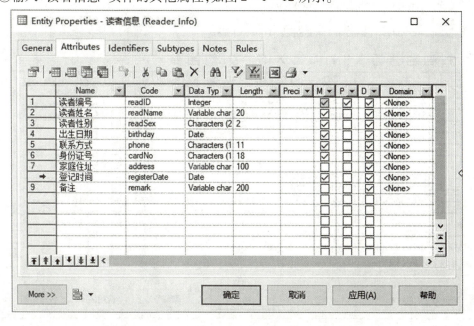

图2－1－11 "Standard Data Types"窗口

③输入"读者信息"实体的其他属性，如图2－1－12所示。

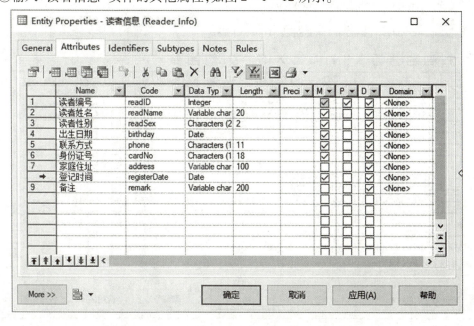

图2－1－12 输入"读者信息"实体的其他属性

（5）添加实体之间的关系。

①按照前面添加实体的方法，创建"图书分类"实体，并给实体添加属性，如图 2 - 1 - 13 所示。

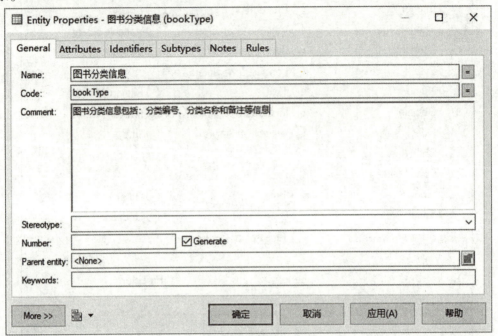

图 2 - 1 - 13　创建"图书分类"实体

添加属性如图 2 - 1 - 14 所示。

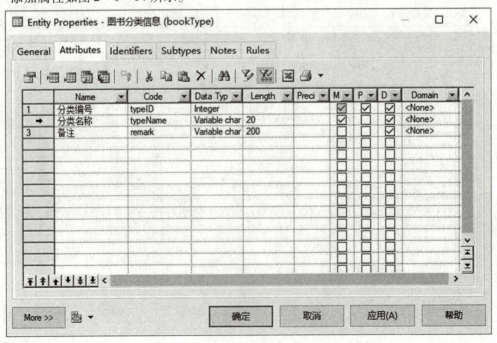

图 2 - 1 - 14　添加属性

②以同样方式添加"图书信息"实体和实体属性,如图 2 – 1 – 15 所示。

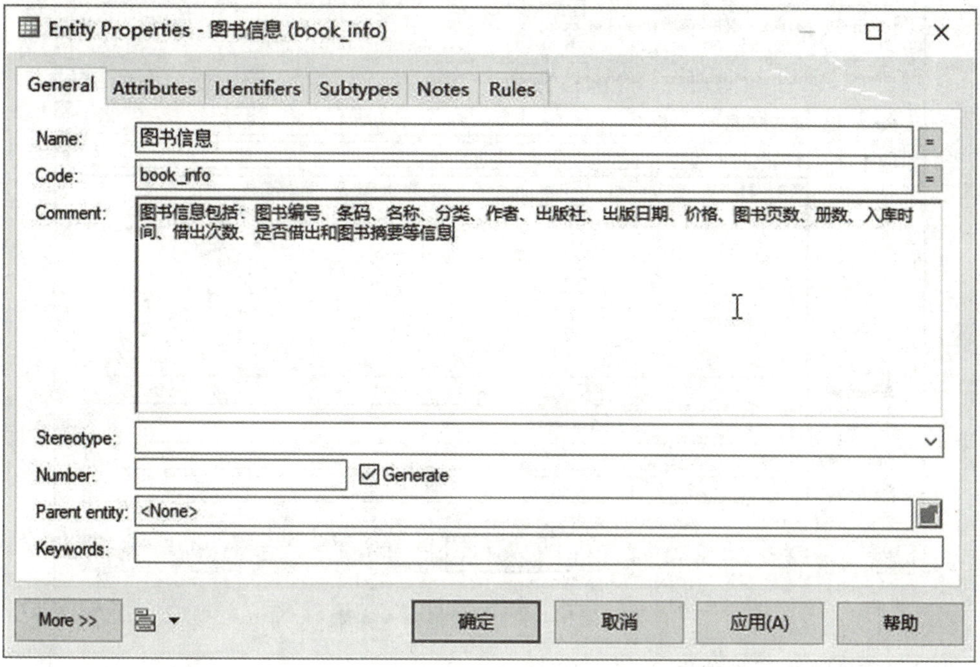

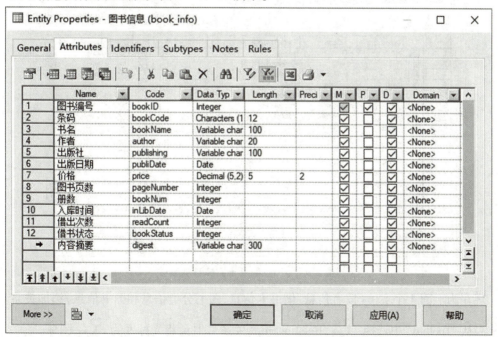

图 2 – 1 – 15　添加"图书信息"实体

图书信息实体添加属性如图 2 – 1 – 16 所示。

图 2 – 1 – 16　图书信息实体添加属性

③创建借书卡实体,并给其添加属性,如图2－1－17所示。

图2－1－17　创建借书卡实体

借书卡实体添加属性如图2－1－18所示。

图2－1－18　借书卡实体添加属性

现在为上面4个实体(读者信息、借书卡信息、图书分类信息和图书信息)添加关系。

a. 从"Toolbox"中选择 　　 RelationShip(关系)图标,将光标变为 　　 图标。

b. 单击"读者信息"实体,按住鼠标左键把光标拖到"借书卡信息"实体上,然后释放左键,这样即可创建实体与实体之间的关系,按照同样的方式创建"图书分类信息"和"图书信息"的关系,"借书卡信息"实体与"图书信息"实体之间的关系。如图 2 - 1 - 19 所示。

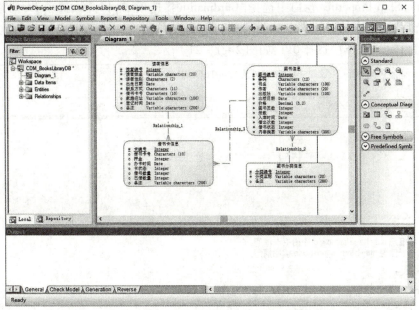

图 2 - 1 - 19 创建实体之间的关系

c. 选择设计模型中的"读者信息"与"借书卡信息"实体之间的关系(RelationShip_1),双击打开 RelationShip Properties 窗口,在"General"选项卡中定义关系的常规属性,修改关系名称、代码和描述信息,如图 2 - 1 - 20 所示。

图 2 - 1 - 20 在"General"选项卡中定义关系的常规属性

读者与借书卡之间的关系是一对一的关系,也就是说一个读者只能拥有一张借书卡,需要在 RelationShip Properties 窗口中选择"Cardinalities"选项卡,打开该选项卡,修改关系,在"Cardinalities"选项中,选择"One－one";在"读者信息"to"借书卡信息"和"借书卡信息"to读者信息的 Cardinality 中选择0.1,如图 2－1－21 所示。

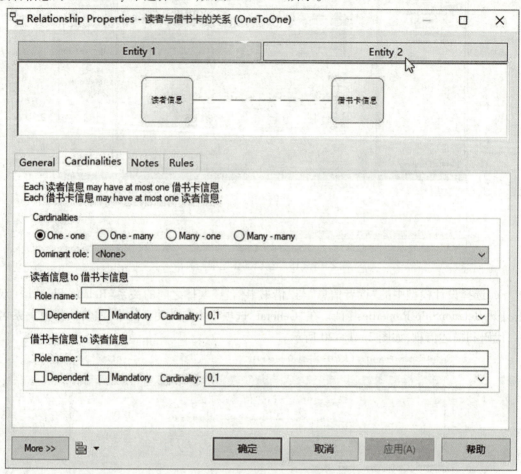

图 2－1－21　修改读者与借书卡的关系

d. 以同样的方式设置"图书分类信息"和"图书信息"实体之间的关系。分类与图书的关系是一对多的关系。也就是说,一个分类可以拥有很多的图书,而一种图书只能属于一个分类。如:小说类图书可以包括《三国演义》《红楼梦》《西游记》和《水浒传》,其关系设置如图 2－1－22 所示。

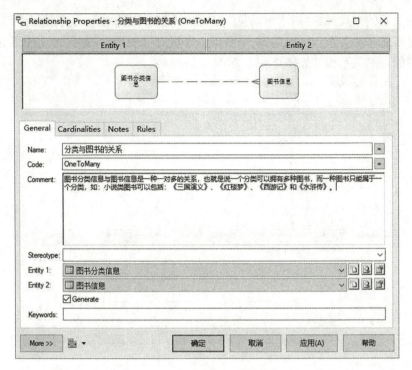

图2-1-22 设置分类与图书的关系

图书分类信息与图书信息之间关系设置时,"Cardinalities"选项卡中的设置如图2-2-23所示。

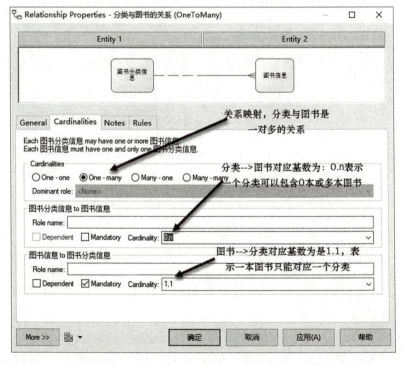

图2-1-23 "Cardinalities"选项卡中的设置

e.使用上面的方式设置"借书卡信息"与"图书信息"实体之间的关系,借书卡与图书之间的关系是多对多的关系。也就是说,一张借书卡可以借阅多本图书,而一种图书可以被多张借书卡借阅。其关系设计如图2-1-24所示。

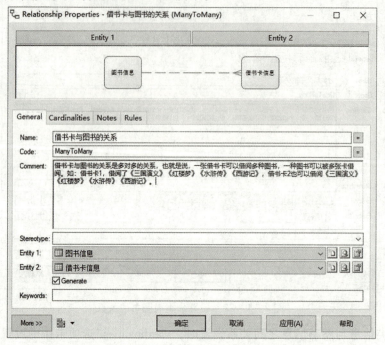

图2-1-24 设置借书卡与图书的关系

映射多对多关系时,选择打开"Cardinalities"选项卡再设置关系属性,如图2-1-25所示。

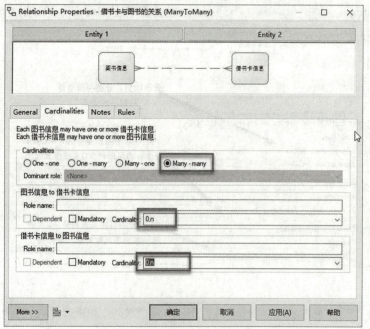

图2-1-25 "Cardinalities"选项卡再设置关系属性

（6）设计好实体、实体与实体之间的关系后，按"Ctrl + S"或单击 保存图标，将概念模型保存为"CDM_BooksLibraryDB. cdm"。

（7）使用概念模型生成物理模型（PDM）。生成物理模型时，需要在 PowerDesigner 的工具栏的"Tools"按钮→选择"Generate Physical Data Model"选项，弹出"PDM Generation Options"对话框，选择创建物理模型的 DBMS,修改物理模型名称。如图 2 - 1 - 26 所示。

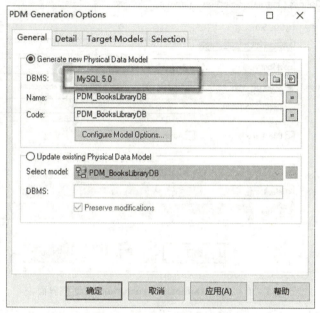

图 2 - 1 - 26　创建物理模型的 DBMS,修改物理模型名称

使用 PowerDesigner 工具将概念数据模型转化为物理数据模型，如图 2 - 1 - 27 所示。

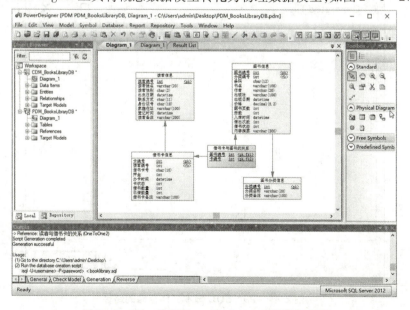

图 2 - 1 - 27　使用 PowerDesigner 工具转化模型

（8）使用 PowerDesigner 工具生成 SQL Server 2012 数据库脚本。当将概念数据模型转换物理数据模型之后,在 PowerDesigner 工具中会多出一个按钮"Database"。

①在 PowerDesigner 工具中单击"Database"按钮→选择"Generate Database",将弹出"Database Generation"对话框界面,如图 2－1－28 所示。

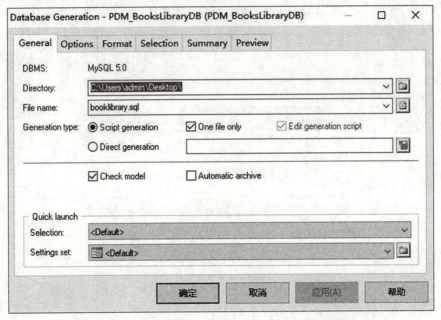

图 2－1－28　"**Database Generation**"对话框界面

②选择保存路径和文件之后,单击"确定"按钮,自动生成对应数据库的 SQL 脚本。生成完成后,将在如图 2－1－29 所示的窗口中显示 SQL 脚本文件存储的路径。

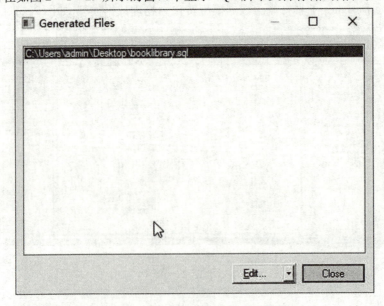

图 2－1－29　**SQL** 脚本文件存储的路径

③单击 Edit 按钮,将会使用记事本打开已经生成的脚本,如图 2 - 1 - 30 所示。

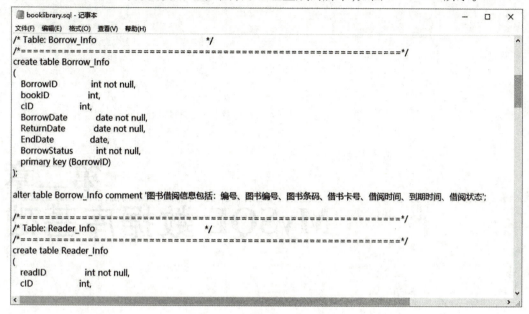

图 2 - 1 - 30　使用记事本打开已经生成的脚本

第 2 阶段　练习

练习　使用 PowerDesigner 16 设计网吧计费系统数据库

问题

使用 PowerDesigner 16 设计网吧计费系统数据库,网吧计费系统数据库相关实体和实体属性如下:

(1)电脑实体:Computer_info(ComID,ComName,ComUse,ComNote);

(2)用户实体:User_Info(UserID,UserName,Password,IDNumber);

(3)上网卡实体:Card_Info(CID,CNumber,CPassword,CBalance,OpenDateTime)。

第二章
MySQL 数据库基础

本章上机任务

（1）安装与配置 MySQL 数据库系统。

（2）创建 MySQL 数据库登录用户并赋予权限。

（3）数据库的创建与删除。

第1阶段　上机指导

上机指导1　安装与配置 MySQL 数据库系统

完成本次上机任务所需的知识点：

（1）服务的启动命令；

（2）服务的停止命令。

1. 问题

使用 MySQL 数据库之前，需要安装 MySQL 数据库系统，配置系统环境。使用 MySQL 客户端工具。

2. 提示

（1）数据库系统安装之前，需要到 MySQL 数据库官方网站下载数据库安装文件，下载地址为 https://dev. mysql. com/downloads/mysql/。

下载数据库安装文件，如图 2 – 2 – 1 所示。

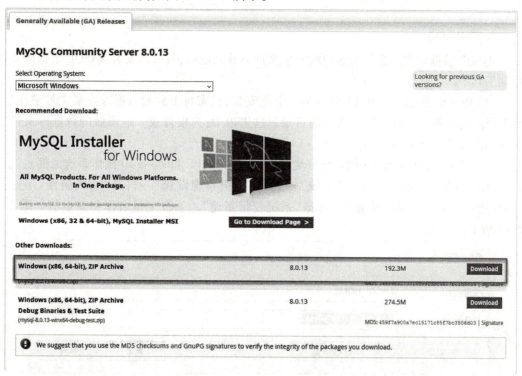

图 2 – 2 – 1　下载数据库安装文件

（2）下载 MySQL 数据库的客户端工具，下载地址为 https://dev.mysql.com/downloads/workbench/。

（3）下载客户端工具，如图 2-2-2 所示。

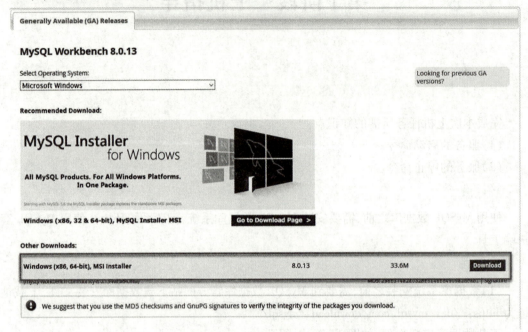

图 2-2-2　下载客户端工具

3. 解决方案

MySQL 数据库安装文件和客户端安装文件下载完成后，就可以安装 MySQL 数据库和客户端工具了。

（1）MySQL 数据库 8.0.13 版本是一个免安装，只需将下载的数据库安装文件解压后，将解压后的数据库文件复制到指定的目录。这里以 D:为根目录。解压后的数据库文件夹为 mysql-8.0.13-winx64。

（2）配置 MySQL 8.0.13 的系统环境变量(配置环境以 Windows 10 操作系统为例)：选择"此电脑"→右击"属性"→进入"系统"→选择"高级系统设置"→打开"系统属性"→选择"环境变量"→进入"环境变量"→选择"系统变量新建"。系统变量名称和变量值如图 2-2-3 所示。

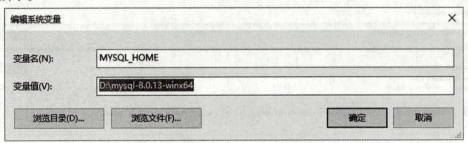

图 2-2-3　编辑系统变量

在现有 path 变量中添加变量值,如图 2 - 2 - 4 所示。

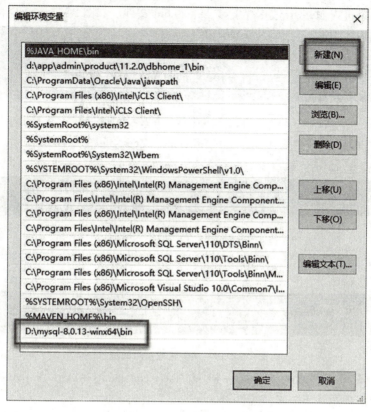

图 2 - 2 - 4　编辑环境变量

(3)环境配置完成后,在 MySQL 数据库目录中添加 my. ini 文件,此文件中的代码如图 2 - 2 - 5所示。

```
1  ☐[mysql]
2  # 设置mysql客户端默认字符集
3  default-character-set=utf8
4
5  ☐[mysqld]
6  # 设置3306端口
7  port = 3306
8  # 设置mysql的安装目录
9  basedir=D:\mysql-8.0.13-winx64
10 # 设置 mysql数据库的数据的存放目录, MySQL 8+
   不需要以下配置,系统自己生成即可, 否则有可能报错
11 #datadir=D:\mysql-8.0.13-winx64\data
12 # 允许最大连接数
13 max_connections=20
14 # 服务端使用的字符集默认为8比特编码的latin1字符集
15 character-set-server=utf8
16 # 创建新表时将使用的默认存储引擎
17 default-storage-engine=INNODB
18 #创建支持中文全文检索的配置
19 ngram_token_size=2
20
21 └log-bin-trust-function-creators=1
```

图 2 - 2 - 5　my. ini 文件代码

(4)打开"开始"菜单→选择"所有程序"→选择"Windows 系统",以管理员身份运行,然后使用 cmd 目录进入 MySQL 数据库安装目录的 bin 文件。如图2-2-6所示。

图2-2-6　进入 MySQL 数据库安装目录的 bin 文件

(5)继续在 cmd 窗口中输入 mysql – initialize – console 命令回车后,系统将显示相关提示,如图2-2-7所示。

图2-2-7　系统的相关提示

(6)使用 mysqld – install 实例化 mysql 数据库,如果正确实例化成功后将有如图2-2-8所示的提示。

图2-2-8　实例化成功后的提示

(7)安装 mysql 客户端工具 mysql – workbench – community – 8.0.13 – winx64。这里只要按照按照向导的提示一步一步按照即可。

(8)安装完成后,打开"开始菜单"→选择"所有程序"→选择"mysql"打开客户端工具,如图2-2-9所示。

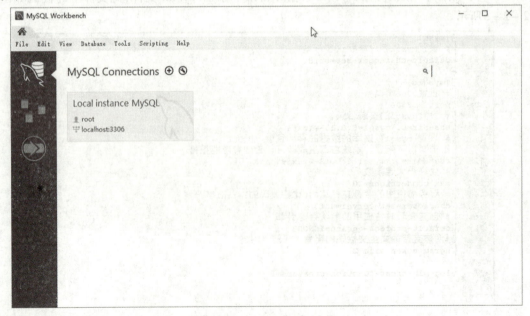

图2-2-9　打开客户端工具

（9）点击 MySQL Connections 旁边的加号配置 MySQL 数据库服务器连接,配置如图 2 – 2 –10所示。

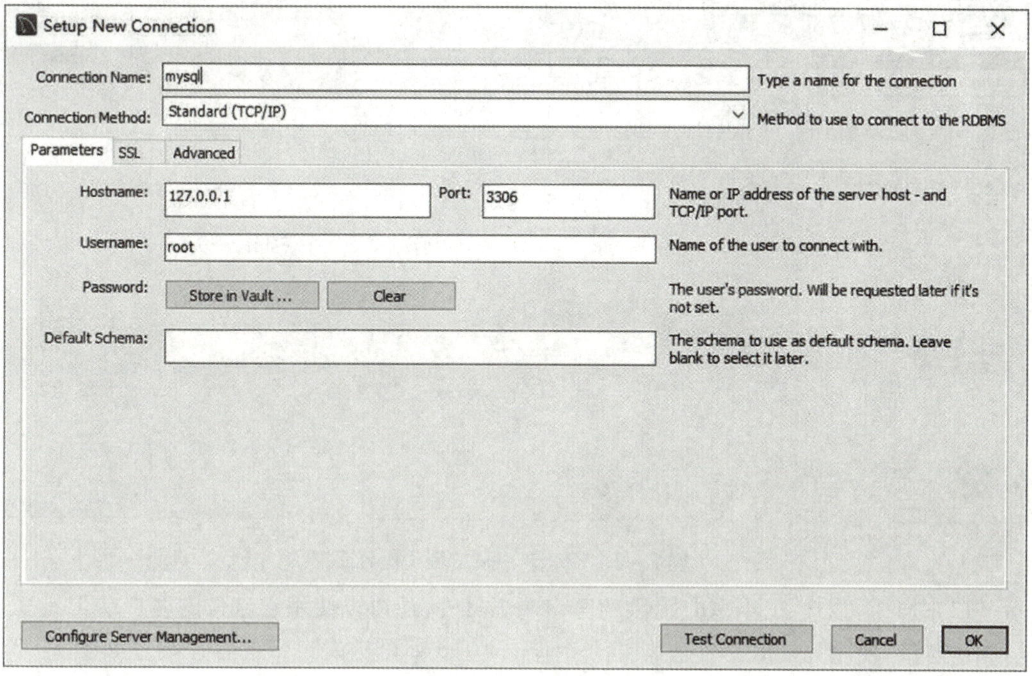

图 2 – 2 –10　配置 **MySQL** 数据库服务器连接

（10）点击 Store in Vauit 按钮,弹出密码输入框输入密码,如图 2 – 2 –11 所示。

图 2 – 2 –11　密码输入框

（11）配置完成就可以进入客户端工具操作界面,如图 2 – 2 –12 所示。

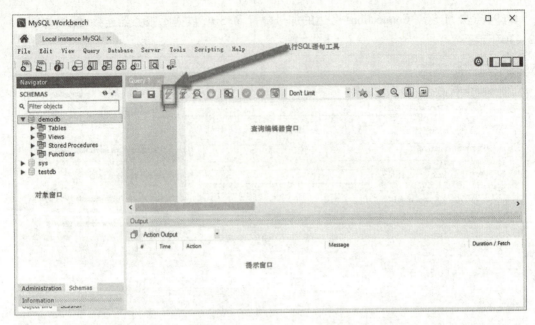

图2-2-12　客户端工具操作界面

(12)处理可以使用 MySQL 提供的客户端工具外,还可以使用它自带的客户端工具。打开 CMD 窗口,使用 mysql - h'主机名'- u root - p 即可进入自带的客户端。如图 2-2-13 所示。

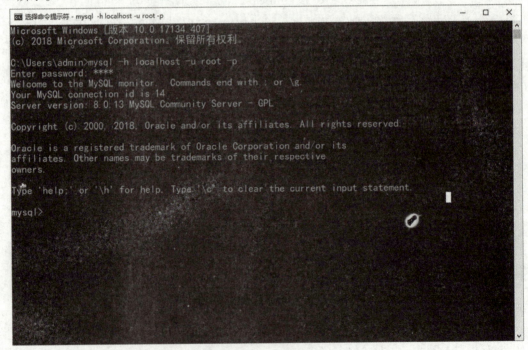

图2-2-13　进入 MySQL 自带的客户端

上机指导2　创建 MySQL 数据库登录用户并赋予权限

完成本次上机任务所需的知识点：

（1）CREATE USER 语句的使用；

（2）GRANT 语句的使用；

（3）ALTER 语句的使用；

（4）REVOKE 语句的使用；

（5）RENAME USER 语句的使用。

1. 问题

编写 SQL 语句创建一个名称为 GUESTUSER 的登录账号，为此账号赋予 CREATE/DROP/ALTER/SELECT/INSERT/UPDATE/INSERT/DELETE 的权限。然后修改此账号的登录密码，撤销它的 DROP/DELETE 权限。将用户名称重命名为 GUEST123，然后锁定用户。

2. 提示

（1）第一步，初级用户登录的账户名和登录密码。

（2）第二步，赋予权限。

（3）第三步，修改用户登录密码。

（4）第四步，撤销部分权限。

（5）第五步，给登录账户重命名。

（6）第六步，锁定账户。

3. 解决方案

（1）使用 CREATE 语句创建账户的 SQL 语句如下：

```
－－使用 CREATE 语句创建登录账户
CREATE USER ‘GUESTUSER’ @ ‘LOCALHOST’ IDENTIFIED BY ‘123456’;
```

（2）使用 GRANT 语句为登录账户赋予权限的 SQL 语句如下：

```
－－使用 GRANT 语句赋予权限
GRANT CREATE,DROP,ALTER,SELECT,INSERT,UPDATE,DELETE
    ON *.* TO ‘GUESTUSER’ @ ‘LOCALHOST’;
```

（3）使用 ALTER 语句为登录账户修改登录密码的 SQL 语句如下：

```
－－使用 ALTER 语句修改密码
ALTER USER ‘GUESTUSER’ @ ‘LOCALHOST’
    IDENTIFIED BY ‘GUEST123’;
```

（4）使用 REVOKE 语句撤销用户权限的 SQL 语句如下：

```
--使用 REVOKE 撤销用户的部分权限
REVOKE  DROP,DELETE ON *.*
      FROM 'GUESTUSER'@'LOCALHOST';
```

（5）使用 RENAME 语句重命名账户名称的 SQL 语句如下：

```
--使用 RENAME 给用户重命名
RENAME USER 'GUESTUSER'@'LOCALHOST'
    TO 'GUEST123'@'LOCALHOST';
```

（6）使用 ACCOUNT LOCK 语句锁定账户的 SQL 语句如下：

```
--使用 LOCK 语句锁定账户
ALTER USER 'GUEST123'@'LOCALHOST' ACCOUNT LOCK;
```

（7）使用 ACCOUNT UNLOCK 语句解锁账户的 SQL 语句如下：

```
--使用 ACCOUNT UNLOCK 解锁账户
ALTER USER 'GUEST123'@'LOCALHOST' ACCOUNT UNLOCK;
```

（8）使用 DROP USER 语句删除账户的 SQL 语句如下：

```
--使用 DROP USER 语句删除登录账户
DROP USER 'GUEST123'@'LOCALHOST';
```

第 2 阶段 练习

练习 数据库的创建与删除

问题

编写 SQL 语句实现创建数据库、重命名数据库、切换数据库和删除数据库。

第三章
MySQL 表结构管理

本章上机任务

(1)创建读者信息表并为表添加约束。

(2)创建临时表。

(3)创建借书卡表、图书分类表、图书表、借阅信息表、还书信息表和续借信息表。

(4)为表添加指定的约束。

第1阶段　上机指导

上机指导1　创建读者信息表并添加相应的约束

完成本次上机任务所需的知识点：

(1)使用 CREATE TABLE 语句创建数据表；

(2)使用 ALTER TABLE 语句为数据表添加约束；

(3)使用数据表的约束类型。

1. 问题

图书管理系统数据库 BooksLibraryDB，共有下面几张表，见表 2－3－1。

表 2－3－1　图书管理系统所需的数据表

数据表	说明
读者信息表 Reader_info	存储读者的相关信息
借书卡信息表 Member_Card	存储借书卡的相关信息
图书分类信息表 Book_Type	存储图书分类的相关信息
图书信息表 Books_Info	存储图书的相关信息
图书借阅信息表 Borrow_Info	存储读者在图书馆借书的相关信息
图书还书信息表 Return_Info	存储读者还书的相关信息
图书续借信息表 Renew_Info	存储读者续借图书的相关信息

表 2－3－2～表 2－3－8 是上面各个数据表的数据字典。

表 2－3－2　读者信息表（Reader_Info）

字段名称	数据类型	长度	是否为空	默认值	描述
ReadID	INT		否		主键标识列自动增长
ReadName	VARCHAR	20	否		姓名
ReadSex	CHAR	2	否		性别:1 为男,2 为女
Birthday	DATE		否		出生日期
Phone	CHAR	11	否		联系方式
CardNo	CHAR	18	否		身份证号
Address	VARCHAR	100	否	地址不详	家庭住址
RegiterDate	DATE		否		登记时间
ReadDesc	VARCHAR	200			读者备注

表2-3-3 借书卡信息表（Member_Card）

字段名称	数据类型	长度	是否为空	默认值	描述
CID	INT		否		主键标识列自动增长
CardID	CHAR	11	否		借书卡号
CardMoney	MONEY		否		押金
CardDate	DATE		否		办卡时间
CardNumber	INT		否		可借书数量
CardNum	INT		否		已借书数量
CardStatus	INT		否		卡状态:1 启用,2 禁用
CardRemark	VARCHAR	100		没有备注	卡备注
ReadID	INT		否		读者编号,外键

表2-3-4 图书分类信息表（Book_Type）

字段名称	数据类型	长度	是否为空	默认值	描述
TypeID	INT		否		主键标识列自动增长
TypeName	VARCHAR	20	否		分类名称
TypeRemark	VARCHAR	100		没有备注	分类描述

表2-3-5 图书信息表（Books_Info）

字段名称	数据类型	长度	是否为空	默认值	描述
BookID	INT		否		主键标识列自动增长
BookCode	CHAR	12	否		图书条码
BookName	VARCHAR	200	否		图书书名
BookAuthor	VARCHAR	20	否		图书作者
Publishing	VARCHAR	100			出版社
PublishDate	DATE		否		出版时间
BookPrice	DECIMAL	5,2	否		价格
PageNumber	INT				总页数
BookNum	INT		否		总册数
NowNum	INT		否		现存量
BookStatus	INT		否		书状态:1 上架,2 下架
BookUpDate	DATE		否		上架时间
ReadCount	INT		否		借出次数
BookDigest	VARCHAR	300	否		内容摘要
IsOff	INT		否		是否注销:1 没注销;2 注销
TypeID	INT		否		分类编号,外键

表 2 – 3 – 6　图书借阅信息表（Borrow_Info）

字段名称	数据类型	长度	是否为空	默认值	描述
BorrowID	INT		否		主键标识列自动增长
BookCode	CHAR	12	否		图书条码
BorrowDate	DATE		否		借阅时间
RepayDate	DATE		否		还书时间
ReturnDate	DATE		否		应还时间
BorrowStatus	INT		否		借阅状态
BookID	INT		否		图书编号
MemID	INT		否		借书卡编号

表 2 – 3 – 7　图书还书信息表（Return_Info）

字段名称	数据类型	长度	是否为空	默认值	描述
ReturnID	INT		否		主键标识列自动增长
BookCode	CHAR	12	否		图书条码
ReturnTime	DATE		否		归还时间
ReturnStatus	INT		否		归还状态
BookID	INT		否		图书编号
MemID	INT		否		借书卡编号

表 2 – 3 – 8　图书续借信息表（Renew_Info）

字段名称	数据类型	长度	是否为空	默认值	描述
RenewID	INT		否		主键标识列自动增长
BookCode	CHAR	12	否		图书条码
RenewDate	DATE		否		续借时间
RepayDate	DATE		否		应还时间
BookID	INT		否		图书编号
MemID	INT		否		借书卡编号

2. 提示

（1）使用 CREATE TABLE 语句的语法如下：

```
CREATE TABLE 表名(
    字段名 1 数据类型 字段特征,
    字段名 2 数据类型 字段特征,
    ……
    字段名 n 数据类型 字段特征,
)
```

（2）使用 ALTER TABLE 语句添加约束的语法如下：

```
ALTER TABLE 表名
    ADD CONSTRAINT 约束名 约束类型 约束内容
```

（3）MySQL 的常用约束如下：

①主键约束；

②唯一约束；

③非空约束；

④默认值约束；

⑤外键约束。

（4）读者信息表需要添加的约束如下：

①编号为主键；

②姓名默认为男；

③登记日期默认为"2018 – 01 – 01"；

④身份证号必须是唯一的；

⑤手机号必须是唯一的；

⑥家庭住址默认为"地址不详"；

⑦备注默认为"请添加备注信息"。

3. 解决方案

（1）创建读者信息表（TB_READER_INFO），其 SQL 语句如下：

```
－－创建数据表 TB_READER_INFO
CREATE TABLE TB_READER_INFO(
        －－标识列主键自增长
        READID INT NOT NULL AUTO_INCREMENT PRIMARY KEY,
        READNAME VARCHAR(20) NOT NULL,          －－ 读者姓名
        READSEX INT NOT NULL,                   －－ 性别:1 为男,2 为女
        BIRTHDAY DATE NOT NULL,                 －－ 出生日期
        PHONE CHAR(11) NOT NULL,                －－ 手机号
        CARDNO CHAR(18) NOT NULL,               －－ 身份证号
        ADDRESS VARCHAR(100) NOT NULL,          －－ 家庭住址
        REGISTERDATE DATE NOT NULL,             －－ 登记时间
        REMARK VARCHAR(200) NOT NULL            －－ 读者备注
    );
 －－查看数据表
SELECT ＊ FROM TB_READER_INFO;
```

执行查询的结果如图 2 – 3 – 1 所示。

Result Grid | Filter Rows: | Edit: | Export/Import: | Wrap Cell Content: ⟦

READID	READNAME	READSEX	BIRTHDAY	PHONE	CARDNO	ADDRESS	REGISTERDATE	REMARK

图2-3-1　创建读者信息表的结果

（2）为读者信息表（TB_READER_INFO）添加约束的 SQL 语句如下：

```
--为性别添加默认约束
ALTER TABLE TB_READER_INFO
     ALTER COLUMN READSEX SET DEFAULT 1；
--为登记日期设置默认值
ALTER TABLE TB_READER_INFO
     ALTER COLUMN REGISTERDATE SET DEFAULT '2018-01-01'；
--为身份证号设置唯一约束
ALTER TABLE TB_READER_INFO
     ADD CONSTRAINT UQ_READER_CARDNO UNIQUE (CARDNO)；
--为家庭住址添加默认值
ALTER TABLE TB_READER_INFO
     ALTER COLUMN ADDRESS SET DEFAULT '地址不详'；
--为备注信息添加默认值
ALTER TABLE TB_READER_INFO
     ALTER COLUMN REMARK SET DEFAULT '请添加备注信息'；
```

（3）添加测试数据，其 SQL 语句如下：

```
--添加测试数据
INSERT INTO TB_READER_INFO( READNAME,BIRTHDAY,PHONE,CARDNO)
    VALUES('李晓红',NOW(),'18907311231','430524199801011817'),
('周晓华',NOW(),'18907311232','430524199801111817')；
```

执行查询的结果如图2-3-2所示。

READID	READNAME	READSEX	BIRTHDAY	PHONE	CARDNO	ADDRESS	REGISTERDATE	REMARK
3	李晓红	1	2018-12-07	18907311231	430524199801011817	地址不详	2018-01-01	请添加备注信息
4	周晓华	1	2018-12-07	18907311232	430524199801111817	地址不详	2018-01-01	请添加备注信息

图2-3-2　添加测试数据的结果

上机指导2　创建临时表

完成本次上机任务所需的知识点：使用 CREATE TEMPORARY TABLE 语句。

1.问题

针对图书管理系统中的读者信息表创建一个临时表（TB_READER_INFO_TEMP）。

2.提示

创建临时表的语法格式如下：

```
CREATE TEMPORARY TABLE 表名(
    字段名 1 数据类型 字段特征,
    字段名 2 数据类型 字段特征,
    ……
    字段名 n 数据类型 字段特征,
);
```

注意：临时表不能有主键。

3. 解决方案

(1)创建临时表的 SQL 语句如下：

```
--创建临时表
    CREATE TEMPORARY TABLE TB_READER_INFO_TEMP(
    READID INT NOT NULL,              -- 编号
        READNAME VARCHAR(20),         -- 读者姓名
        READSEX INT,                  -- 性别
        BIRTHDAY DATE,                -- 出生日期
        PHONE CHAR(11),               -- 手机号
        CARDNO CHAR(18),              -- 身份证号
        ADDRESS VARCHAR(100),         -- 家庭住址
        REGISTERDATE DATE,            -- 登记时间
        REMARK VARCHAR(200)           -- 备注
    );
```

(2)插入测试数据并执行查询如下：

```
--插入测试数据
INSERT INTO TB_READER_INFO_TEMP SELECT * FROM TB_READER_INFO;
--查询临时表
SELECT * FROM TB_READER_INFO_TEMP;
```

执行查询的结果如图 2 - 3 - 3 所示。

READID	READNAME	READSEX	BIRTHDAY	PHONE	CARDNO	ADDRESS	REGISTERDATE	REMARK
3	李晓红	1	2018-12-07	18907311231	430524199801011817	地址不详	2018-01-01	请添加备注信息
4	周晓华	1	2018-12-07	18907311232	430524199801111817	地址不详	2018-01-01	请添加备注信息

图 2 - 3 - 3　插入测试数据并执行查询的结果

第2阶段 练习

练习1 创建借书卡表、图书分类表、图书表、借阅信息表、还书信息表和续借信息表

问题

按照上机指导1中给定的数据字典,创建借书卡信息表、图书分类信息表、图书信息表、图书借阅信息表、还书信息表和续借信息表。

练习2 为表添加指定的约束

1. 问题

使用修改表结构的语法,给练习1创建的图书管理系统数据库表添加相应的约束。

2. 提示

(1)借书卡信息表的约束:

CARDID 设置唯一约束;

CARDMONEY 字段添加默认值为100;

CARDDATE 默认为当前时间;

CARDNUMBER 字段添加默认值为5;

CARDSTATUS 字段默认为1;

CRADREMARK 字段默认为请填写备注信息;

READID 添加外键约束;

(2)图书信息表:TYPENAME 字段添加唯一约束。

(3)图书信息表:

BOOKCODE 唯一约束;

PAGENUMBER 默认为500 页;

BOOKNUM 默认为10;

BOOKUPDATE 默认当前时间;

READCOUNT 默认值0;

BOOKSTATUS 默认为1;

ISOFF 默认为1;

TYPEID 外键约束。

（4）借阅信息表：

BORROWDATE 默认为系统当前时间；

BORROWSTATUS 默认为 1；

BOOKID 外键约束；

MEMID 外键约束。

（5）还书信息表：

RETURNTIME 默认为当前；

RETURNSTATUS 默认为 2 未还；

BOOKID 外键约束；

MEMID 外键约束。

第四章
MySQL 表记录操作

本章上机任务

(1)给读者信息表插入数据。

(2)添加图书信息并查询图书的信息。

(3)查询所有上架的图书信息并按图书价格排序。

(4)编写 SQL 语句插入图书借阅信息和还书信息。

(5)查询从未借阅过的图书信息。

(6)查询各类图书的数量。

第1阶段 上机指导

上机指导1 给读者信息表插入数据

完成本次任务所需的知识点:使用 INSERT INTO 语句。

1. 问题

编写 SQL 语句给读者信息表插入数据。

2. 提示

插入数据的语法如下:

```
INSERT INTO 表名(字段名列表…) VALUES(值列表…);
或
INSERT INTO 表名 VALUES(值列表…),(值列表…);
```

3. 解决方案

给读者信息表插入数据的 SQL 语句如下:

```
－－给读者信息表添加数据
INSERT INTO TB_READER_INFO(READNAME,READSEX,BIRTHDAY,PHONE,CARDNO,ADDRESS,
REGISTERDATE,REMARK)
        VALUES('张三亚',1,'2018－01－01','18907310201','4305241999001011212','湖南省长沙
市岳麓区',CURRENT_TIMESTAMP,'这是一个基本类型的客户'),
        ('刘晓辉',1,'2018－01－01','18907310202','4305241999001011218','湖南省长沙市岳麓
区',CURRENT_TIMESTAMP,'这是一个基本类型的客户'),
        ('刘晓红',2,'2018－01－01','18907310203','4305241999001011215','湖南省长沙市岳麓
区',CURRENT_TIMESTAMP,'这是一个基本类型的客户'),
        ('周晓华',2,'2018－01－01','18907310204','4305241999001011214','湖南省长沙市岳麓
区',CURRENT_TIMESTAMP,'这是一个基本类型的客户'),
        ('周小红',2,'2018－01－01','18907310205','4305241999001011213','湖南省长沙市岳麓
区',CURRENT_TIMESTAMP,'这是一个基本类型的客户'),
        ('陈小帅',1,'2018－01－01','18907310206','4305241999001011219','湖南省长沙市岳麓
区',CURRENT_TIMESTAMP,'这是一个基本类型的客户');
```

执行插入数据的 SQL 语句之后,查询 TB_READER_INFO 表的结果如图 2－4－1 所示。

READID	READNAME	READSEX	BIRTHDAY	PHONE	CARDNO	ADDRESS	REGISTERDATI	REMARK
7	张三亚	1	2018-01-01	18907310201	430524199901011212	湖南省长沙市岳麓E	2018-12-08 14:	这是一个基本类型
8	刘晓辉	1	2018-01-01	18907310202	430524199901011218	湖南省长沙市岳麓E	2018-12-08 14:	这是一个基本类型
9	刘晓红	2	2018-01-01	18907310203	430524199901011215	湖南省长沙市岳麓E	2018-12-08 14:	这是一个基本类型
10	周晓华	2	2018-01-01	18907310204	430524199901011214	湖南省长沙市岳麓E	2018-12-08 14:	这是一个基本类型
11	周小红	2	2018-01-01	18907310205	430524199901011213	湖南省长沙市岳麓E	2018-12-08 14:	这是一个基本类型
12	陈小帅	1	2018-01-01	18907310206	430524199901011219	湖南省长沙市岳麓E	2018-12-08 14:	这是一个基本类型

图 2 - 4 - 1　给读者信息表插入数据的结果

上机指导 2　查询所有图书信息

完成本次任务所需的知识点：

（1）INSERT INTO 语句的使用；

（2）SELECT 语句结构的使用。

1. 问题

编写 SQL 语句插入图书信息，并根据图书分类统计图书的总价值。

2. 提示

插入数据的语法格式如下：

```
INSERT INTO 表名(字段名列表…) VALUES(值列表…);
或
INSERT INTO 表名 VALUES(值列表…),(值列表…);
```

SELECT 语句的语法格式如下：

```
SELECT 列名1,列名2,…,列名 n
    FROM 表名
    [WHERE 条件表达式]
    [GROUP BY 列名,列名]
    [HAVING 条件表达式]
    [ORDER BY ASC | DESC]
    [LIMIT 行数]
```

3. 解决方案

（1）插入数据的 SQL 语句如下：

```
INSERT INTO TB_BOOK_INFO( BOOKCODE,BOOKNAME,
        BOOKAUTHOR,PUBLISHING,PUBILSHDATE,BOOKPRICE,BOOKDIGEST,TYPEID)
        VALUES( '20180101001' , '三国演义' , '罗贯中' , '北京大学出版社' , '1988 - 01 - 01' ,50,
        '东汉末年,山河动荡,刘汉王朝气数将尽.内有十常侍颠倒黑白,祸乱朝纲.外有张氏兄弟高呼
"苍天已死,黄巾当立"的口号,掀起浩大的农民起义.一时间狼烟四起,刘家朝廷宛如大厦将倾,岌岌可
危.正所谓乱世出英雄,曹操(鲍国安 饰)、公孙瓒、袁术、袁绍、吕布(张光北 饰)、刘备、孙策、关羽、张飞、
诸葛亮(唐国强 饰)等各路豪杰不断涌现,从群雄逐鹿到赤壁之战,从魏蜀吴三国鼎立到三分归一统,波
澜壮阔的三国时代的大幕缓缓拉开…… 本片根据中国古典名著《三国演义》改编.',2),
```

('20180101002','红楼梦','曹雪芹','北京大学出版社','1988－01－01',50,'中国古代章回体长篇小说,又名《石头记》等,被列为中国古典四大名著之首,一般认为是清代作家曹雪芹所著.小说以贾、史、王、薛四大家族的兴衰为背景,以富贵公子贾宝玉为视角,描绘了一批举止见识出于须眉之上的闺阁佳人的人生百态,展现了真正的人性美和悲剧美,可以说是一部从各个角度...',2),

('20180101003','西游记','吴承恩','北京大学出版社','1988－01－01',50,'东胜神州的傲来国花果山的一块巨石孕育出了一只明灵石猴(六小龄童 饰),石猴后来拜须菩提为师后习得了七十二变,具有了通天本领,于是占山为王,自称齐天大圣.玉帝派太上老君下凡招安大圣上了天庭,后来大圣因为嫌玉帝赐封的官职太低,大闹天宫,被太白金星困于炼丹炉内四十九天后,大圣踢翻炼丹炉,炼成了金睛火眼.如来佛祖见局势不可收拾,于是将大圣镇压于五指山下.一晃眼五百年过去了,唐僧受观世音菩萨选为西去取经普渡众生的人,大圣受观音指引,拜唐僧为师,师徒二人踏上了取经的路途.',2),

('20180101004','Struts2 深入详解','吴承恩','北京大学出版社','1988－01－01',50,'《Struts2 深入详解》是 2008 年电子工业出版社出版的图书,作者是孙鑫.本书通过给出大量的示例使读者可以更好、更快地掌握 Struts 2 的应用开发.',6),

('20180101005','Spring 框架高级编程','约翰逊','机械工业出版社','1988－01－01',50,'Spring 框架是主要的开源应用程序开发框架,它使得 Java/J2EE 开发更容易、效率更高.本书不仅向读者展示了 Spring 能做什么? 而且揭示了 Spring 完成这些功能的原理,解释其功能和动机,以帮助读者使用该框架的所有部分来开发成功的应用程序.本书涵盖 Spring 的所有特性,并且演示了如何将其构成一个连贯的整体,帮助读者理解 Spring 方法的基本原理、何时使用 Sping 以及如何效仿最佳实践.',6),

('20180101006','MyBatis 框架','约翰逊','机械工业出版社','1988－01－01',50,'MyBatis 是一款优秀的持久层框架,它支持定制化 SQL、存储过程以及高级映射.MyBatis 避免了几乎所有的 JDBC 代码和手动设置参数以及获取结果集.MyBatis 可以使用简单的 XML 或注解来配置和映射原生信息,将接口和 Java 的 POJOs(Plain Old Java Objects,普通的 Java 对象)映射成数据库中的记录.',6)

('20180101007','春神跳舞的森林','严淑女','石家庄:河北教育出版社','1988－01－01',32.8,'台湾邹族少年阿地带着已故奶奶留给他的樱花瓣,和爸爸一起重回故乡阿里山.那年阿里山特别冷,本该开放的樱花却迟迟难觅踪影.一阵风吹来,手中的花瓣飞舞起来,带领他走进森林的迷雾.阿地跟着花瓣拨开浓雾,并在动物朋友的帮助下,拯救了重病的樱花精灵,让春天重回阿里山上.故事既能带领小读者一睹阿里山的美丽自然风光,也能唤起保护自然、森林、土地的意识.',1),

('20180101008','你不可改变我','刘西鸿','作家出版社','1988－01－01',16.8,'本书是刘西鸿的短篇小说集,包括《你不可改变我》《黑森林》《自己的天空》等六篇小说,反映了改革开放的社会氛围中萌生的青年心理类型.刘西鸿是最早为深圳文学带来全国影响和声誉的深圳作家,她创作的《你不可改变我》首发在 1986 年 9 月《人民文学》头条,获中国作协第八届(1985－1986)全国优秀短篇小说奖,成为第一位获全国文学大奖的深圳作家.',1),

('20180101009','苏东坡传','林语堂','湖南文艺出版社','1988－01－01',32.5,'苏东坡一生坎坷但终不改其乐观天性;一生融儒释道于一体,诗、文、词、书、画俱在才俊辈出的宋代登峰造极;他的人格精神所体现的进取、正直、慈悲与旷达,千年来始终在中国历史星空熠熠生辉.本书为林语堂中英双语独家珍藏版,以 1935 年美国初版为底本,全新修订,再现原汁原味的林语堂.',1),

('20180101010','一句顶一万句','刘震云','长江文艺出版社','1988－01－01',32.5,'《一句顶一万句》被称中国版《百年孤独》,是刘震云的一个成熟、大气之作.故事看似简单,但回味悠长.书中的人物绝大部分是中国最底层的老百姓.',1);

插入数据后,查询 TB_BOOK_INFO 表中的结果如图2-4-2所示。

BOOKID	BOOKCODE	BOOKNAME	BOOKAUTHOR	PUBLISHING	PUBILSHDATE	BOOKPRICE	PAGENUMBE
1	20180101001	三国演义	罗贯中	北京大学出版社	1988-01-01	50.00	50
2	20180101002	红楼梦	曹雪芹	北京大学出版社	1988-01-01	40.00	50
3	20180101003	西游记	吴承恩	北京大学出版社	1988-01-01	30.00	50
4	20180101004	Struts2深入详解	吴承恩	北京大学出版社	1988-01-01	50.00	50
5	20180101005	Spring框架高级约翰逊		机械工业出版社	1988-01-01	40.00	50
6	20180101006	MyBatis框架	约翰逊	机械工业出版社	1988-01-01	30.00	50
7	20180101007	春神跳舞的森林	严淑女	河北教育出版社	1988-01-01	32.80	50
8	20180101008	你不可改变我	刘西鸿	作家出版社	1988-01-01	16.80	50
9	20180101009	苏东坡传	林语堂	湖南文艺出版社	1988-01-01	32.50	50
10	20180101010	一句顶一万句	刘震云	长江文艺出版社	1988-01-01	32.50	50

图2-4-2 插入数据后的结果

(2)根据图书分类统计图书的总价值的 SQL 语句如下:

SELECT TYPEID,SUM(BOOKPRICE) AS 总金额 FROM TB_BOOK_INFO GROUP BY TYPEID;

查询统计的结果,如图2-4-3所示。

TYPEID	总金额
2	120.00
6	120.00
1	114.60

图2-4-2 根据图书分类统计图书的总价值的结果

上机指导3 查询所有上架的图书信息

完成本次上机所需的知识点:

(1)SELECT 语句结构;

(2)WHERE 子句;

(3)ORDER BY 子句。

1.问题

编写 SQL 语句查询所有上架的图书信息,并根据图书价格由高到低的排列。

2.提示

查询语句 SELECT 语句的语法格式如下:

```
SELECT 列名1,列名2,…,列名 n
    FROM 表名
    [WHERE 条件表达式]
    [GROUP BY 列名,列名]
    [HAVING 条件表达式]
    [ORDER BY ASC | DESC]
    [LIMIT 行数]
```

3.解决方案

实现查询所有上架,并根据图书价格由高到低的顺序排列的 SQL 语句如下:

－－查询所有上架,并根据图书价格由高到低的顺序排列
SELECT BOOKCODE,BOOKNAME,BOOKAUTHOR,PUBLISHING,PUBILSHDATE,BOOKPRICE
        FROM TB_BOOK_INFO WHERE BOOKSTATUS = 1 ORDER BY BOOKPRICE DESC；

执行查询的结果如图2－4－4所示。

BOOKCODE	BOOKNAME	BOOKAUTHOR	PUBLISHING	PUBILSHDATE	BOOKPRICE
20180101001	三国演义	罗贯中	北京大学出版社	1988-01-01	50.00
20180101004	Struts2深入详解	吴承恩	北京大学出版社	1988-01-01	50.00
20180101002	红楼梦	曹雪芹	北京大学出版社	1988-01-01	40.00
20180101005	Spring框架高级约翰逊		机械工业出版社	1988-01-01	40.00
20180101007	春神跳舞的森林	严淑女	河北教育出版社	1988-01-01	32.80
20180101009	苏东坡传	林语堂	湖南文艺出版社	1988-01-01	32.50
20180101010	一句顶一万句	刘震云	长江文艺出版社	1988-01-01	32.50
20180101003	西游记	吴承恩	北京大学出版社	1988-01-01	30.00
20180101006	MyBatis框架	约翰逊	机械工业出版社	1988-01-01	30.00
20180101008	你不可改变我	刘西鸿	作家出版社	1988-01-01	16.80

图2－4－4　图书价格由高到低的顺序排列的结果

第2阶段　练习

练习1　编写 SQL 语句插入图书借阅信息和还书信息

问题

使用 INSERT INTO 语句插入图书借阅信息和还书信息。

练习2　查询从未借阅过的图书信息

问题

查询从未被借阅过的图书信息。

练习3　查询各类图书的数量

问题

编写 SQL 语句统计图书馆中各类图书的数量。

第五章
MySQL 高级查询

本章上机任务

(1) 查询读者借阅图书的详细信息。

(2) 查询图书分类信息相应分类的图书信息。

(3) 查询所有读者和所有图书信息。

(4) 查询已被借阅的图书信息。

(5) 查询指定读者和他的借书卡信息。

第1阶段 上机指导

上机指导1 查询读者借阅图书的详细信息

完成本次上机任务所需的知识点:

(1)使用 INNER JOIN…ON 语句;

(2)使用表的别名。

1. 问题

在图书借阅信息表(TB_BORROW_INFO)中存储的是图书(TB_BOOK_INFO)的编号,现在需要得到图书的信息和其借阅的详细信息。查询结果如图 2-5-1 所示。

读者姓名	联系电话	借书卡号	条码	图书书名	借书时间	应还时间
张三亚	18907310201	20180101001	20180101004	Struts2深入详解	2018-12-09 17:	2018-12-09
张三亚	18907310201	20180101001	20180101005	Spring框架高级编程	2018-12-09 17:	2018-12-09
张三亚	18907310201	20180101001	20180101006	MyBatis框架	2018-12-09 17:	2018-12-09
刘晓辉	18907310202	20180101002	20180101001	三国演义	2018-12-09 17:	2018-12-09
刘晓辉	18907310202	20180101002	20180101002	红楼梦	2018-12-09 17:	2018-12-09
刘晓辉	18907310202	20180101002	20180101003	西游记	2018-12-09 17:	2018-12-09
刘晓红	18907310203	20180101003	20180101008	你不可改变我	2018-12-09 17:	2018-12-09
刘晓红	18907310203	20180101003	20180101008	你不可改变我	2018-12-09 17:	2018-12-09
▶ 刘晓红	18907310203	20180101003	20180101010	一句顶一万句	2018-12-09 17:	2018-12-09

图 2-5-1 图书的信息和其借阅的详细信息

2. 提示

需要得到问题的结果,那么需要先在图书借阅信息表查询相关信息,再从图书信息表中查询图书的名称,以及从借书卡信息表查询,再通过使用借书卡编号查询卡所属的读者信息。因此,需要使用 SQL 的连接查询。

3. 解决方案

查询读者借阅图书的详细信息,其 SQL 语句如下:

```
－－查询被借图书的详细信息
SELECT
        TR. READNAME AS 读者姓名,TR. PHONE AS 联系电话,
        TM. MEMBERNO AS 借书卡号,TB. BOOKCODE AS 条码,
        TB. BOOKNAME AS 图书书名,TI. BORROWDATE AS 借书时间,
        TI. RETURNDATE AS 应还时间
FROM
        TB_BORROW_INFO AS TI
```

```
INNER JOIN
        TB_BOOK_INFO AS TB
ON
        TI. BOOKID = TB. BOOKID
INNER JOIN
        TB_MEMBER_INFO AS TM
ON
        TI. MEMID = TM. MUMBERID
INNER JOIN
        TB_READER_INFO AS TR
ON
        TM. READID = TR. READID;
```

上机指导2　查询图书分类信息相应分类的图书信息

完成本次上机任务所需的知识点：

（1）使用左外连接查询；

（2）使用数据表的别名。

1. 问题

在图书管理系统中，图书分类信息与图书信息不是存储在同一张数据表中的，而是使用主外键关系来关联的。现在需要查询图书分类和图书的详细详细。查询出图书分类名称、图书书名、作者、出版社等详细信息，查询结果如图2-5-2所示。

分类编号	分类名称	图书条码	图书书名	作者	出版社	出版时间	单价	册数
2	小说类	20180101001	三国演义	罗贯中	北京大学出版社	1988-01-01	50.00	10
2	小说类	20180101002	红楼梦	曹雪芹	北京大学出版社	1988-01-01	40.00	10
2	小说类	20180101003	西游记	吴承恩	北京大学出版社	1988-01-01	30.00	10
6	软件技术类	20180101004	Struts2深入详解	吴承恩	北京大学出版社	1988-01-01	50.00	10
6	软件技术类	20180101005	Spring框架高级约翰逊		机械工业出版社	1988-01-01	40.00	10
6	软件技术类	20180101006	MyBatis框架	约翰逊	机械工业出版社	1988-01-01	30.00	10
1	文学类	20180101007	春神眺舞的森林	严淑女	河北教育出版社	1988-01-01	32.80	10
1	文学类	20180101008	你不可改变我	刘西鸿	作家出版社	1988-01-01	16.80	10
1	文学类	20180101009	苏东坡传	林语堂	湖南文艺出版社	1988-01-01	32.50	10
1	文学类	20180101010	一句顶一万句	刘震云	长江文艺出版社	1988-01-01	32.50	10
3	传记类	(Null)	(Null)	(Null)	(Null)	(Null)	(Null)	(Null)
4	青春类	(Null)	(Null)	(Null)	(Null)	(Null)	(Null)	(Null)
5	动漫类	(Null)	(Null)	(Null)	(Null)	(Null)	(Null)	(Null)

图2-5-2　查询出图书分类名称、图书书名、作者、出版社等信息的结果

2. 提示

要查询图书分类的信息，要从分类信息中查询到分类名称，然后从图书信息表中查询图书的详细信息，包括条码、书名、出版社、作者和出版时间等信息。因此，要想查询到这些信息就需要使用连接查询。

如果需要图2-5-2中的查询结果，就必须把分类的所有信息查询出来。在图书信息中没有该分类的图书信息且用NULL值填充的，就需要使用左外连接查询。

3. 解决方案

查询图书分类信息以及与分类相关的图书信息,实现的 SQL 语句如下:

```
－－查询图书分类信息以及与分类相关的图书信息
SELECT
        BT. TYPEID AS 分类编号,BT. TYPENAME AS 分类名称,
        BI. BOOKCODE AS 图书条码,BI. BOOKNAME AS 图书书名,
        BI. BOOKAUTHOR AS 作者,BI. PUBLISHING AS 出版社,
        BI. PUBILSHDATE AS 出版时间,BI. BOOKPRICE AS 单价,
        BI. BOOKNUM 册数
FROM
        TB_BOOK_TYPE AS BT
LEFT JOIN
        TB_BOOK_INFO AS BI
ON
        BT. TYPEID = BI. TYPEID；
```

上机指导3　查询所有读者和所有图书信息

完成本次上机任务所需的知识点:
(1)使用 SEELCT 的基本查询语法;
(2)使用并集(UNION)查询。

1. 问题

查询所有读者和所有图书信息,查询结果如图 2－5－3 所示。

READNAME	CARDNO	ADDRESS	REMARK	BIRTHDAY
张三亚	430524199901011212	湖南省长沙市岳麓区	这是一个基本类型的客户	2018-01-01
刘晓辉	430524199901011218	湖南省长沙市岳麓区	这是一个基本类型的客户	2018-01-01
刘晓红	430524199901011215	湖南省长沙市岳麓区	这是一个基本类型的客户	2018-01-01
周晓华	430524199901011214	湖南省长沙市岳麓区	这是一个基本类型的客户	2018-01-01
周小红	430524199901011213	湖南省长沙市岳麓区	这是一个基本类型的客户	2018-01-01
陈小帅	430524199901011219	湖南省长沙市岳麓区	这是一个基本类型的客户	2018-01-01
罗贯中	20180101001	三国演义	北京大学出版社	1988-01-01
曹雪芹	20180101002	红楼梦	北京大学出版社	1988-01-01
吴承恩	20180101003	西游记	北京大学出版社	1988-01-01
吴承恩	20180101004	Struts2深入详解	北京大学出版社	1988-01-01
约翰逊	20180101005	Spring框架高级编程	机械工业出版社	1988-01-01
约翰逊	20180101006	MyBatis框架	机械工业出版社	1988-01-01
严淑女	20180101007	春神跳舞的森林	河北教育出版社	1988-01-01
刘西鸿	20180101008	你不可改变我	作家出版社	1988-01-01
林语堂	20180101009	苏东坡传	湖南文艺出版社	1988-01-01
刘震云	20180101010	一句顶一万句	长江文艺出版社	1988-01-01

图 2－5－3　查询所有读者和所有图书信息的结果

2. 提示

读者信息和图书信息属于两张不同的数据表,但这两张表有部分的结构是相似的。如

果需要将这两张表的信息进行合并,就得使用并集(UNION)查询来实现图2-5-3的效果。

3. 解决方案

查询所有读者信息和图书信息的SQL语句如下:

```
--查询所有读者和所有图书信息
SELECT
        READNAME,CARDNO,ADDRESS,REMARK,BIRTHDAY
FROM
        TB_READER_INFO
UNION
SELECT
        BOOKAUTHOR,BOOKCODE,BOOKNAME,PUBLISHING,PUBILSHDATE
FROM
        TB_BOOK_INFO;
```

第2阶段　练习

练习1　查询已被借阅的图书信息

问题

查询出系统中已被借阅过的图书信息。

练习2　查询指定读者和他的借书卡信息

问题

在图书管理系统中,一个读者可以一次借阅5本图书。请编写T-SQL语句,查询借阅图书的读者信息和他借阅的图书信息,这些信息包括读者姓名、联系电话、家庭住址、身份证号、借书卡号、图书书名、条码、作者、出版社和出版时间等信息。

第六章
MySQL 存储过程

本章上机任务

(1)使用存储过程实现图书的借阅功能。

(2)使用存储过程实现图书信息的查询功能。

(3)使用存储过程实现图书的归还功能。

第1阶段　上机指导

上机指导1　使用存储过程实现图书的借阅功能

完成本次上机任务所需的知识点：

(1)使用 SQL 语句创建存储过程；

(2)MySQL 变量的使用；

(3)MySQL 流程语句的使用；

(4)使用 CALL 执行存储过程。

1. 问题

在数据库中,使用存储过程实现图书的借阅功能。该存储过程需要下面几个参数:图书编号、借书卡号、借书时间、应还时间等参数。其中,借书时间使用系统的当前值。在存储过程中实现借书,需要满足下面的一些条件:

(1)当前图书馆中借阅图书的存量必须大于1；

(2)借书卡必须存储且卡是启动状态；

(3)卡的图书借阅数量是否还能借书；

(4)借阅时间必须小于应还时间。

如果在借书过程中不满足条件的,给读者相关的提示信息,并结束程序执行,图书借阅成功给出相关的提示信息。

2. 提示

根据需求在借阅图书时,需要修改图书的现存量与借出次数和读者的借阅次数、增加借阅记录时需要查询借书卡的借阅数量和已借数量。只有符合这些条件,图书借阅才能完成操作,读者借阅图书才能成功。

3. 解决方案

实现图书借阅功能的存储过程的 SQL 语句如下:

```
－－实现图书借阅功能的存储过程
DELIMITER $ $
CREATE PROCEDUREproc_borrow_book(
    IN bid INT,
    INcardID CHAR(11)
)
BEGIN
```

```
- -创建变量存储提示信息
DECLARE msg VARCHAR( 100 ) DEFAULT ";
DECLARE num INT DEFAULT 0;
DECLAREcurrentTime DATE;
DECLARErepayTime DATE;
  - -定义变量控制循环次数
DECLARE n INT DEFAULT 0;
  - -定义借书卡可以借阅图书的总册数
DECLARE number INT DEFAULT 0;
  - -定义借书卡已经借阅图书的测试
DECLARE quantity INT DEFAULT 0;
  - -定义变量存储借书卡变量
DECLARE id INT DEFAULT 0;
  - - DECLAREbname VARCHAR( 200 ) DEFAULT ";
SETcurrentTime = sysdate( );
  - -判断图书是否存在
  - - SELECT BOOKNAME INTObname;
IF NOT EXISTS( SELECT 1 FROM TB_BOOK_INFO WHERE BOOKID = bid) THEN
        SET msg = '图书馆没有这本图书!';
        SELECT msg;
END IF;
  - - SELECTbname;
  - -将图书的现存量赋值给变量
SELECT NOWNUMBER INTO num FROM TB_BOOK_INFO WHERE BOOKID = bid;
IF( num < 1) THEN
        SET msg = '此图书已经全部借出,借阅失败!';
        SELECT msg;
END IF;
  - -判断借书卡是否存在
IF NOT EXISTS( SELECT 1 FROM TB_MEMBER_INFO WHERE MEMBERNO = cardId) THEN
SET msg = '借书卡不存在!';
        SELECT msg;
        END IF;
  - -查询借书卡编号,总册数和已借册数并赋值给变量
SELECT MUMBERID, MEMBERNUMBER, MEMBERNUM INTO id, number, quantity FROM TB_MEM-
BER_INFO WHERE MEMBERNO = cardID;
  - -循环判断借书卡是否有没有超过还书期限的借阅信息
WHILE n < quantity DO
        - -
        SELECT RETURNDATE INTO repayTime FROM TB_BORROW_INFO WHERE MEMID = id LIMIT 1;
```

－－还书时间大约当前时间代表借阅图书已经超过还书期限

IF（repayTime < currentTime）THEN

    SET msg = '您借阅的图书超过还书日期,请先还书,才能继续借阅图书!';

    SELECT msg;

END IF;

SET n = n + 1;

END WHILE;

－－判断借书卡的总册数是否还可以借阅图书

IF(number － quantity < 1) THEN

    SET msg = '您的借书卡已经超过借阅图书的册数,无法再继续借阅图书';

    SELECT msg;

END IF;

－－将图书信息的现存量加1,同时将借阅次数加1

UPDATE TB_BOOK_INFO SET NOWNUMBER = NOWNUMBER － 1,BOOKCOUNT = BOOKCOUNT + 1 WHERE BOOKID = bid;

－－在借阅信息表中添加一条借阅信息

INSERT INTO TB_BORROW_INFO（RETURNDATE,BORROWSTATUS,BOOKID,MEMID）VALUES (DATE_ADD(CURRENT_DATE( ) ,INTERVAL 15 DAY) ,1,bid,id);

－－将借书卡中的借书卡的借阅册数加1

UPDATE TB_MEMBER_INFO SET MEMBERNUM = MEMBERNUM + 1 WHERE MUMBERID = id;

END $ $

调用存储过程测试如下：

－－输入错误的图书编号,测试存储过程

CALLproc_borrow_book(11 , '20180101001');

测试结果如图2－6－1所示。

msg
▶ 图书馆没有这本图书!

图2－6－1 调用存储过程测试的结果

数据错误的借书卡号测试如下：

－－输入错误的借书卡号,测试存储过程

CALLproc_borrow_book(10 , '20180101011');

测试结果如图2－6－2所示。

msg
▶ 借书卡不存在!

图2－6－2 数据错误的借书卡号测试的结果

测试借阅图书册数如下：

```
- -输入图书编号和卡号都正确,测试存储过程
CALLproc_borrow_book(9,'20180101001');
```

测试结果如图2-6-3所示。

图2-6-3 测试借阅图书册数的结果

测试所有情况都正常的借书卡如下：

```
- -图书编号正确,借书卡号正确,借阅册数也能继续借阅的测试
CALLproc_borrow_book(9,'20180101002');
```

测试结果如图2-6-4所示。

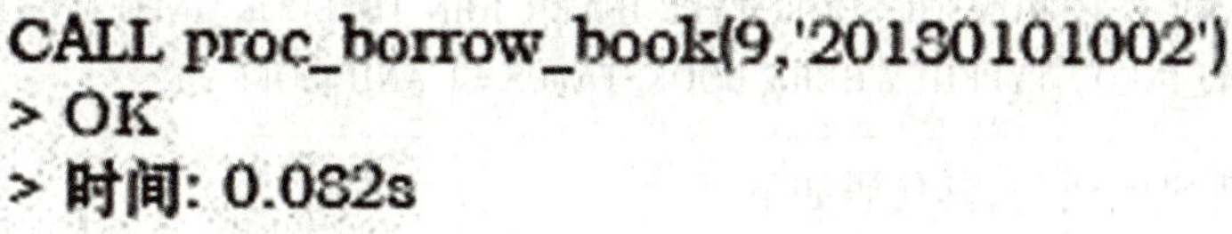

图2-6-4 测试所有情况都正常的借书卡的结果

上机指导2 使用存储过程实现图书信息的查询功能

完成本次上机任务所需的知识点：
(1)使用 CREATE PROCEDURE 语句；
(2)使用 LIKE 关键字进行模糊查询；
(3)使用 CALL 执行存储过程。

1. 问题

图书馆希望系统提供查询图书的功能,以便读者能够轻松地找到自己想借阅的图书。根据此需求,查询功能根据读者提供的书名、作者、分类、出版社及内容简介等信息都能够找到相关的图书信息。

2. 提示

要实现此功能,要求存储过程必须指定这些信息作为存储过程的参数,参数包括书名、作者、分类、出版社和内容简介。因此,需要定义这些变量为存储过程传递参数。

3. 解决方案

(1)创建存储过程并定义存储过程参数,SQL 如下：

```
DELIMITER $ $
CREATE PROCEDUREproc_query_books(
    _name VARCHAR(200),              − − 图书书名
    _author VARCHAR(20),             − − 图书作者
    _cname VARCHAR(20),              − − 分类名称
    _publishing VARCHAR(100),        − − 出版社
    _intro VARCHAR(300)              − − 内容简介
)
```

（2）定义变量存储 SQL 语句并初始化 SQL 语句,其代码如下:

```
− −定义变量存储 SQL 语句
    DECLARE _sql VARCHAR(1000);
    − − 初始化变量,赋值为查询所有图书的 SQL 语句
    SET _sql = ' SELECT BOOKCODE, BOOKNAME, TYPENAME, BOOKAUTHOR, PUBLISHING, PU-
BILSHDATE,BOOKDIGEST FROM TB_BOOK_TYPE INNER JOIN TB_BOOK_INFO ON TB_BOOK_TYPE。
TYPEID = TB_BOOK_INFO。TYPEID WHERE BOOKSTATUS = 1 AND ISOFF = 1';
```

（3）动态加载 SQL 语句,其代码如下:

```
− −判断是否根据图书书名查询
    IF (_name < > ") THEN
            SET _sql = CONCAT(_sql,'AND BOOKNAME LIKE','\%',_name,'% \");
    END IF;
    − − 判断是否根据图书作者
    IF (_author < > ") THEN
            SET _sql = CONCAT(_sql,'AND BOOKAUTHOR LIKE','\%',_author,'% \");
    END IF;
    − − 判断是否根据图书分类名称查询
    IF (_cname < > ") THEN
            SET _sql = CONCAT(_sql,'AND TYPENAME LIKE','\%',_cname,'% \");
    END IF;
    − − 判断是否根据出版社查询
    IF (_publishing < > ") THEN
            SET _sql = CONCAT(_sql,'AND PUBLISHING LIKE','\%',_publishing,'% \");
    END IF;
    − − 判断是否根据图书简介查询
    IF (_intro < > ") THEN
            SET _sql = CONCAT(_sql,'AND BOOKDIGEST LIKE','\%',_intro,'% \");
    END IF;
```

（4）处理 SQL 语句并执行 SQL 语句,其代码如下:

```
－－定义变量将 SQL 语句赋值此变量
      SET @_sql = _sql;
       －－ 预处理需要执行的动态 SQL,其中 stmt 是一个变量
      PREPARE stmt FROM @_sql;
       －－ 创建预处理语句
      EXECUTE stmt;
```

实现图书查询功能的存储过程完整的 SQL 语句如下：

```
－－创建查询图形信息的存储过程
DELIMITER $ $
CREATE PROCEDUREproc_query_books(
    _name VARCHAR(200), －－ 图书书名
    _author VARCHAR(20), －－ 图书作者
    _cname VARCHAR(20), －－ 分类名称
    _publishing VARCHAR(100), －－ 出版社
    _intro VARCHAR(300) －－ 内容简介
)
BEGIN
      －－ 定义变量存储 SQL 语句
      DECLARE _sql VARCHAR(1000);
      －－ 初始化变量,赋值为查询所有图书的 SQL 语句
      SET _sql = 'SELECT BOOKCODE,BOOKNAME,TYPENAME,BOOKAUTHOR,PUBLISHING,PU-
BILSHDATE,BOOKDIGEST FROM TB_BOOK_TYPE INNER JOIN TB_BOOK_INFO ON TB_BOOK_TYPE。
TYPEID = TB_BOOK_INFO。TYPEID WHERE BOOKSTATUS = 1 AND ISOFF = 1';
      －－ 判断是否根据图书书名查询
      IF (_name < > ") THEN
            SET _sql = CONCAT(_sql,'AND BOOKNAME LIKE','\%',_name,'%\');
      END IF;
      －－ 判断是否根据图书作者
      IF (_author < > ") THEN
            SET _sql = CONCAT(_sql,'AND BOOKAUTHOR LIKE','\%',_author,'%\');
      END IF;
      －－ 判断是否根据图书分类名称查询
      IF (_cname < > ") THEN
            SET _sql = CONCAT(_sql,'AND TYPENAME LIKE','\%',_cname,'%\');
      END IF;
      －－ 判断是否根据出版社查询
      IF (_publishing < > ") THEN
            SET _sql = CONCAT(_sql,'AND PUBLISHING LIKE','\%',_publishing,'%\');
      END IF;
```

```
   ─ ─ 判断是否根据图书简介查询
   IF ( _intro < > ”) THEN
           SET _sql = CONCAT( _sql,‘ AND BOOKDIGEST LIKE’,‘ \% ’,_intro,‘ % \”);
   END IF;
   ─ ─ 定义变量将 SQL 语句赋值此变量
   SET @ _sql = _sql;
   ─ ─ 预处理需要执行的动态 SQL,其中 stmt 是一个变量
   PREPARE stmt FROM @ _sql;
   ─ ─ 创建预处理语句
   EXECUTE stmt;
END $ $
```

调用存储过程测试如下：

```
 ─ ─测试存储过程
CALLproc_query_books(“,”,‘文学类’,“,”);
```

测试结果如图 2 – 6 – 5 所示。

BOOKCODE	BOOKNAME	TYPENAMI	BOOKAUTHOR	PUBLISHING	PUBILSHDATE	BOOKDIGEST
20180101007	春神跳舞的森林	文学类	严淑女	河北教育出版社	1988-01-01	台湾邹族少年阿地带着已故奶奶留给他的樱花瓣，和阿
20180101008	你不可改变我	文学类	刘西鸿	作家出版社	1988-01-01	本书是刘西鸿的短篇小说集，包括《你不可改变我》
20180101009	苏东坡传	文学类	林语堂	湖南文艺出版社	1988-01-01	苏东坡一生坎坷却始终不改其乐观天性；一生融儒释道…
20180101010	一句顶一万句	文学类	刘震云	长江文艺出版社	1988-01-01	《一句顶一万句》被称中国版《百年孤独》，是刘震…

图 2 – 6 – 5　调用存储过程测试的结果

第 2 阶段　练习

练习　使用存储过程实现图书的归还功能

1. 问题

编写存储过程实现图书的归还功能,该存储过程需要两个参数,即:图书编号、借书卡号。在归还图书中必须满足下面的条件:

(1)判断归还日期是否超过时间;

(2)超过日期需要计算超期罚款,按每天 1 元计算;

(3)如果不超过时间就正常新增还书记录;

(4)还书成功要修改图书信息表的现存量;

(5)借阅信息表的结束状态更新为已还。

2. 提示

图书归还日期超期时,按照每天 1 元的罚款计算,计算好罚款后给读者提示信息,让读者缴纳罚款。如果没有超期的正常完成还书,还书完成后给读者成功提示信息。

第七章
MySQL 函数

本章上机任务

(1) 使用函数实现根据图书编号查询该图书的借阅次数。

(2) 创建函数根据书名查询图书返回图书简介信息。

(3) 创建函数根据卡号返回借书卡已经借阅图书的册数。

第1阶段　上机指导

上机指导1　使用函数实现根据图书编号查询该图书的借阅次数

完成本次上机任务所需的知识点：

(1)使用 CREATE FUNCTION 语句定义；

(2)函数使用参数和返回值；

(3)函数的调用。

1. 问题

使用 SQL 语句编写函数,实现根据图书编号查询该图书的借阅次数。该函数由用户传递一个图书编号作为参数,根据这个参数查询图书借阅次数并返回。

2. 提示

在定义函数时,给函数传递以图书编号为参数,先判断在系统中是否存在此图书。如果有此图书,然后得到此图书被借阅的次数,并将次数返回给用户。

3. 解决方案

编写 SQL 语句创建函数,实现根据编号返回此图书被借阅次数功能的代码如下：

```
－－创建根据图书编号查询图书被借阅次数
DELIMITER $ $
CREATE FUNCTIONquery_book_count(
        －－ 定义函数的参数,图书编号
        _id INT
)
－－定义函数的返回类型
RETURNS VARCHAR(100)
BEGIN
        －－ 定义变量存储需要返回的值
        DECLARE _str VARCHAR(100) DEFAULT '';
        －－ 定义变量存储图书的借阅次数
        DECLARE _num INT DEFAULT 0;
        －－ 定义变量存储图书的书名
        DECLARE _name VARCHAR(20) DEFAULT '';
        －－ 判断此编号的图书是否存在
IF NOT EXISTS (SELECT 1 FROM TB_BOOK_INFO WHERE BOOKID = _id) THEN
```

```
                SET _str = '您要找的图书信息不存在！';
                   －－给函数返回值
                RETURN _str;
        END IF;
          －－将查询的图书书名和借阅次数赋值给变量
        SELECT BOOKNAME,BOOKCOUNT INTO _name,_num FROM TB_BOOK_INFO WHERE BOOKID
=_id;
          －－使用字符串连接函数组合返回的信息
    SET _str = CONCAT('书名为：',_name,'的图书已经被借阅了：',_num,'次');
          －－给函数返回值
        RETURN _str;
END $ $
```

调用函数的 SQL 语句如下：

```
－－调用函数
SELECTquery_book_count(10);
```

执行的结果如图 2－7－1 所示。

图 2－7－1 调用函数执行的结果

调用函数给不存在图书的编号测试如下：

```
－－调用函数
SELECTquery_book_count(14);
```

执行的结果如图 2－7－2 所示。

图 2－7－2 调用函数给不存在图书编号测试的结果

上机指导2 创建函数根据书名查询图书返回图书的内容简介

完成本次上机任务所需的知识点：
(1)使用 CREATE FUNCTION 语句定义；
(2)函数使用参数和返回值；
(3)函数的调用。

1. 问题

编写 SQL 代码实现根据图书名称得到此图书的内容简介,该函数使用图书书名作为参数,根据这个参数查询到结果并将此结果返回。

2. 提示

在定义函数时,给函数传递以图书书名为参数,先判断在系统中是否存在此图书。如果有此图书,然后得到此图书的内容简介,并将简介返回给用户。

3. 解决方案

创建根据图书书名返回图书作者和内容简介功能的函数的 SQL 语句如下:

```
- -创建根据图书名返回作者和内容简介的函数
DELIMITER $ $
CREATE FUNCTIONquery_book_name(
        - - 定义函数参数
        _name VARCHAR(200)
)
- -定义函数的返回类型
RETURNS VARCHAR(500)
BEGIN
        - - 定义返回的消息
        DECLARE _message VARCHAR(500) DEFAULT ' ';
        - - 定义变量存储图书的简介并初始化
        DECLARE _intro VARCHAR(300) DEFAULT ' ';
        - - 定义变量存储存储图书作者
        DECLARE _author VARCHAR(20) DEFAULT ' ';
        - - 判断图书是否存在
        IF NOT EXISTS (SELECT 1 FROM TB_BOOK_INFO WHERE BOOKNAME = _name) THEN
                - - 给出提示信息
                SET _message = '您要找的图书信息不存在!';
                - - 将信息返回
                RETURN _message;
        END IF;
        - - 查询作者和简介信息并赋值给相应的变量
        SELECT BOOKAUTHOR,BOOKDIGEST INTO _author,_intro FROM TB_BOOK_INFO WHERE
BOOKNAME = _name;
        - - 组合字符串
        SET _message = CONCAT('这本图书的作者是:',_author,',这本图书的内容简介是:',_intro);
        - - 返回给用户
        RETURN _message;
END $ $
```

调用函数的SQL语句如下：

```
--调用函数测试函数
SELECTquery_book_name（'三国演义'）;
```

执行的结果如图2-7-3所示。

query_book_name('三国演义')
这本图书的作者是：罗贯中，这本图书的内容简介是：东汉末年，山河动荡，刘汉王朝气数将尽。内有十常侍颠倒黑白，祸乱朝纲，外有张氏兄弟高呼"苍天已死，黄

图2-7-3 调用函数执行的结果

调用函数测试不存在的图书如下：

```
--调用函数测试函数
SELECTquery_book_name（'水浒传'）;
```

执行的结果如图2-7-4所示。

query_book_name('水浒传')
您要找的图书信息不存在!

图2-7-4 调用函数测试不存在的图书的结果

第2阶段 练习

练习 创建函数根据卡号返回借书卡已经借阅图书的册数

1. 问题

编写SQL创建函数，根据读者的借书卡号，实现根据卡号得到该借书卡查询该卡号可以借阅图书的册数和已经借阅图书的册数。

2. 提示

参考上机指导创建函数和调用函数的实现完成练习题。

第八章
MySQL 事务处理

本章上机任务

（1）使用存储过程和事务完成还书功能。

（2）使用存储过程和事务完成图书的删除功能。

（3）使用存储过程和事务实现借书功能。

（4）使用存储过程和事务完成图书的下架功能。

第1阶段　上机指导

上机指导1　使用存储过程和事务完成还书功能

完成本次上机任务所需的知识点：

(1)使用存储过程的创建语法；

(2)使用手动提交事务。

1. 问题

编写一个存储过程实现图书管理系统的图书还书功能。

2. 提示

存储过程的实现步骤可以参见第六章的上机指导完成。在完成还书操作时，需要注意的是，还书成功后要修改图书的现存量、图书借阅信息中借阅状态要更新为已还的状态。

解决方案

(1)创建存储过程，给存储定义参数，实现的 SQL 语句如下：

```
－－使用事务编写存储过程实现图书还书的功能
DELIMITER $ $
CREATE PROCEDUREproc_repay_book(
        －－ 定义存储的输入参数
        －－ 图书编号
    IN _id INT,
        －－ 借书卡号
    IN _card CHAR(11)
)
```

(2)定义相关变量保存相关信息，实现的 SQL 语句如下：

```
        －－ 定义变量保存消息
    DECLARE _message VARCHAR(300) DEFAULT '；
        －－ 定义变量保存借书卡编号
    DECLARE _mid INT DEFAULT 0;
        －－ 定义变量保存当前时间
    DECLARE _currentTime DATE DEFAULT CURRENT_DATE;
        －－ 定义变量保存借阅图书应还的时间
    DECLARE _repayTime DATE;
        －－ 定义变量保存执行 SQL 影响的行数
```

```
DECLARE _total INT DEFAULT 0;
  - - 定义变量保存超过借阅期限的天数
DECLARE _day INT DEFAULT 0;
  - - 定义超过借阅期限需要交纳的罚款金额
DECLARE _money INT DEFAULT 0;
```

（3）判断借书卡是否有借阅记录和输入的图书是否已经归还，实现的 SQL 语句如下：

```
- -判断输入的借书卡号是否有借阅记录
        IF NOT EXISTS (SELECT 1 FROM TB_BORROW_INFO WHERE MEMID = _mid) THEN
                SET _message = '借书卡没有相应借阅记录!';
                SELECT _message;
        END IF;
          - - 判断输入的图书是否已经归还
        IF EXISTS (SELECT 1 FROM TB_BORROW_INFO WHERE MEMID = _card AND BOOKID = _
id AND BORROWSTATUS = 0) THEN
                SET _message = '这本图书您已经归还了!';
                SELECT _message;
        END IF;
```

（4）检查借阅的图书是否超期，如果超期计算罚款，实现的 SQL 语句如下：

```
  - -如果还没归还找到应归还的日期
        SELECT RETURNDATE INTO _repayTime FROM TB_BORROW_INFO WHERE MEMID = _mid
AND BOOKID = _id;
      - - 计算天数
    SET _day = DATEDIFF(_currentTime,_repayTime);
      - - 判断借阅图书是否超过借阅期限
    IF (_day > 0) THEN
            SET _money = 1 * _day;
            SET _message = CONCAT('您借阅的图书超过应还期限为:',_day,'天,应交纳罚款
为:',_money,'元');
            SELECT _message;
    END IF;
```

（5）前面条件都不存在执行更新数据的操作，实现的 SQL 语句如下：

```
– – 开启事务
START TRANSACTION;
 – – 更新图书信息表中现存量
UPDATE TB_BOOK_INFO SET NOWNUMBER = NOWNUMBER + 1 WHERE BOOKID = _id;
 – – 累计操作影响的行数
SET _total = _total + FOUND_ROWS( );
 – – 更新借阅信息表中图书的借阅状态
UPDATE TB_BORROW_INFO SET BORROWSTATUS = 0 WHERE MEMID = _mid AND BOOKID = _id;
 – – 累计操作影响的行数
SET _total = _total + FOUND_ROWS( );
 – – 借书卡表中借阅的册数
UPDATE TB_MEMBER_INFO SET MEMBERNUM = MEMBERNUM – 1 WHERE MUMBERID = _mid;
 – – 累计操作影响的行数
SET _total = _total + FOUND_ROWS( );
INSERT INTO TB_RETURN_INFO( RETURNSTATUS,BOOKID,MEMID) VALUES(1,_id,_mid);
 – – 累计操作影响的行数
SET _total = _total + FOUND_ROWS( );
IF ( _total = 4) THEN
SET _message = CONCAT( '卡号为:',_card,',您已成功还书!');
COMMIT;
ELSE
        SET _message = CONCAT( '卡号为:',_card,',您还书失败!');
        ROLLBACK;
END IF;
SELECT _message;
```

（6）完整的使用事务实现还书功能的存储过程代码如下：

```
– –使用事务编写存储过程实现图书还书的功能
DELIMITER $ $
CREATE PROCEDUREproc_repay_book(
        – – 定义存储的输入参数
        – – 图书编号
    IN _id INT,
        – – 借书卡号
    IN _card CHAR(11)
)
BEGIN
        – – 定义变量保存消息
        DECLARE _message VARCHAR(300) DEFAULT '';
        – – 定义变量保存借书卡编号
```

```
DECLARE _mid INT DEFAULT 0;
  - - 定义变量保存当前时间
DECLARE _currentTime DATE DEFAULT CURRENT_DATE;
  - - 定义变量保存借阅图书应还的时间
DECLARE _repayTime DATE;
  - - 定义变量保存执行 SQL 影响的行数
DECLARE _total INT DEFAULT 0;
  - - 定义变量保存超过借阅期限的天数
DECLARE _day INT DEFAULT 0;
  - - 定义超过借阅期限需要交纳的罚款金额
DECLARE _money INT DEFAULT 0;
  - - 根据借书卡号查询借书卡的编号
SELECT MUMBERID INTO _mid FROM TB_MEMBER_INFO WHE      RE MEMBERNO = _card;
  - - 判断输入的借书卡号是否有借阅记录
IF NOT EXISTS (SELECT 1 FROM TB_BORROW_INFO WHERE MEMID = _mid) THEN
        SET _message = '借书卡没有相应借阅记录!';
        SELECT _message;
END IF;
  - - 判断输入的图书是否已经归还
IF EXISTS (SELECT 1 FROM TB_BORROW_INFO WHERE MEMID = _card AND BOOKID = _id
AND BORROWSTATUS = 0) THEN
        SET _message = '这本图书您已经归还了!';
        SELECT _message;
END IF;
  - - 如果还没归还找到应归还的日期
SELECT RETURNDATE INTO _repayTime FROM TB_BORROW_INFO WHERE MEMID = _mid
AND BOOKID = _id;
  - - 计算天数
SET _day = DATEDIFF(_currentTime, _repayTime);
  - - 判断借阅图书是否超过借阅期限
IF (_day > 0) THEN
        SET _money = 1 * _day;
        SET _message = CONCAT('您借阅的图书超过应还期限为:', _day, '天,应交纳罚款
为:', _money, '元');
SELECT _message;
END IF;
  - - 开启事务
START TRANSACTION;
  - - 更新图书信息表中现存量
UPDATE TB_BOOK_INFO SET NOWNUMBER = NOWNUMBER + 1 WHERE BOOKID = _id;
```

```
    --累计操作影响的行数
    SET _total = _total + FOUND_ROWS();
    --更新借阅信息表中图书的借阅状态
    UPDATE TB_BORROW_INFO SET BORROWSTATUS = 0 WHERE MEMID = _mid AND BOOKID =
_id;
    --累计操作影响的行数
    SET _total = _total + FOUND_ROWS();
    --借书卡表中借阅的册数
    UPDATE TB_MEMBER_INFO SET MEMBERNUM = MEMBERNUM - 1 WHERE MUMBERID =
_mid;
    --累计操作影响的行数
    SET _total = _total + FOUND_ROWS();
    INSERT INTO TB_RETURN_INFO(RETURNSTATUS,BOOKID,MEMID) VALUES(1,_id,_mid);
    --累计操作影响的行数
    SET _total = _total + FOUND_ROWS();
    IF (_total = 4) THEN
            SET _message = CONCAT('卡号为:',_card,',您已成功还书!');
            COMMIT;
    ELSE
            SET _message = CONCAT('卡号为:',_card,',您还书失败!');
            ROLLBACK;
    END IF;
    SELECT _message;
END $ $
```

调用存储过程测试还书功能如下：

```
--执行存储过程测试还书功能,图书编号和借书卡号都正确的情况,并且借阅图书也没有超期
CALLproc_repay_book(4,'20180101001');
```

执行结果如图2-8-1所示。

_message

▶ 卡号为：20180101001,您已成功还书!

图2-8-1　调用存储过程测试还书功能的结果——借阅图书没有超期

```
--执行存储过程测试还书功能,图书编号和借书卡号都正确的情况,并且借阅图书有超期
CALLproc_repay_book(5,20180101001');
```

执行结果如图2-8-2所示。

_message

▶ 您借阅的图书超过应还期限为：1天，应交纳罚款为：1元

图2-8-2　调用存储过程测试还书功能的结果——借阅图书有超期

```
－－执行存储过程测试还书功能,输入已经归还图书编号
CALLproc_repay_book(4,'20180101001');
```

执行结果如图2－8－3所示。

_message

▶ 这本图书您已经归还了!

图2－8－3　输入已经归还图书编号的结果

```
－－执行存储过程测试还书功能,输入没有借阅记录的借书卡号
CALLproc_repay_book(4,'20180101006');
```

执行结果如图2－8－4所示。

_message

▶ 借书卡没有相应借阅记录!

图2－8－4　输入没有借阅记录的借书卡号

上机指导2　使用存储过程和事务完成图书的删除功能

完成本次上机任务所需的知识点:

(1)使用存储过程创建的语法;

(2)使用手动提交事务。

1. 问题

使用存储过程与事务实现图书删除的功能。

2. 提示

在图书管理系统的业务中,图书是为方便读者借阅而存在的。因此图书与读者的借阅信息和还书信息存在相互的关系。如果需要删除图书信息时,那么需要检查当前要删除的图书是否有借阅信息,是否存在还书信息。如果没有,就提交事务删除图书,否则回滚,不能删除此图书。

3. 解决方案

使用事务存储删除图书信息的存储过程代码如下:

```
－－创建使用事务删除图书信息的存储过程
DELIMITER $ $
CREATE PROCEDUREproc_delete_book(
        －－ 定义存储过程参数
        IN _id INT
)
```

```
BEGIN
    -- 定义变量保存消息
    DECLARE _message VARCHAR(300) DEFAULT'';
-- 定义变量保存影响行数
    DECLARE _num INT DEFAULT 0;
    -- 判断图书是否存在
    IF NOT EXISTS (SELECT 1 FROM TB_BOOK_INFO WHERE BOOKID = _id) THEN
            SET _message = '图书馆没有此图书信息!';
            SELECT _message;
    END IF;
    -- 判断图书是否有借阅未还的
    IF EXISTS (SELECT 1 FROM TB_RETURN_INFO WHERE BOOKID = _id) THEN
            SET _message = '此图书有借阅未还,不能删除';
            SELECT _message;
    END IF;
    START TRANSACTION;
    DELETE FROM TB_BOOK_INFO WHERE BOOKID = _id;
    SET _num = _num + ROW_COUNT();
    IF (_num > 0) THEN
            SET _message = '图书信息删除成功!';
            COMMIT;
    ELSE
            SET _message = '图书信息删除失败!';
            ROLLBACK;
    END IF;
    SELECT _message;
END $ $
```

调用存储过程测试如下:

```
-- 测试存储过程,先输入不存在的图书编号
CALLproc_delete_book(11);
```

执行的结果如图2-8-5所示。

图2-8-5 输入不存在的图书编号的结果

```
-- 测试有借阅信息的图书
CALLproc_delete_book(5);
```

执行的结果如图 2 - 8 - 6 所示。

_message

▶ 此图书有借阅未还，不能删除

图 2 - 8 - 6 测试有借阅信息图书的结果

－－测试没有借阅记录的图书
CALLproc_delete_book(3)；

执行结果如图 2 - 8 - 7 所示。

_message

▶ 图书信息删除成功！

图 2 - 8 - 7 测试没有借阅记录的图书的结果

第 2 阶段 练习

练习 1 使用存储过程和事务实现图书借阅功能

问题

创建一个存储过程实现图书借阅的功能,在存储过程中牵系到新增、更新和删除操作的 SQL 语句必须使用事务。

练习 2 使用存储过程和事务完成图书下架功能

问题

创建一个存储过程实现图书馆图书因为图书损坏和图书时间过长而使图书下架的功能。在存储过程中牵系到新增、更新和删除操作的 SQL 语句必须使用事务。

第九章
MySQL 视图与索引

本章上机任务

（1）使用视图实现图书信息的查询。

（2）使用全文索引提高查询图书信息的效率。

（3）使用视图查询读者借阅图书信息。

第1阶段 上机指导

上机指导1 使用视图实现图书信息查询

完成本次上机任务所需的知识点：

（1）使用 CREATE VIEW 语句创建视图；

（2）使用连接查询；

（3）使用 CASE 分支语句。

1. 问题

在图书管理系统中，读者经常需要查询图书与图书相关的信息，经常需要的数据有书名、条码、作者、出版社、图书分类、出版时间，单价、借阅次数、图书总册数、现存册数、借出册数和借阅等级等相关信息。请使用视图实现这些信息的查询。

2. 提示

使用视图可以方便地将数据查询的结果存放到视图中，实际存储的数据不是在视图中，而是在实际视图所引用的基表中。使用视图可以有效的组织数据，提高数据的响应速度。创建视图时使用 CREATE VIEW 语句来实现，显示图书的借阅情况、图书馆每种图书的总册数、没有借出册数和借出册数等。想得到某种图书借出的册数，可以使用总册数减去没有借出册数得到借出图书的册数。

根据图书的借阅次数为图书评定等级，其等级设置如下：

（1）一次都没有借阅过的不评星级；

（2）1～20 次的评为 1 星级；

（3）21～40 次的评为 2 星级；

（4）41～60 次的评为 3 星级；

（5）61～80 次的评为 4 星级；

（6）81～100 次的评为 5 星级；

（7）100 次以上的评为 6 星级。

3. 解决方案

创建图书信息查询视图的 SQL 实现代码如下：

```
－－创建视图
CREATE VIEWview_book_info
AS
    SELECT BOOKCODE   AS 条码,BOOKNAME AS 书名,
        TYPENAME AS 图书分类,BOOKAUTHOR AS 作者,
        PUBLISHING AS 出版社,PUBILSHDATE AS 出版时间,
        BOOKPRICE AS 单价,BOOKNUM AS 总册数,
        NOWNUMBER AS 现存量,BOOKUPDATE AS 上架时间,
        CASE
                WHEN BOOKCOUNT  = 0 THEN ' '
                WHEN BOOKCOUNT BETWEEN 1 AND 20 THEN '★'
                WHEN BOOKCOUNT BETWEEN 21 AND 40 THEN '★★'
                WHEN BOOKCOUNT BETWEEN 41 AND 60 THEN '★★★'
                WHEN BOOKCOUNT BETWEEN 61 AND 80 THEN '★★★★'
                WHEN BOOKCOUNT BETWEEN 90 AND 100 THEN '★★★★★'
                ELSE '★★★★★★'
        END AS 借阅等级
    FROM
        TB_BOOK_TYPE
    INNER JOIN
        TB_BOOK_INFO
    ON
        TB_BOOK_TYPE. TYPEID = TB_BOOK_INFO. TYPEID；
```

执行查询视图的结果如图2－9－1所示。

条码	书名	图书分类	作者	出版社	出版时间	单价	总册数	现存量	上架时间	借阅等级
20180101001	三国演义	小说类	罗贯中	北京大学出版社	1988-01-01	50.00	10	1	2018-12-09 09:46:	
20180101002	红楼梦	小说类	曹雪芹	北京大学出版社	1988-01-01	40.00	10	1	2018-12-09 09:46:	
20180101004	Struts2深入详解	软件技术类	吴承恩	北京大学出版社	1988-01-01	50.00	10	8	2018-12-09 09:46:	
20180101006	MyBatis框架	软件技术类	约翰逊	机械工业出版社	1988-01-01	30.00	10	1	2018-12-09 09:46:	
20180101007	春神跳舞的森林	文学类	严淑女	河北教育出版社	1988-01-01	32.80	10	1	2018-12-09 10:10:	
20180101008	你不可改变我	文学类	刘西鸿	作家出版社	1988-01-01	16.80	10	8	2018-12-09 10:10:	
20180101009	苏东坡传	文学类	林语堂	湖南文艺出版社	1988-01-01	32.50	10	8	2018-12-09 10:10:	★
20180101010	一句顶一万句	文学类	刘震云	长江文艺出版社	1988-01-01	32.50	10	6	2018-12-09 10:10:	★

图2－9－1 创建图书信息查询视图的结果

上机指导2 使用全文索引提高查询图书信息的效率

完成本次上机任务所需的知识点：
（1）使用 CREATE FULLTEXT INDEX 创建全文索引；
（2）使用 MATCH( )…AGAINST( ) 进行全文索引。

1. 问题

在图书管理系统中,经常需要查询图书的信息。为提高查询效率,可以为图书信息表创建一个或多个索引,达到提高查询的效率的功能。

2. 提示

MySQL 中,需要创建全文索引使用 CREATE FULLTEXT INDEX 语句完成,但需要注意,不同的 MySQL 版本创建全文索引的要求不同。如果是 5.7 之前的版本,要创建全文索引必须使用 MySIAM 存储引擎;而 5.7 版本之后的版本可以在 InnoDB 和 MySIAM 存储引擎中创建全文索引。也就是说,在创建数据表时需要指定数据表使用存储引擎。当前全文索引创建好后,需要使用 MATCH( ) 函数指定创建全文索引的列名,然后使用 AGINST( ) 指定查询条件和查询模式。查询模式有然语言全文检索(IN NATURAL LANGUAGE MODE))、布尔全文检索(IN BOOLEAN LANGUAGE MODE)和全文检索查询拓展(WITH QUERY EXPAN-SION)。

3. 解决方案

(1)使用 CREATE FULLTEXT INDEX 创建全文索引,其 SQL 语句如下:

```
- - 为 TB_BOOK_INFO 创建全文索引
CREATE FULLTEXT INDEX INDEX_BOOK_FULLTEXT
    ON TB_BOOK_INFO( BOOKNAME, BOOKAUTHOR, PUBLISHING, BOOKDIGEST) ;
```

(2)使用全文检索查询数据,其 SQL 语句如下:

```
- - 使用全文检索查询数据
SELECT BOOKCODE   AS 条码, BOOKNAME AS 书名,
    BOOKAUTHOR AS 作者, PUBLISHING AS 出版社,
    PUBILSHDATE AS 出版时间, BOOKPRICE AS 单价,
    BOOKNUM AS 总册数, NOWNUMBER AS 现存量,
    BOOKDIGEST AS 内容简介
FROM
    TB_BOOK_INFO
WHERE
    MATCH( BOOKNAME, BOOKAUTHOR, PUBLISHING, BOOKDIGEST)
    AGAINST( ' 三国演义   中国古典名著 * ' IN BOOLEAN MODE) ;
```

执行全文检索的结果如图 2 - 9 - 2 所示。

条码	书名	作者	出版社	出版时间	单价	总册数	现存量	内容简介
20180101001	三国演义	罗贯中	北京大学出版社	1988-01-01	50.00	10	1	东汉末年,山河动荡,刘汉王朝气数将尽。内有

图 2 - 9 - 2　执行全文检索的结果

第2阶段 练习

练习 使用视图查询读者借阅图书的信息

1. 问题

在图书管理系统中,图书借阅是一个很重要的功能。我们经常要查询读者借阅图书的信息,这时就有必要提高查询的效率。我们可以为图书借阅表、读者信息表和借书卡信息表创建视图和索引来实现。其使用视图查询的结果如图2-9-3所示。

	借书卡号	读者姓名	图书书名	借阅时间	应还时间	还书时间	状态
1	20180101001	张幼仪	水浒传	2018-11-22	2018-12-07	2018-11-26	已还
2	20180101001	张幼仪	Java语言程序设计基础	2018-11-22	2018-12-07	2018-11-26	已还
3	20180101001	张幼仪	Struts2开源框架经典案例	2018-11-22	2018-12-07	2018-11-26	已还
4	20180101001	张幼仪	Spring框架宝典	2018-11-22	2018-12-07	NULL	未还
5	20180101002	刘旭阳	水浒传	2018-11-23	2018-12-08	NULL	未还

图2-9-3 使用视图查询的结果

2. 提示

我们需要显示图书借阅信息表的借阅状态,是已还、续集还是未还,可以使用连接查询和 CASE 语句实现。为了提高查询效率,应该为借书卡号 CardID 创建索引。

第十章
MySQL 触发器

本章上机任务

(1) 使用 INSERT 触发器。

(2) 使用 UPDATE 触发器。

(3) 使用 DELETE 触发器。

第1阶段　上机指导

上机指导1　使用 INSERT 触发器

完成本次上机任务所需的知识点：创建和使用 INSERT 触发器。

1. 问题

请使用触发器实现图书的借阅功能，保存图书的借阅信息。

2. 提示

使用 INSERT 触发器时，主要使用到别名 NEW，该表用于保存插入数据记录行的信息。当图书借阅时，相应的图书信息表中现存册数要减去 1 本，图书的借阅次数要加 1 次，借书卡的借阅册数要加 1。

3. 解决方案

（1）在图书信息表 Borrow_Info 上创建 INSERT 触发器，实现图书借阅的相关功能，其 SQL 代码如下：

```
－－创建 INSERT 触发器实现图书借阅功能
DELIMITER $ $
CREATE TRIGGER TRIGGER_BORROW_BOOK
        －－指定触发时机
        BEFORE
        －－指定触发事件
        INSERT
        ON
        －－指定触发对象
        TB_BORROW_INFO
        FOR EACH ROW
BEGIN
        －－定义变量从 NEW 别名中获取到借阅图书的编号
        SET @id = NEW. BOOKID;
        －－定义变量从 NEW 别名中获取借书卡号
        SET @mid = NEW. MEMID;
        －－借阅图书时需要将图书信息的现存量减1,借阅次数加1
```

```
        UPDATE TB_BOOK_INFO SET NOWNUMBER = NOWNUMBER - 1 , BOOKCOUNT = BOOKCOUNT
+ 1 WHERE BOOKID = @ id ；
        - - 借阅图书成功需要将借书卡的借阅测试加1
        UPDATE TB_MEMBER_INFO SET MEMBERNUM = MEMBERNUM + 1 WHERE MUMBERID =
@ mid ；
END $ $
```

（2）编写 SQL 语句向图书借阅表中添加一条借阅记录测试触发器：

```
- -测试触发器
INSERT INTO TB_BORROW_INFO( RETURNDATE , BORROWSTATUS , BOOKID , MEMID ) VALUES( '2018
- 12 - 27' , 1 , 6 , 9 )；
```

（3）执行测试前：TB_BOOK_INFO 表中的数据结果如图 2 - 10 - 1 所示，TB_MEMBER_INFO 表中的数据结果如图 2 - 10 - 2 所示，TB_BORROW_INFO 表中的数据结果如图 2 - 10 - 3 所示。

BOOKID	BOOKCODE	BOOKNAME	BOOKAUTHOR	NOWNUMBER	BOOKCOUNT	PUBLISHING
1	20180101001	三国演义	罗贯中	1	0	北京大学出版社
2	20180101002	红楼梦	曹雪芹	1	0	北京大学出版社
4	20180101004	Struts2深入详解	吴承恩	8	0	北京大学出版社
6	20180101006	MyBatis框架	约翰逊	8	2	机械工业出版社
7	20180101007	春神跳舞的森林	严淑女	1	0	河北教育出版社
8	20180101008	你不可改变我	刘西鸿	8	0	作家出版社
9	20180101009	苏东坡传	林语堂	8	2	湖南文艺出版社
10	20180101010	一句顶一万句	刘震云	6	4	长江文艺出版社

图 2 - 10 - 1   TB_BOOK_INFO 表中的数据结果（测试前）

MUMBERID	MEMBERNO	MEMBERMONEY	MEMBERDATE	MEMBERNUMBE	MEMBERNUM	MEMBERSTATUS	MEMBERREMAR	READID
7	20180101001	100	2018-12-09 17:13:	5	3	1	没有添加备注信息	7
8	20180101002	100	2018-12-09 17:13:	5	4	1	没有添加备注信息	8
9	20180101003	100	2018-12-09 17:13:	5	4	1	没有添加备注信息	9
10	20180101004	100	2018-12-09 17:13:	5	0	1	没有添加备注信息	10
11	20180101005	100	2018-12-09 17:13:	5	0	1	没有添加备注信息	11
12	20180101006	100	2018-12-09 17:13:	5	0	1	没有添加备注信息	12

图 2 - 10 - 2   TB_MEMBER_INFO 表中的数据结果（测试前）

BORROWID	BORROWDATE	REPAYDATE	RETURNDATE	BORROWSTATUS	BOOKID	MEMID
1	2018-12-09 17:21:53	(Null)	2018-12-11	0	4	7
2	2018-12-09 17:21:53	(Null)	2018-12-10	1	5	7
3	2018-12-09 17:21:53	(Null)	2018-12-24	0	6	7
4	2018-12-09 17:21:53	(Null)	2018-12-24	0	1	8
5	2018-12-09 17:21:53	(Null)	2018-12-24	0	2	8
6	2018-12-09 17:21:53	(Null)	2018-12-24	0	3	8
7	2018-12-09 17:21:53	(Null)	2018-12-24	0	8	9
8	2018-12-09 17:21:53	(Null)	2018-12-24	0	8	9
9	2018-12-09 17:21:53	(Null)	2018-12-24	0	10	9
11	2018-12-10 16:51:33	(Null)	2018-12-25	1	10	7
12	2018-12-11 08:59:18	(Null)	2018-12-26	1	11	7
15	2018-12-11 09:05:36	(Null)	2018-12-26	1	9	8
16	2018-12-12 11:11:05	(Null)	2018-12-27	1	6	9

图 2 - 10 - 3   TB_BORROW_INFO 表中的数据结果（测试前）

（4）执行测试后：TB_BOOK_INFO 表中的数据结果如图 2 - 10 - 4 所示，TB_MEMBER_INFO 表中的数据结果如图 2 - 10 - 5 所示，TB_BORROW_INFO 表中的数据结果如 2 - 10 - 6 所示。

BOOKID	BOOKCODE	BOOKNAME	BOOKAUTHOR	NOWNUMBER	BOOKCOUNT	PUBLISHING
1	20180101001	三国演义	罗贯中	1	0	北京大学出版社
2	20180101002	红楼梦	曹雪芹	1	0	北京大学出版社
4	20180101004	Struts2深入详解	吴承恩	8	0	北京大学出版社
6	20180101006	MyBatis框架	约翰逊	7	3	机械工业出版社
7	20180101007	春神跳舞的森林	严淑女	1	0	河北教育出版社
8	20180101008	你不可改变我	刘西鸿	8	0	作家出版社
9	20180101009	苏东坡传	林语堂	8	2	湖南文艺出版社
10	20180101010	一句顶一万句	刘震云	6	4	长江文艺出版社

图2-10-4 **TB_BOOK_INFO** 表中的数据结果(测试后)

MUMBERID	MEMBERNO	MEMBERMONEY	MEMBERDATE	MEMBERNUMBER	MEMBERNUM	MEMBERSTATUS	MEMBERREMARK	READID
7	20180101001	100	2018-12-09 17:13:	5	-2	1	没有添加备注信息	7
8	20180101002	100	2018-12-09 17:13:	5	4	1	没有添加备注信息	8
9	20180101003	100	2018-12-09 17:13:	5	4	1	没有添加备注信息	9
10	20180101004	100	2018-12-09 17:13:	5	1	1	没有添加备注信息	10
11	20180101005	100	2018-12-09 17:13:	5	1	1	没有添加备注信息	11
12	20180101006	100	2018-12-09 17:13:	5	0	1	没有添加备注信息	12

图2-10-5 **TB_MEMBER_INFO** 表中的数据结果(测试后)

BORROWID	BORROWDATE	REPAYDATE	RETURNDATE	BORROWSTATUS	BOOKID	MEMID
1	2018-12-09 17:21:53	(Null)	2018-12-11	0	4	7
2	2018-12-09 17:21:53	(Null)	2018-12-10	1	5	7
3	2018-12-09 17:21:53	(Null)	2018-12-24	0	6	7
4	2018-12-09 17:21:53	(Null)	2018-12-24	0	1	8
5	2018-12-09 17:21:53	(Null)	2018-12-24	0	2	8
6	2018-12-09 17:21:53	(Null)	2018-12-24	0	3	8
7	2018-12-09 17:21:53	(Null)	2018-12-24	0	8	9
8	2018-12-09 17:21:53	(Null)	2018-12-24	0	8	9
9	2018-12-09 17:21:53	(Null)	2018-12-24	0	10	9
11	2018-12-10 16:51:33	(Null)	2018-12-25	1	10	7
12	2018-12-11 08:59:18	(Null)	2018-12-26	1	11	7
15	2018-12-11 09:05:36	(Null)	2018-12-26	1	9	8
16	2018-12-12 11:11:05	(Null)	2018-12-27	1	6	9
17	2018-12-12 11:22:38	(Null)	2018-12-27	1	6	10

图2-10-6 **TB_BORROW_INFO** 表中的数据结果(测试后)

上机指导2 使用 UPDATE 触发器

完成本次上机任务所需的知识点:使用 UPDATE 触发器。

1. 问题

请在更新图书的现存量和借阅次数时,使用触发器。

2. 提示

在更新图书信息表中的现存量和借阅次数时,需要将更新后的数据写入监视日志表中。

3. 解决方案

(1)日志表结果语句如下:

```
--创建监控日志信息
CREATE TABLE UPDATE_LOGGING(
        ULID INT NOT NULL AUTO_INCREMENT PRIMARY KEY,
        ULTIME TIMESTAMP DEFAULT CURRENT_TIMESTAMP,
```

```
    ULBOOKID INT NOT NULL,
    ULCODE CHAR(12) NOT NULL,
    ULNOWNUM INT NOT NULL,
    ULCOUNT INT NOT NULL,
    UPOPTION VARCHAR(100)
);
```

（2）创建 UPDATE 触发器的 SQL 语句如下：

```
--创建 UPDATE 触发器用于监测用户更新图书信息
DELIMITER $ $
CREATE TRIGGER TRIGGER_UPDATE_BOOK
    -- 指定触发时机
    BEFORE
    -- 指定触发事件
    UPDATE
    ON
    -- 指定触发对象
    TB_BOOK_INFO
    FOR EACH ROW
BEGIN
    -- 将更新之前的数据插入日志信息表中
    INSERT INTO UPDATE_LOGGING(ULBOOKID,ULCODE,ULNOWNUM,ULCOUNT,UPOPTION)
VALUES(OLD. BOOKID, OLD. BOOKCODE, OLD. NOWNUMBER, OLD. BOOKCOUNT,'正在更新图书
信息...');
    -- 将更新之后的数据插入日志信息表中
    INSERT INTO UPDATE_LOGGING(ULBOOKID,ULCODE,ULNOWNUM,ULCOUNT,UPOPTION)
VALUES(NEW. BOOKID, NEW. BOOKCODE, NEW. NOWNUMBER, NEW. BOOKCOUNT,'正在更新图书
信息...');
    END $ $
```

（3）测试触发器如下：

```
--编写 SQL 语句更新图书信息
UPDATE TB_BOOK_INFO SET BOOKSTATUS = 2,ISOFF = 2 WHERE BOOKID = 8;
--查询监控日志表
SELECT * FROM UPDATE_LOGGING;
```

监控日志表的数据如图 2 -10 -7 所示。

ULID	ULTIME	ULBOOKID	ULCODE	ULNOWNUM	ULCOUNT	UPOPTION
1	2018-12-12 14:02:	8	20180101008	8	0	正在更新图书信息...
2	2018-12-12 14:02:	8	20180101008	8	0	正在更新图书信息...

图 2 -10 -7　监控日志表的数据

第2阶段 练习

练习 使用 DELETE 触发器

问题

由于一次意外,某本图书的所有库存丢失,需要停止对这本图书的借阅,就必须删除这本图书的信息。

提示

在图书信息表 Books_Info 上创建 DELETE 触发器,被删除的数据可以从 deleted 表中获取。在删除了该图书信息后,还需要删除借阅信息和还书信息表中相关的记录。

第十一章
MySQL 数据备份与数据优化

本章上机任务

（1）备份指定数据库并使用备份恢复数据库。

（2）分析使用索引对数据查询的影响。

（3）备份数据库中指定数据表。

第1阶段　上机指导

上机指导1　备份指定数据库并使用备份恢复数据库

完成本次上机任务所需的知识点：

(1) 使用 MySQL 的 mysqldump 命令；

(2) 使用 MySQL 的 mysql 命令。

1. 问题

使用 MySQL 的 mysqldump 命令备份图书管理系统的数据库，然后将此数据库从数据库服务器上删除，再使用 mysql 命令恢复此数据库。

2. 提示

(1) 使用 mysqldump 命令备份数据库的语法如下：

```
mysqldump – u 用户名 – p 数据库名 > 本地盘符:\文件夹\文件名. sql
```

(2) 使用 mysql 命令恢复数据库的如法如下：

```
mysql – u 用户名 – p < 要恢复的数据库文件的路径和文件名. sql
```

(3) 解决方案

(1) 使用管理员身份打开 CMD 窗口，如图 2 – 11 – 1 所示。

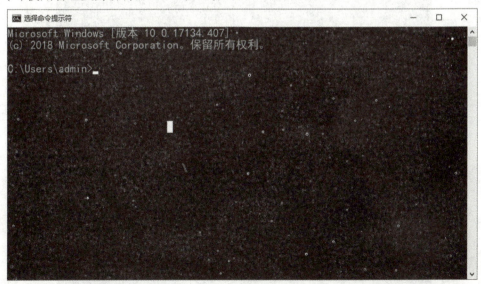

图 2 – 11 – 1　使用管理员身份打开 CMD 窗口

（2）使用 cmd 命令 md 创建存放备份文件的文件夹，如图 2 –11 –2 所示。

图 2 –11 –2　使用 **cmd** 命令 **md** 创建存放备份文件的文件夹

（3）输入数据库备份命令，然后回车完成备份，如图 2 –11 –3 所示。

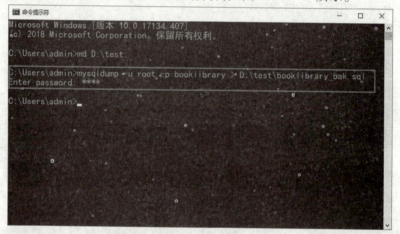

图 2 –11 –3　回车完成备份

（4）检查备份文件是否存在，如图 2 –11 –4 所示。

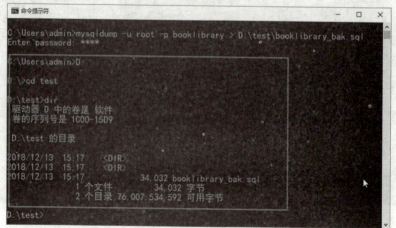

图 2 –11 –4　检查备份文件是否存在

（5）使用 cmd 窗口进入 MySQL 的客户端,如图 2 − 11 − 5 所示。

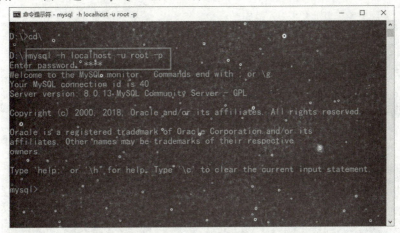

图 2 − 11 − 5　使用 cmd 窗口进入 MySQL 的客户端

（6）删除数据库 booklibrary,如图 2 − 11 − 6 所示。

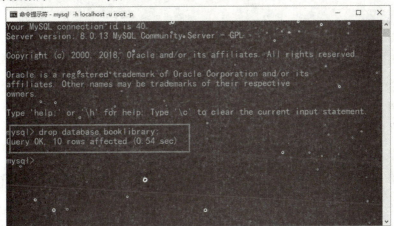

图 2 − 11 − 6　删除数据库 booklibrary

（7）使用 mysql 命令恢复 booklibrary 数据库,如图 2 − 11 − 7 所示。

图 2 − 11 − 7　使用 mysql 命令恢复 booklibrary 数据库

（8）检查恢复是否成功，如图 2 – 11 – 8 所示。

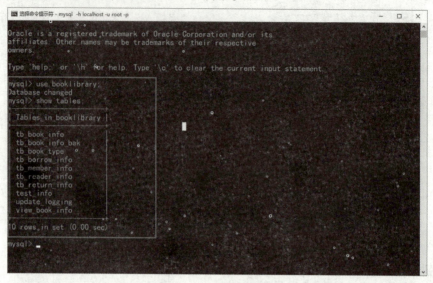

图 2 – 11 – 8 检查恢复是否成功

上机指导 2 分析使用索引对数据查询的影响

完成本次上机任务所需的知识点：

（1）EXPLAIN 关键字的使用；

（2）使用 CREATE INDEX 语句。

1. 问题

使用 EXPLAIN 关键字分析使用索引之前的查询情况，然后创建索引，分析使用索引时查询语句的情况。

2. 提示

使用 EXPLAIN 关键字的语法如下：

```
EXPLAIN 表名
或
EXPLAIN SQL 语句
```

3. 解决方案

（1）使用 EXPLAIN 语句分析如下：

```
EXPLAIN SELECT * FROM TB_BOOK_INFO WHERE BOOKCODE = '20180101004';
```

分析的结果情况如图 2 – 11 – 9 所示。

信息 结果1 剖析 状态

id	select_type	table	partitions	type	possible_keys	key	key_len	ref	rows	filtered	Extra
1	SIMPLE	TB_BOOK	(Null)	ALL	(Null)	(Null)	(Null)	(Null)	8	12.50	Using where

图 2 – 11 – 9 使用 EXPLAIN 语句分析的结果

（2）使用 CREATE UNIQUE INDEX 语句为 BOOKCODE 创建索引：

- - 为 TB_BOOK_INFO 表中的 BOOKCODE 字段创建唯一索引
CREATE UNIQUE INDEX INDEX_BOOK_CODE ON TB_BOOK_INFO(BOOKCODE)；

（3）创建索引成功后，再使用 EXPLAIN 语句分析如下：

EXPLAIN SELECT ＊ FROM TB_BOOK_INFO WHERE BOOKCODE = '20180101004'；

执行分析的结果如图 2 – 11 – 10 所示。

信息	结果1	剖析	状态									
id	select_type	table	partitions	type	possible_keys	key	key_len	ref	rows	filtered	Extra	
►	1 SIMPLE	TB_BOOK	(Null)	const	INDEX_BOOK_	INDEX_B(	36		const	1	100.00	(Null)

图 2 – 11 – 10　创建索引成功后，再使用 EXPLAIN 语句分析的结果

综上所述，使用索引前，与索引的分析结果，得到执行查询的语句是一样的，但查询的方式却完全不同。使用索引前，执行查询数据的行数为 8 行，它过滤的数据量也就增大了。使用索引后，执行查询匹配的数据为 1 行，数据的过滤量为 0。因此通过分析证明，如果经常作为 WHERE 子句的列，就应该为其出具索引，这样可以提高查询的效率。

第 2 阶段　练习

练习　备份数据库中指定数据表

1. 问题

使用 MySQL 的 mysqldump 命令执行备份 booklibrary 数据库中的 tb_book_type，tb_book_info，tb_reader_info 和 tb_member_info 表。

2. 提示

可以参考上机指导 1 完成此练习题。

参考文献

[1]罗银辉,戴蓉. MySQL 数据库程序设计实验教程[M].北京:中国铁道出版社,2018.

[2]何元清,魏哲. MySQL 数据库程序设计[M].北京:中国铁道出版社,2018.

[3]黑马程序员著. MySQL 数据库原理、设计与应用[M].北京:清华大学出版社,2019.

[4]王雪迎. MySQL 高可用实践[M].北京:清华大学出版社,2020.

[5]赵明渊. MySQL 数据库技术与应用[M].北京:清华大学出版社,2020.

[6]宋立桓. MySQL 性能优化和高可用架构实践[M].北京:清华大学出版社,2020.

[7]张成叔. MySQL 数据库设计与应用[M].北京:中国铁道出版社,2021.

[8]张华. MySQL 数据库应用(全案例微课版)[M].北京:清华大学出版社,2021.

[9]郑阿奇. MySQL 教程[M]. 2 版.北京:清华大学出版社,2021.

[10]李岩,侯菡萏. MySQL 数据库原理及应用:微课版[M].北京:清华大学出版社,2021.